工程力学（第二版）

梁建术　赵明洁　主编

Publishing House of Electronics Industry
北京·BEIJING

内 容 简 介

为适应教学改革的要求，在教育部制定的"工程力学教学基本要求"的基础上，结合编者多年来的教学经验，在原《工程力学》教材基础上编写了这本《工程力学》（第二版）教材。

本书分为刚体静力学和材料力学两篇，共 12 章。第一篇主要内容有静力学基本概念、力系的简化与力系的平衡共 3 章。以平面力系为主，兼顾特殊力系在工程中的应用。第二篇主要内容有杆件的内力、应力与变形、应力状态和强度理论、压杆稳定性、动载荷和交变应力等共 9 章。本书适用于中低学时（54～70 学时）课程。本书精选了例题、思考题和习题，注重启发式教学，给学生留有充足的思维空间。

本书可作为高等院校各专业工程力学课程教学用书，也可供成人教育学院师生及有关工程技术人员参考。

未经许可，不得以任何方式复制或抄袭本书之部分或全部内容。
版权所有，侵权必究。

图书在版编目（CIP）数据

工程力学 / 梁建术，赵明洁主编. —2 版. —北京：电子工业出版社，2012.1
普通高等教育"十二五"机电类规划教材
ISBN 978-7-121-15575-8
Ⅰ．①工… Ⅱ．①梁… ②赵… Ⅲ．①工程力学－高等学校－教材 Ⅳ．①TB12
中国版本图书馆 CIP 数据核字（2011）第 268142 号

策划编辑：李洁（lijie@phei.com.cn）
责任编辑：李洁
印　　刷：北京七彩京通数码快印有限公司
装　　订：北京七彩京通数码快印有限公司
出版发行：电子工业出版社
　　　　　北京市海淀区万寿路 173 信箱　邮编 100036
开　　本：787×1092　1/16　印张：14.75　字数：378 千字
版　　次：2007 年 11 月第 1 版
　　　　　2012 年 1 月第 2 版
印　　次：2021 年 8 月第 11 次印刷
定　　价：36.00 元

凡所购买电子工业出版社图书有缺损问题，请向购买书店调换。若书店售缺，请与本社发行部联系，联系及邮购电话：（010）88254888，88258888。
质量投诉请发邮件至 zlts@phei.com.cn，盗版侵权举报请发邮件至 dbqq@phei.com.cn。
本书咨询联系方式：lijie@phei.com.cn。

第二版前言

本书的第一版出版后,我们听取了兄弟院校教师和读者的意见,对它进行了修改。

在第二版中,我们首先对全书的内容和文句做了必要的增删和修改,也订正了第一版中的印刷错误。其次应读者的要求增加了部分章节的课后思考题和习题,在附录 B 中备有每章习题的部分答案,以便使读者更好地理解教学内容。

本书同时配有多媒体课件,课件内容丰富、生动,补充了大量课本外的知识点及实例、实践内容。需要者可在华信教育资源网(http://www.hxedu.com.cn)注册后免费下载。

本版的修订工作是由梁建术老师执笔和完成的。修改的内容曾与赵明洁老师和王慧老师进行了详细地讨论。

本书虽经修改,但由于水平所限,缺点和错误在所难免,衷心地希望大家提出批评和指正。

梁建术

前　言

工程力学是理工科院校的专业技术基础课，随着科学技术的发展和大量科技信息的不断扩大，在实际教学中需要讲授的内容也随之增多。而近几年的教学改革，缩减了教学学时，使得教材内容增加而授课学时压缩的现象成为目前教学中突出的矛盾。为更好地适应各学科对工程力学课程教学的需要，本书对传统的工程力学教材进行了调整与补充，更加注重基本概念的理解和实际工程的应用，希望能达到既节省授课学时而又不降低课程的基本要求的目的。

本书分为二篇共12章。

第一篇为刚体静力学，其主要内容为静力学基本概念、力系的简化和力系的平衡（包括摩擦问题）共3章，叙述上以平面力系为主，延伸空间力系的概念，兼顾特殊力系的应用。

第二篇为材料力学，其主要内容为基本概述、杆件的内力、杆件的应力和杆件的变形；应力状态理论和强度理论、压杆稳定、动载荷和交变应力。弯扭组合变形下的强度计算作为应力状态理论和强度理论的应用。此外本书还单独列出一章专门介绍如何用Maple软件解决工程力学问题。

本书具有如下特点：一是对传统教材的某些内容作了增删，力求达到重点突出、条理清晰、结构紧凑、叙述严谨；二是对所讨论的问题突出了工程实际背景，分析结论突出了在工程实际中的应用；三是为便于学生掌握基本概念、基本理论与基本方法，每章后面安排了"本章小结"和填空题、选择题等思考题和习题。本书注重知识更新，尽可能多地引入国内外与力学教学相关的最新素材、成果和经验，在专业术语和符号上力求规范统一。

本书由梁建术、赵明洁主编。参加编写的人员有河北科技大学梁建术（第1、2、3、12章），玉光普（第8章），王慧（第5、10章），蔡建军（第11章）；河北师范大学职业技术师范学院赵明洁（第4、6、7、9章）。

本书中的例题、思考题和习题广泛地选自各种版本的书籍与教材，恕不一一列出，在此谨向原书的作者表示衷心的感谢。

由于编者水平有限，欠妥之处在所难免，恳请同行及读者指正。

编　者

目 录

第一篇 刚体静力学

第1章 静力学基本概念 (2)
- 1.1 力和力偶 (2)
  - 1.1.1 力的概念 (2)
  - 1.1.2 力对点之矩 (4)
  - 1.1.3 力偶及力偶矩 (6)
  - 1.1.4 力偶系的合成 (8)
- 1.2 静力学基本公理 (8)
- 1.3 约束和约束力 (11)
  - 1.3.1 柔索约束 (11)
  - 1.3.2 刚性约束 (12)
- 1.4 受力分析和受力图 (14)
- 本章小结 (16)
- 思考题 (18)
- 习题 (19)

第2章 力系的简化 (23)
- 2.1 力的平移定理 (23)
- 2.2 平面任意力系的简化 (24)
- 2.3 简化结果分析·合力矩定理 (26)
- 2.4 平行力系的中心·重心 (27)
  - 2.4.1 平行力系的中心 (27)
  - 2.4.2 物体的重心、质心和形心 (29)
- 本章小结 (32)
- 思考题 (33)
- 习题 (36)

第3章 力系的平衡 (38)
- 3.1 平面力系的平衡 (38)
  - 3.1.1 平面任意力系的平衡条件及平衡方程 (38)
  - 3.1.2 平面特殊力系的平衡方程 (40)
  - 3.1.3 空间任意力系的平衡方程 (42)
- 3.2 物体系统的平衡·静定与静不定 (44)
  - 3.2.1 物体系统的平衡问题 (44)
  - 3.2.2 静定与静不定的概念 (47)
- 3.3 考虑摩擦的平衡问题 (48)
  - 3.3.1 滑动摩擦 (48)
  - 3.3.2 摩擦角与自锁现象 (50)

3.3.3 考虑摩擦的平衡问题 (51)
本章小结 (54)
思考题 (55)
习题 (58)

第二篇 材料力学

第4章 材料力学的基本概述 (63)
4.1 变形固体的基本假设 (63)
4.1.1 均匀连续性假设 (63)
4.1.2 各向同性假设 (63)
4.2 外力及其分类 (63)
4.3 内力及其截面法 (64)
4.3.1 内力 (64)
4.3.2 截面法 (64)
4.4 应力与应变 (65)
4.4.1 应力的概念 (65)
4.4.2 应变的概念 (65)
4.5 材料力学的研究对象·杆件变形的基本形式 (66)
4.5.1 轴向拉伸或压缩变形 (66)
4.5.2 剪切变形 (67)
4.5.3 扭转变形 (67)
4.5.4 弯曲变形 (67)
4.5.5 组合变形 (68)

第5章 杆件的内力 (69)
5.1 杆件轴向拉伸（压缩）时的内力·轴力图 (69)
5.1.1 受力特点 (69)
5.1.2 内力·轴力 (69)
5.1.3 轴力图 (70)
5.2 杆件扭转时的内力·扭矩图 (71)
5.2.1 杆件扭转变形的受力特点 (71)
5.2.2 内力·扭矩 (71)
5.3 杆件弯曲时的内力·切力图和弯矩图 (73)
5.3.1 杆件弯曲变形的受力特点 (73)
5.3.2 内力·切力和弯矩 (74)
5.3.3 切力图和弯矩图 (75)
5.4 切力、弯矩和载荷集度之间的微分关系 (79)
5.4.1 切力、弯矩和载荷集度之间的微分关系 (79)
5.4.2 利用微分关系画切力图及弯矩图 (80)
本章小结 (82)
思考题 (83)

习题 ·· (85)

第6章　杆件的应力分析·强度设计 ··· (87)

6.1　轴向拉伸（压缩）杆的正应力 ··· (87)
　　6.1.1　拉（压）杆横截面上的正应力 ·· (87)
　　6.1.2　拉（压）杆斜截面上的应力 ··· (88)
6.2　材料在轴向拉伸或压缩时的力学性能 ··· (89)
　　6.2.1　低碳钢的拉伸试验 ·· (89)
　　6.2.2　其他塑性材料在拉伸时的力学性能 ···································· (92)
　　6.2.3　金属材料在压缩时的力学性能 ··· (92)
　　6.2.4　安全系数和许用应力 ··· (93)
6.3　拉（压）杆的强度设计 ·· (94)
6.4　连接件的强度问题 ··· (96)
　　6.4.1　剪切的实用计算 ··· (96)
　　6.4.2　挤压的实用计算 ··· (97)
6.5　受扭圆轴横截面上的切应力 ··· (99)
　　6.5.1　切应力的计算 ··· (99)
　　6.5.2　极惯性矩和抗扭截面系数的计算 ······································· (102)
6.6　圆轴扭转时的强度设计 ··· (103)
6.7　梁弯曲变形时横截面上的应力 ··· (105)
　　6.7.1　纯弯曲时的正应力 ··· (106)
　　6.7.2　惯性矩 ·· (108)
6.8　弯曲变形的强度设计 ·· (112)
6.9　弯曲时的切应力 ··· (115)
　　6.9.1　矩形截面梁的切应力 ·· (115)
　　6.9.2　圆形截面梁的切应力 ·· (116)
　　6.9.3　切应力强度条件 ··· (116)
本章小结 ·· (116)
思考题 ··· (119)
习题 ·· (120)

第7章　杆件的变形分析·刚度设计 ··· (126)

7.1　轴向拉伸（压缩）杆的变形 ··· (126)
　　7.1.1　拉（压）杆的变形和应变 ··· (126)
　　7.1.2　胡克定律 ··· (127)
7.2　受扭圆轴的变形与刚度设计 ··· (128)
　　7.2.1　圆轴扭转时的变形 ··· (128)
　　7.2.2　刚度设计 ··· (129)
7.3　弯曲变形梁的变形与刚度设计 ··· (130)
　　7.3.1　挠度和转角 ··· (130)
　　7.3.2　挠曲线近似微分方程 ·· (131)
　　7.3.3　积分法求梁的变形 ··· (132)

    7.3.4 叠加法求梁的变形 ……………………………………………………………………… (134)
    7.3.5 梁的刚度设计 …………………………………………………………………………… (137)
  7.4 提高梁弯曲强度和刚度的一些措施 ………………………………………………………… (137)
    7.4.1 合理安排梁的载荷 ……………………………………………………………………… (138)
    7.4.2 合理布置支座、减小跨度 …………………………………………………………… (138)
    7.4.3 合理选择截面的形状 …………………………………………………………………… (139)
    7.4.4 采用等强度梁 …………………………………………………………………………… (139)
  本章小结 …………………………………………………………………………………………… (140)
  思考题 ……………………………………………………………………………………………… (141)
  习题 ………………………………………………………………………………………………… (143)

第8章　应力状态和强度理论 ………………………………………………………………………… (147)
  8.1 应力状态的概念 ……………………………………………………………………………… (147)
    8.1.1 一点应力状态的概念 …………………………………………………………………… (147)
    8.1.2 研究一点应力状态的目的 …………………………………………………………… (147)
    8.1.3 研究方法 ………………………………………………………………………………… (148)
    8.1.4 主单元体、主平面和主应力 ………………………………………………………… (148)
    8.1.5 应力状态的分类 ………………………………………………………………………… (148)
  8.2 二向应力状态分析的解析法 ………………………………………………………………… (149)
    8.2.1 斜截面上的应力 ………………………………………………………………………… (149)
    8.2.2 主应力与主平面 ………………………………………………………………………… (150)
    8.2.3 极值切应力 ……………………………………………………………………………… (151)
  8.3 二向应力状态分析的图解法 ………………………………………………………………… (152)
    8.3.1 应力圆 …………………………………………………………………………………… (152)
    8.3.2 应力圆的一般画法 ……………………………………………………………………… (153)
    8.3.3 用应力圆求斜截面上的应力 ………………………………………………………… (153)
    8.3.4 用应力圆求主应力大小和主平面位置 …………………………………………… (154)
  8.4 三向应力状态分析简介 ……………………………………………………………………… (154)
  8.5 广义胡克定律 ………………………………………………………………………………… (155)
  8.6 工程设计中常用的强度理论 ………………………………………………………………… (156)
    8.6.1 最大拉应力理论（第一强度理论） ………………………………………………… (157)
    8.6.2 最大拉应变理论（第二强度理论） ………………………………………………… (157)
    8.6.3 最大切应力理论（第三强度理论） ………………………………………………… (158)
    8.6.4 形状改变比能理论（第四强度理论） ……………………………………………… (158)
  本章小结 …………………………………………………………………………………………… (161)
  思考题 ……………………………………………………………………………………………… (162)
  习题 ………………………………………………………………………………………………… (163)

第9章　组合变形的强度设计 ………………………………………………………………………… (166)
  9.1 拉伸（压缩）与弯曲的组合变形 …………………………………………………………… (166)
  9.2 扭转与弯曲的组合变形 ……………………………………………………………………… (168)

  本章小结 ……………………………………………………………………………………（170）
  思考题 ……………………………………………………………………………………（171）
  习题 ………………………………………………………………………………………（173）

第 10 章　压杆稳定性 …………………………………………………………………………（176）

  10.1　压杆稳定性的概念 …………………………………………………………………（176）
  10.2　细长压杆的临界载荷·欧拉公式 …………………………………………………（177）
    10.2.1　两端铰支细长压杆的临界载荷 ……………………………………………（177）
    10.2.2　其他约束情况下细长压杆的临界载荷 ……………………………………（179）
  10.3　临界应力·临界应力总图 …………………………………………………………（180）
    10.3.1　临界应力 ……………………………………………………………………（180）
    10.3.2　临界应力总图 ………………………………………………………………（182）
  10.4　压杆稳定性的计算·提高压杆稳定性的措施 ……………………………………（184）
    10.4.1　压杆稳定性的计算 …………………………………………………………（184）
    10.4.2　提高压杆稳定性的措施 ……………………………………………………（185）
  本章小结 ……………………………………………………………………………………（185）
  思考题 ……………………………………………………………………………………（186）
  习题 ………………………………………………………………………………………（187）

第 11 章　动载荷·交变应力 …………………………………………………………………（190）

  11.1　动载荷概述 …………………………………………………………………………（190）
  11.2　构件作变速运动时的应力 …………………………………………………………（190）
    11.2.1　构件在等加速直线运动时的动应力计算 …………………………………（190）
    11.2.2　构件匀速转动时的动应力计算 ……………………………………………（192）
  11.3　杆件受冲击时的应力和变形 ………………………………………………………（193）
    11.3.1　动荷因数的确定 ……………………………………………………………（193）
    11.3.2　提高杆件抗冲击能力的措施 ………………………………………………（196）
  11.4　交变应力简介 ………………………………………………………………………（197）
    11.4.1　交变应力的概念 ……………………………………………………………（197）
    11.4.2　交变应力作用下的疲劳破坏 ………………………………………………（197）
    11.4.3　交变应力的循环特征 ………………………………………………………（198）
    11.4.4　材料的持久极限 ……………………………………………………………（198）
    11.4.5　疲劳强度条件 ………………………………………………………………（199）
  本章小结 ……………………………………………………………………………………（199）
  思考题 ……………………………………………………………………………………（200）
  习题 ………………………………………………………………………………………（201）

第 12 章　Maple 在工程力学中的应用 ………………………………………………………（203）

  12.1　Maple 系统简介 ……………………………………………………………………（203）
  12.2　算例 …………………………………………………………………………………（203）

附录 A　型钢规格表 ……………………………………………………………………………（210）

附录 B　习题部分答案 …………………………………………………………………………（221）

参考文献 …………………………………………………………………………………………（226）

第一篇

刚体静力学

引言

静力学是研究作用于物体上力系平衡规律的科学。所谓**力系**，是指作用于物体上的一群力。**平衡**是指物体相对于地球保持静止或作匀速直线运动的状态。

静力学中所指的物体都是刚体，故静力学又称为**刚体静力学**。**刚体**是指在力作用下不**变形的物体**。实际上，任何物体受力后或多或少都会发生变形，但是许多物体（如工程结构构件，机器零件）的变形十分微小，对静力学所研究的问题而言，略去变形不会对研究的结果产生显著的影响，且简化了问题的复杂程度。因此，可以将实际物体抽象为刚体，这不仅是合理的，也是必要的。

在静力学中，主要研究以下三个问题。

1. 物体的受力分析

分析某个物体共受几个力，以及每个力的作用位置和方向。

2. 力系的简化

将作用在物体上的一个力系用另一个与之等效的力系来代替，这两个力系互为等效力系。如果用一个简单力系等效地替换一个复杂力系，则称为**力系的简化**。如果一个力与一个力系等效，则称该力为**力系的合力**。

3. 建立各种力系的平衡条件

物体平衡时作用在物体上的力系所满足的条件，称为力系的**平衡条件**。满足平衡条件的力系称为**平衡力系**。力系平衡条件是工程结构设计、机械零部件设计的基础。

第1章 静力学基本概念

本章将介绍静力学的一些基本概念和刚体静力学基本公理，以及工程中常见的约束和约束力。最后，介绍物体受力分析的基本方法。

1.1 力和力偶

1.1.1 力的概念

1. 力的定义

力是人们在长期的日常生活和生产实践中，从感性到理性逐步抽象而得到的一个科学概念：**力是物体间相互的机械作用**。这种作用使物体的机械运动状态发生变化，同时使物体的形状发生改变。前者称为**运动效应**（或外效应），后者称为**变形效应**（或内效应）。

实践表明，力对物体的作用效应取决于三个要素：大小、方向和作用点。力的三要素中的任何一个若有改变，则力对物体的作用效应也将随之改变。

力的三要素可用一个矢量来表示，如图1.1所示。矢量长度按一定的比例表示力的大小；矢量方向为力的作用线；矢量的起始端（或末端）表示力的作用点。本书用黑斜体字母表示矢量。例如，F 表示力矢量，而用普通字母 F 表示力的大小。在国际单位制中，力的单位是牛顿（N）或千牛顿（kN）。

2. 力在平面直角坐标轴上的投影与力的解析表达式

设力 F 作用于 A 点，如图1.2所示。在力 F 作用线所在平面内任取笛卡儿坐标系 Oxy。从力 F 的两端 A、B 向坐标 x 轴作垂线，在 x 轴上所截得的线段 ab 并加上适当的正、负号称为 F 在 x 轴上的投影，用 X 表示。并且规定：当从力的始端的投影 a 到末端的投影 b 的方向与 x 轴的方向一致时，力的投影取正值，反之，取负值。因此，力的投影是代数量。力 F 在 y 轴上的投影用 Y 表示。

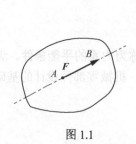

图1.1　　　　　　图1.2

若已知力 F 与 x、y 轴的夹角为 α、β，则 F 在 x、y 轴上的投影为

$$\begin{cases} X = F\cos\alpha \\ Y = F\cos\beta = F\sin\alpha \end{cases} \tag{1.1}$$

即力在某坐标轴上的投影，等于力的大小乘以力与投影轴正向间夹角的余弦。

反之，若已知力 F 在坐标轴上的投影 X、Y，则该力的大小与方向余弦分别为

$$\begin{cases} F = \sqrt{X^2 + Y^2} \\ \cos\alpha = \dfrac{X}{F}, \quad \cos\beta = \dfrac{Y}{F} \end{cases} \tag{1.2}$$

由图 1.2 可知，力 F 沿正交轴 Ox、Oy 可分解为两个分力 F_x 和 F_y。分力与投影之间有下列关系：

$$F_x = Xi, \quad F_y = Yj$$

由此，力的解析表达式为

$$F = Xi + Yj \tag{1.3}$$

式中，i、j 分别为 x、y 轴的单位矢量。

3. 力在空间直角坐标轴上的投影

若已知力 F 与 x 轴、y 轴和 z 轴正向的夹角，如图 1.3 所示，并依次记为 α、β 和 γ。根据力在轴上投影的概念，不难写出力 F 在空间笛卡儿坐标轴上投影的计算公式为

$$\begin{cases} X = F\cos\alpha \\ Y = F\cos\beta \\ Z = F\cos\gamma \end{cases} \tag{1.4}$$

这种求力在坐标轴上投影的方法称为**直接投影法**或**一次投影法**。

若已知角 γ 和 φ 如图 1.4 所示，则先将力 F 投影在 Oxy 平面和 z 轴上，然后将 Oxy 平面上的投影 F_{xy} 再投影到 x、y 轴上，即

$$\begin{cases} X = F\sin\gamma\cos\varphi \\ Y = F\sin\gamma\sin\varphi \\ Z = F\cos\gamma \end{cases} \tag{1.5}$$

式（1.5）的投影方法称为**二次投影法**。

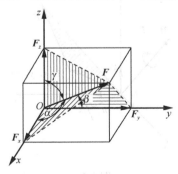

图 1.3

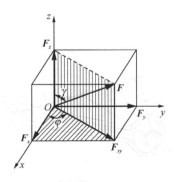

图 1.4

利用力在坐标轴上的投影可写出其解析表达式为
$$F = Xi + Yj + Zk \tag{1.6}$$
式中，i、j、k 分别为 x、y 和 z 轴的单位矢量。

力 F 的大小与方向余弦分别为
$$\begin{cases} F = \sqrt{X^2 + Y^2 + Z^2} \\ \cos\alpha = \dfrac{X}{F},\ \cos\beta = \dfrac{Y}{F},\ \cos\gamma = \dfrac{Z}{F} \end{cases} \tag{1.7}$$

1.1.2 力对点之矩

力对刚体的作用效果使刚体的运动状态发生改变（包括移动和转动），其中力对刚体的移动效应可用力矢来度量；而力对刚体的转动效应可用力对点的矩（简称**力矩**）来度量，即力矩是度量力对刚体转动效应的物理量。

如图 1.5 所示，在力 F 作用平面内任取一点 O，点 O 称为**矩心**，点 O 到力 F 的作用线的垂直距离 d 称为**力臂**。力矩对物体的转动效应，不仅与力的大小有关，而且与力臂及转向有关，因此，力对作用平面内任一点的力矩定义如下。

力对点之矩是一个代数量，它的大小等于力的大小与力臂的乘积。它的正负按以下方法确定：力使物体绕矩心逆时针转动为正，反之为负。

用 $M_O(F)$ 表示力 F 对 O 点之矩，记为
$$M_O(F) = \pm Fd \tag{1.8}$$

力矩的单位是牛·米（N·m）或千牛·米（kN·m）。

对于空间的力对点之矩有如下定义：力的作用点 A 相对于 O 点的矢径 r 和力矢 F 的叉积定义为力对点 O（矩心）的力矩，用 $M_O(F)$ 表示，如图 1.6 所示，即

$$M_O(F) = r \times F = \begin{vmatrix} i & j & k \\ x & y & z \\ X & Y & Z \end{vmatrix} \tag{1.9}$$
$$= (yZ - zY)i + (zX - xZ)j + (xY - yX)k$$

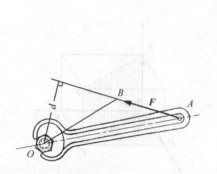

图 1.5

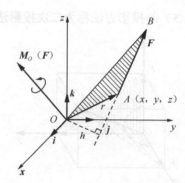

图 1.6

由于 $M_O(F)$ 也是矢量，参照力在坐标轴上投影的定义，$M_{Ox}(F)$、$M_{Oy}(F)$、$M_{Oz}(F)$ 为 $M_O(F)$ 在三个坐标轴上的投影，且有

$$\begin{cases} M_{Ox}(F)=yZ-zY \\ M_{Oy}(F)=zX-xZ \\ M_{Oz}(F)=xY-yX \end{cases} \tag{1.10}$$

工程中经常遇到刚体绕定轴转动的情形，为了度量力对绕定轴转动刚体的作用效果，必须了解力对轴之矩的概念。

如图 1.7（a）所示，门上作用一力 F，使其绕固定轴 z 轴转动。现将力 F 分解为平行于 z 轴的分力 F_z 和垂直于 z 轴的分力 F_{xy}（此力即为力 F 在垂直于 z 轴的 Oxy 平面上的投影）。由经验可知，分力 F_z 不能使门绕 z 轴转动，故 F_z 对 z 轴的矩为零；只有分力 F_{xy} 才能使门绕 z 轴转动。现用符号 $M_z(F)$ 表示力 F 对 z 轴之矩，点 O 为 Oxy 平面与 z 轴的交点，h 为点 O 到力 F_{xy} 作用线的距离。因此，力 F 对 z 轴之矩就是分力 F_{xy} 对点 O 之矩，即

$$M_z(F)=M_O(F_{xy})=\pm F_{xy}h$$

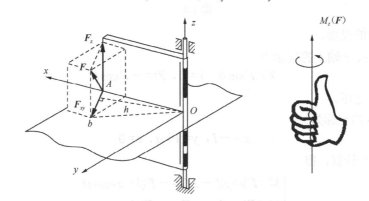

图 1.7

力对轴之矩是力使刚体绕该轴转动效果的度量，是一代数量，其绝对值等于该力在垂直于该轴的平面上的投影对这个平面与该轴交点之矩的大小。其正负号规定如下：从 z 轴正端来看，若力的这个投影使物体绕轴按逆时针方向转动，则取正号，反之取负号。也可按右手螺旋规则来确定其正负号，如图 1.7（b）所示，大拇指指向与 z 轴一致的方向为正，反之为负。

力对轴之矩等于零的情形：① 当力与轴相交时（此时 $h=0$）；② 当力与轴平行时（此时 $F_{xy}=0$）。这两种情形可以综合为：**当力与轴在同一平面时，力对该轴的矩等于零**。

力对轴之矩也可用解析式表示，设力 F 在三个坐标轴上的投影分别为 X、Y、Z，力作用点 A 的坐标为 x、y、z，根据力对轴之矩的定义，有

$$\begin{cases} M_x(F)=yZ-zY \\ M_y(F)=zX-xZ \\ M_z(F)=xY-yX \end{cases} \tag{1.11}$$

式（1.11）是计算力对轴之矩的解析式，与式（1.10）比较，可得到力对点之矩与力对轴之矩的关系：**力对任意一点之矩在通过该点的任意一轴上的投影等于力对该轴之矩。**

【例 1.1】 手柄 ABCE 在 Axy 平面内，在 D 处作用一个力 F，如图 1.8 所示，它在垂直于 y 轴的平面内。偏离铅垂线的角度为 θ。如果 CD=a，杆 BC 平行于 x 轴，杆 CE 平行于 y 轴，AB 和 BC 的长度都等于 l。试求力 F 对 x、y、z 轴之矩。

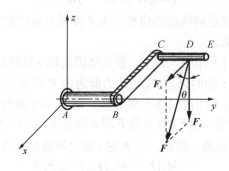

图 1.8

解：（1）力的投影。

力 F 在 x、y、z 轴上的投影为

$$X = F\sin\theta, \quad Y = 0, \quad Z = -F\cos\theta$$

（2）力对轴之矩。

力作用点 D 的坐标为

$$x = -l, \quad y = l+a, \quad z = 0$$

按式（1.11）计算，得

$$\begin{cases} M_x(\boldsymbol{F}) = yZ - zY = -F(l+a)\cos\alpha \\ M_y(\boldsymbol{F}) = zX - xZ = -Fl\sin\alpha \\ M_z(\boldsymbol{F}) = xY - yX = -F(l+a)\sin\alpha \end{cases}$$

1.1.3 力偶及力偶矩

由大小相等，方向相反且相互平行的一对力组成的力系称为**力偶**，如图 1.9（d）所示。用符号（F, F'）表示。两力作用线所决定的平面称为**力偶作用平面**，两力作用线之间的垂直距离称为**力偶臂**，用 d 表示。

工程中力偶的实例是很多的，如图 1.9（a）～（c）所示的丝锥扳手上的两个力 F, F'；驾驶汽车时，汽车转向盘上的两个力 F, F'；拧水龙头时人手作用在开关上的两个力 F, F'。若它们大小相等、方向相反、作用线相互平行，则 F, F' 组成一个力偶。

力偶是个特殊的力系，力偶中的每个力仍具有一般力的性质，但是作为一个整体考虑它们对于刚体的作用时，则出现了与单个力 F 不同的性质，现说明如下。

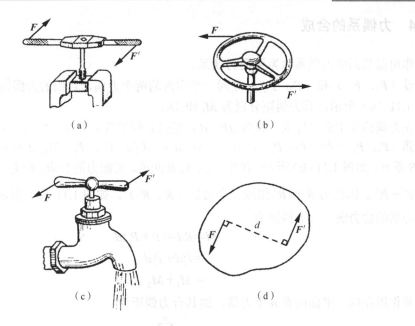

图 1.9

（1）力偶不能合成为一个力，也不能用一个力来平衡。因此，力和力偶是静力学中两个基本的力学量。

（2）力偶只能改变物体的转动状态。因此，力偶对物体的转动效应，可用力偶矩来度量。

平面力偶中力的大小与力偶臂的乘积，并加上适当的正负号所得的代数量，称为**力偶矩**。它的正负号规定与力矩相同，即逆时针为正，顺时针为负。力偶表示为

$$M(F,F')=\pm Fd \tag{1.12}$$

力偶矩的单位是牛·米（N·m）或千牛·米（kN·m）。

（3）力偶对其作用平面内任一点的力矩等于该力偶的力偶矩，与矩心无关。

（4）作用在同一平面内的两个力偶，若其力偶矩相同（包括大小和转向），则该两力偶彼此等效，这就是**平面力偶的等效定理**。

这一定理给出了在同一平面内力偶的等效条件，因此可得以下性质：

- 力偶可以在其作用平面内任意移转，而不影响它对刚体的效应。因此，力偶对刚体的作用效应与力偶在作用面内的位置无关。
- 只要保持力偶矩不变（包括大小和转向），可任意改变力偶中力的大小和相应地改变力偶臂的长短，而不影响它对刚体的转动效应。

用图 1.10 所示的符号来表示力偶，力偶矩用 M 表示。

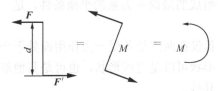

图 1.10

1.1.4 力偶系的合成

作用面共面的力偶系称为**平面力偶系**。

设（F_1，F_1'）和（F_2，F_2'）是同一平面内的两个力偶，它们的力偶臂各为 d_1 和 d_2，如图 1.11（a）所示，其力偶矩分别为 M_1 和 M_2。

在力偶的作用面内任取一线段 $AB=d$，根据力偶的等效性质，得到与原力偶等效的两个力偶（P_1，P_1'）和（P_2，P_2'），且 $P_1=M_1/d=(d_1/d)F_1$，$P_2=M_2/d=(d_2/d)F_2$ 均与线段 AB 垂直，如图 1.11（b）所示。在作用点 A、B 两处，实施力的合成，则有合力 $R=P_1+P_2$，$R'=P_1'+P_2'$。因此力 R 和 R' 组成一个力偶（R，R'），如图 1.11（c）所示，这就是两个已知力偶的**合力偶**，合力偶矩为

$$M=Rd=(P_1+P_2)d$$
$$=P_1d+P_2d$$
$$=M_1+M_2$$

若作用在同一平面内有 n 个力偶，则其合力偶矩为

$$M=\sum_{i=1}^{n}M_i \tag{1.13}$$

由上可知，平面力偶系的合成结果为一合力偶，合力偶矩等于各已知力偶矩的代数和。

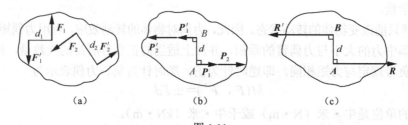

图 1.11

1.2 静力学基本公理

公理是人们在生活和实践中长期积累的经验总结，又经实践检验，被确认为符合客观实际的最普遍、最一般的规律。

公理 1（二力平衡公理） 一个刚体受两个力作用而处于平衡状态的必要与充分条件：两个力大小相等，方向相反，作用在同一直线上。这两个力可以是拉力（图 1.12（a）），也可以是压力（图 1.12（b））。

此公理阐述了由两个力组成的最简单力系的平衡条件，是一切力系平衡的基础。此公理适用所有的物体。

工程中常把不计自重，且仅在两点处各受一力作用而处于平衡状态的刚体，称为**二力构件**或**二力杆**。二力构件的形状可以是直线形状，也可是其他形状。作用在二力构件上的两个力必然是等值、反向、共线。

公理 2（加减平衡力系原理） 在作用于刚体的任意力系上增加或减去任何平衡力系，

并不改变原力系对于刚体的作用效应。

推论 1（力的可传性原理） 作用于刚体的力可以沿其作用线移至刚体内任意一点，而不改变它对刚体的作用效应。

证明：设力 F 作用于刚体的 A 点（图 1.13（a）），根据加减平衡力系原理，可在力的作用线上任一个 B 点加上一平衡力系 F_1 和 F_2（图 1.13（b）），F_1、F_2 与 F 共线，大小相等。由于 F、F_1 也是平衡力系，可以去掉，故只剩下作用在 B 点的一个力 F_2（图 1.13（c）），而 F_2 和原力 F 等效，这样就把作用在 A 点的力沿其作用线移到 B 点。

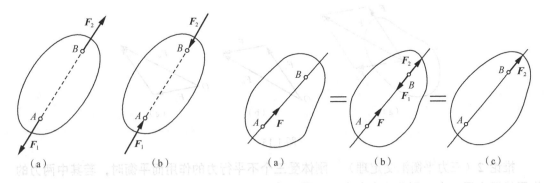

图 1.12　　　　　　　　　　　　图 1.13

根据推论 1，力对刚体的作用效应与力的作用点在作用线上的位置无关。于是对刚体而言，力的三要素可改为力的大小、方向和作用线。必须注意，力的可传性原理只适用于刚体而不适用于弹性体。例如，在弹性杆 AB 的两端受到等值、反向、共线的两个力 F、F' 作用而处于平衡状态（图 1.14（a）），如果将这两个力分别沿其作用线移到另一端（图 1.14（b）），杆 AB 仍处于平衡状态。但是，杆的变形改变了，如图 1.14（a）所示的杆受拉伸长，如图 1.14（b）所示的杆受压缩短。

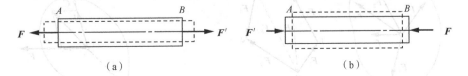

图 1.14

公理 3（力的平行四边形法则） 作用于物体上同一点的两个力可以合成为一个力，其大小和方向可用这两个力的矢量为邻边所构成的平行四边形的对角线来表示，其作用点即为原来两力的作用点。这个力称为原来两个力的**合力矢**，简称合力，如图 1.15（a）所示。或者说，合力矢等于这两个力矢的几何和或矢量和，即

$$F_R = F_1 + F_2 \tag{1.14}$$

应用此公理求两个汇交力的合力大小和方向时，可由任意一点起，作一力三角形，如图 1.15（b）、（c）所示。力三角形的两个边分别为力矢 F_1 和 F_2，第三个边 F_R 即代表合力矢，合力矢 F_R 的作用点仍为汇交点。这种求合力矢的方法称为力**三角形法则**。

在平面力系中，若各力的作用线都汇交于一点，则该力系称为**平面汇交力系**。对于作用在刚体上的平面汇交力系，由力的可传性原理，可将各力的作用点沿其作用线移至汇交点。根据力的平行四边形法则，逐步两两合成各力，最后求得一个通过汇交点的合力 F_R；也可连续应用力的三角形法则，将各力依次合为一个合力 F_R，如图 1.16 所示。其矢量表达式为

$$F_R = F_1 + F_2 + \cdots + F_n = \sum_{i=1}^{n} F_i \qquad (1.15)$$

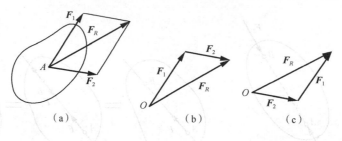

图 1.15

推论 2（三力平衡汇交定理） 刚体受三个不平行力的作用而平衡时，若其中两力的作用线汇交于一点，则此三力必在同一平面内，且第三个力的作用线通过汇交点。

证明：如图 1.17 所示，在刚体的 A、B、C 三点上，分别作用三个相互平衡的力 F_1、F_2、F_3。根据力的可传性，将力 F_1 和 F_2 移到汇交点 O，然后根据力的平行四边形法则，得合力 F_{12}。则力 F_3 应与 F_{12} 平衡。根据二力平衡原理，这两个力必须共线，所以力 F_3 必定与 F_1 和 F_2 共面，且通过力 F_1 与 F_2 的交点 O。于是定理得证。

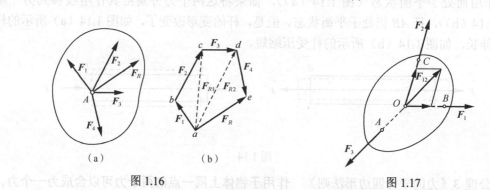

图 1.16　　　　　　　　　　　　　图 1.17

公理 4（作用与反作用定律） 两个物体间的作用力与反作用力总是同时存在，两力的大小相等、方向相反、沿着同一直线，分别作用在这两个物体上。

这个公理概括了物体间相互作用的关系，表明作用力与反作用力总是成对出现。但是必须强调指出，由于作用力与反作用力分别作用在两个物体上，因此，不能认为作用力与反作用力相互平衡。该定理既适用于刚体，也适用于变形固体。

例如，车刀在工件上切削时，若车刀作用在工件上的切削力为 F，则与此同时，工件必有反作用力 F' 作用在车刀上，如图 1.18 所示。此两力 F、F' 是等值、反向、共线。

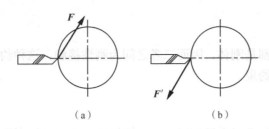

图 1.18

1.3 约束和约束力

有些物体，如飞行的飞机、炮弹、空中自由翱翔的鸟等，它们在空间的位移不受任何限制。位移不受限制的物体称为**自由体**。相反有些物体在空间的位移却受到不同程度的限制。例如，机车受铁轨的限制，只能沿铁轨轨道运动；电灯由绳索吊住，不能下落等。位移受限制的物体称为**非自由体**。

阻碍非自由体运动的物体称为**约束**。例如，铁轨对于机车、绳索对于电灯都是约束。由于约束阻碍了物体的运动，也就是约束能够起到改变物体运动状态的作用，所以约束对物体的作用，实际上就是力，这种力称为**约束力**。因此，约束力的方向必与该约束所限制位移的方向相反。是确定约束力方向的基本原则，至于约束力的大小则是未知的。

凡是能促使物体运动或使物体有运动趋势的力称为**主动力**，如重力、切削力、风力等。工程上常把主动力称为**载荷**。

在静力学问题中，约束力与主动力组成了平衡力系，因此可用平衡条件求出未知的约束力。

下面介绍几种在工程中常见的简单约束类型和确定约束力方向的方法。

1.3.1 柔索约束

绳索、链条、皮带、钢丝等柔性物体，只能阻止物体沿其伸长的方向运动，而不能阻止沿其压缩方向的运动，所以柔体的约束力是拉力，作用点在连接点，其方向沿柔体的轴线而背离物体，常用 F_T 表示，如图 1.19（b）所示。图 1.20 为皮带轮系中皮带给予轮的约束力。

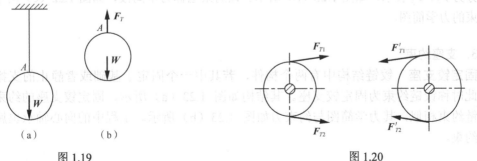

图 1.19　　　　　　　　　　　图 1.20

1.3.2 刚性约束

约束体与被约束体都是刚体，因而二者之间为刚性接触，这种约束称为刚性约束。下面介绍几种常见的刚性约束。

1. 光滑面约束

两个物体的接触面处光滑无摩擦时，约束物体只能限制被约束物体沿二者接触面公法线方向的运动，而不限制沿接触面切线方向的运动。因此，光滑面约束的约束力只能沿着接触面的公法线方向，并指向被约束物体。

该类约束的约束力通过接触点，其方向沿着光滑面的公法线指向物体，如图 1.21 所示，这种约束力通常用 F_N 表示。

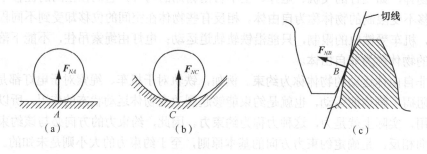

图 1.21

2. 光滑圆柱铰链约束

门窗用的合页、活塞销等都是圆柱铰链的实例。理想的圆柱铰链是由一个圆柱形销钉插入两个物体的圆孔中构成的，如图 1.22（a）所示，且认为销钉与圆孔的表面都是完全光滑的。

这类约束只能限制物体在垂直于销钉轴的平面内沿任意方向的运动，而不能限制物体绕销钉的转动和沿其轴线方向的移动。当一个物体相对于另一物体有运动趋势时，销钉与孔壁便在某处接触。由于接触点一般不能预先确定，又因接触处是光滑的，所以铰链的约束力必作用于接触点，垂直于销钉轴心线，而方向未定，如图 1.22（b）中的 F_R。这种约束力的大小和方向都是未知的，可用一个大小和方向都未知的力 F_R 来表示，也可用两个正交分力 F_x、F_y 表示，如图 1.22（b）所示。该约束也称为**中间铰**，如图 1.22（c）所示为该约束的力学简图。

3. 支座约束

固定铰支座　铰链结构中有两个构件，若其中一个固定于基础或者静止的支撑面上，此时称铰链约束为固定铰支座。其结构如图 1.23（a）所示，固定铰支座的约束力与铰链约束相似，其力学简图与约束力如图 1.23（b）所示。工程中的向心轴承也属于此类约束。

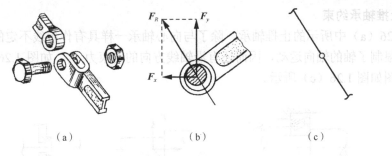

图 1.22

滑动铰支座 滑动铰支座又称辊轴约束，经常与固定铰支座配对使用。桥梁、屋架结构中采用的辊轴约束，如图 1.24（a）所示。采用这种约束主要是考虑到由于温度的改变，桥梁长度会有一定量的伸长或缩短，为使这种伸缩自由，辊轴可以沿伸缩方向作微小滚动。

工程结构中的辊轴支撑，既可以限制物体沿支撑面公法线单向运动（类似于光滑面约束），也可以限制被约束物体沿支撑面公法线两个方向的运动。因此，约束力 F_N 垂直于支撑面，可能指向被约束物体，也可能背向被约束物体。图 1.24（b）为该约束的力学简图。

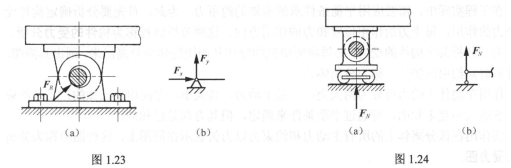

图 1.23　　　　　　　　　　　　图 1.24

4. 球形铰链约束

球形铰链简称**球铰**。与一般铰链相似，球铰也有固定球铰与活动球铰之分。其结构简图如图 1.25（a）所示，被约束物体上的球头与约束物体上的球窝连接。这种约束的特点是被约束物体只绕球心作空间转动，而不能有空间任意方向的移动。因此，球铰的约束力为空间力，一般用三个分量 F_x、F_x、F_z 表示，如图 1.25（b）所示。其力学简图如图 1.25（c）所示。

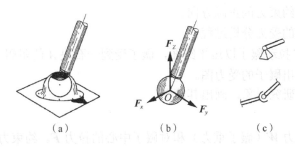

图 1.25

5. 止推轴承约束

图 1.26（a）中所示的止推轴承，除了与向心轴承一样具有作用线不定的径向约束力外，由于限制了轴的轴向运动，因而还有沿轴线方向的约束力 F_z，如图 1.26（b）所示。其力学简图如图 1.26（c）所示。

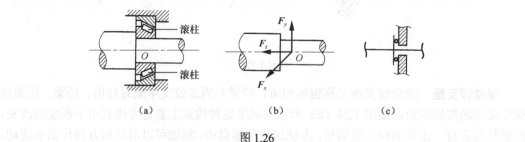

图 1.26

1.4 受力分析和受力图

在工程实际中，需要应用平衡条件求解未知的约束力。为此，首先要分析确定构件受几个力的作用，每个力的作用位置和力的作用方向，这种分析过程称为**构件的受力分析**。

为了分析某个构件的受力，必须将所研究的物体从周围物体中分离出来，画出其简图。这种被解除约束的物体，称为**分离体**。

作用在物体上的力可分为两大类：一是主动力，其大小、方向均是已知的；二是约束力，它的大小是未知的，可通过平衡条件来确定，但其方向是已知的。

将作用在该分离体上的所有主动力和约束力以力矢表示在简图上，这种图形称为分离体的**受力图**。

受力分析的一般步骤如下：

（1）确定研究对象，取分离体并画出简图；

（2）画出主动力；

（3）逐个分析约束，并画出约束力。

除此之外，还应注意：①受力图中仅画出与研究对象相关的全部作用力。②每画一力要有根据，既不多画也不漏画，研究对象内各部分间的相互作用力（内力）不画。③物体间的相互作用力要符合作用力与反作用力定律。④正确应用二力构件的受力特点和三力平衡汇交定理，确定某些约束力的正确方向。

下面举例说明物体的受力分析过程。

【**例 1.2**】 用力 F 拉动碾子以压平路面，碾子受到一石块 A 的阻碍，如图 1.27（a）所示。不计摩擦，试画出碾子的受力图。

解：（1）取碾子为研究对象，画出其简图。

（2）受力分析。

主动力：地球的引力 W（碾子重力）和对碾子中心的拉力 F。约束力：碾子在 A 和 B 两处分别受到石块和地面的约束，若不计摩擦，则均为光滑面接触，故在 A 处受石块的法

向约束力 F_{NA} 的作用，在 B 处受地面法向约束力 F_{NB} 的作用，它们都沿碾子上接触点的公法线而指向圆心。碾子的受力图如图 1.27（b）所示。

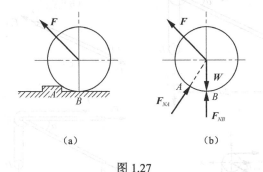

图 1.27

【例 1.3】 画出图 1.28（a）所示物体系统、球和杆的受力图。设各接触面均为光滑的。

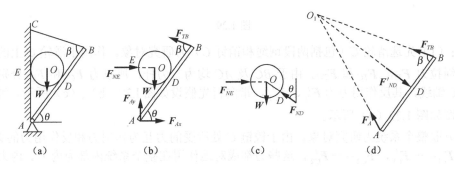

图 1.28

解：（1）选整体为研究对象，画出其简图。作用在整体上的主动力为球的重力 W；约束力包括：解除固定铰支座 A，其约束力大小和方向不能确定，用两分量 F_{Ax}，F_{Ay} 表示；解除光滑面 AEC，约束力 F_{NE} 垂直于 AC，指向球心 O；解除绳索约束（剪断绳索），约束力 F_{TB} 沿绳索离开 AB。整体受力图如图 1.28（b）所示。

（2）选球为研究对象，画出其简图。作用在球上的主动力为球的重力 W；约束力包括：光滑面 AC 的约束力 F_{NE}，其作用线垂直于 AC，且指向球心 O；解除杆约束 AB，其约束力 F_{ND} 垂直于 AB，指向球心 O。球的受力图如图 1.28（c）所示。

（3）同理，选取 AB 杆为研究对象，作用在 AB 杆上的约束力：解除绳索约束，约束力 F_{TB} 沿绳索，其指向是离开 AB；球视为约束，其约束力为 F'_{ND}，它与 F_{ND} 构成作用力和反作用力；根据三力平衡汇交定理，可确定 A 支座处的约束力作用线相交于 O_1 点。杆 AB 受力图如图 1.28（d）所示。

【例 1.4】 构架如图 1.29（a）所示，载荷为 W。A 和 B 为固定铰支座，C 为中间铰链，钢绳一端拴在 D 点，另一端绕过滑轮 C 和 H 拴在销钉 C 上。试分别画出滑轮 C 和整个系统的受力图。各杆及滑轮质量不计。

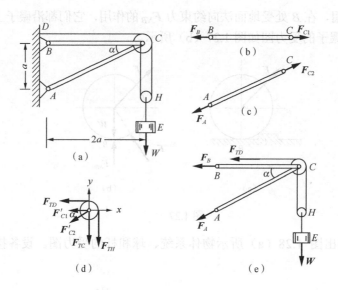

图 1.29

解：(1) 先选滑轮 C（包括两段钢绳和销钉 C）为研究对象。作用于滑轮 C 上的力为三段钢绳拉力 F_{TD}、F_{TC} 和 F_{TH}。由于 BC 及 AC 均为二力杆，所以力 F_{C1} 和 F_{C2} 分别沿杆 BC、AC 轴线，其反作用力为 F'_{C1}、F'_{C2}，指向暂先假设如图 1.29（b），（c）所示。滑轮 C 的受力图如图 1.29（d）所示。

(2) 取整个系统为研究对象。由于铰链 C 处所受的力互为作用力和反作用力的关系，例如，$F_{C1}=-F'_{C1}$，$F_{C2}=-F'_{C2}$，这些力都成对地作用在整个系统内部为内力。内力对系统的作用相互抵消，因此可以不去考虑而并不影响整个系统的平衡。故内力在受力图上不必画出。在受力图上只需画出系统以外的物体作用在系统上的力，即重力 W 和约束力 F_A、F_B、F_{TD}。整个系统的受力图如图 1.29（e）所示。

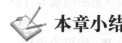 本章小结

1. 力是物体间相互的机械作用，这种作用使物体的机械运动状态发生变化。

   力的三要素：大小、方向和作用点。作用于变形体上的力是定位矢量，作用于刚体的力是滑动矢量，即力的三要素为：大小、方向和作用线。

2. 静力学公理是静力学的最基本、最普遍的客观规律。力的平行四边形公理阐明了作用在一个物体同一点上的两个力用一个力来等效取代的规则；二力平衡公理阐明了作用在刚体上最简单力系的平衡条件；加减平衡力系公理阐明了作用于刚体上的任意力系等效替换的条件；作用与反作用定律阐明了两个物体相互作用的关系。

3. 力在笛卡儿坐标轴上的投影为一代数量。

   直接投影法为

$$\begin{cases} X = F\cos\alpha \\ Y = F\cos\beta \\ Z = F\cos\gamma \end{cases}$$

二次投影法为

$$\begin{cases} X = F\sin\gamma\cos\varphi \\ Y = F\sin\gamma\sin\varphi \\ Z = F\cos\gamma \end{cases}$$

力沿笛卡儿坐标轴的分解式为

$$F = Xi + Yj + Zk$$

4．在平面力系问题中，力对点之矩可以用代数量表示，其大小等于力的大小与力臂的乘积，其符号规定为力使物体绕矩心逆时针旋转时为正，反之为负。大小表示为

$$M_O(F) = \pm Fd$$

空间问题中力对点之矩是一个定位矢量，它垂直于力矢和矩心所在的平面，方向按右手定则确定。矢积表示为

$$M_O(F) = r \times F = \begin{vmatrix} i & j & k \\ x & y & z \\ X & Y & Z \end{vmatrix}$$

5．力对轴之矩是代数量，正负号按右手定则确定。

6．力对点之矩矢在通过该点的轴上的投影等于力对该轴的矩。

7．力偶是由等值、反向、不共线的两个平行力组成的力系。力偶没有合力，也不能用一个力平衡。力偶作用于刚体使之产生转动。

8．力偶矩是力偶作用效应的度量。作用于同一平面的两个力偶，若力偶矩相等，则该两力偶彼此等效。

9．在同一刚体上，根据力偶的等效性，可以将同一作用面内的若干个力偶简化为一个合力偶，其力偶矩等于各个力偶矩的代数和。

10．约束是与非自由体相连接并限制其某些方向运动的物体。约束作用于非自由体的力称为约束力。约束力的方向与其限制非自由体的运动方向相反。

约束的常用类型如下：
柔性约束：柔绳、皮带、链条。
刚性约束：
（1）光滑面约束；
（2）光滑圆柱铰链约束；
（3）光滑固定铰支座和滑动铰支座；
（4）球形铰链约束；
（5）止推轴承约束。

11．物体的受力分析是解决力学问题的基础。作用于物体的力分为主动力和约束力。分析步骤是：（1）确定研究对象，取分离体并画出简图；（2）画出主动力；（3）逐个分析

约束并画出约束力。

思考题

一、填空题

1. 力是物体间相互的_____作用。这种作用使物体的_____发生改变。
2. 刚体是受力作用而_____的物体。
3. 从某一给定力系中，加上或减去任意____，不改变原力系对_____的作用效果。
4. 一力对刚体的作用效果取决于：力的____，力的____和力的____。
5. 约束力的方向，总是与约束所阻碍的位移的方向_____。
6. 二力杆是两端与其他物体用光滑铰链连接，不计_____且中间不受力的杆件。
7. 分离体内各部分之间相互作用的力，称为_____。分离体以外的物体对分离体的作用力，称为_____。在受力图上只画_____。
8. 同一约束的约束力在几个不同的受力图上出现时，各受力图上对同一约束力所假设的指向必须_____。
9. 力 F 在某坐标轴上的投影是____量。
10. 力 F 沿某坐标轴的分力是____量。
11. 力偶在任何坐标轴上的投影的代数和恒等于_____。
12. _____是作用在刚体上的两个力偶等效的充分必要条件。
13. 力偶使刚体转动的效果与_____无关，完全由_____决定。

二、选择题

1. 二力平衡条件适用的范围是_____。
   A．变形体   B．刚体系   C．单个刚体   D．任何物体或物体系
2. 加、减平衡力系原理适用的范围是_____。
   A．单个刚体   B．变形体   C．刚体系   D．任何物体或物体系
3. 作用和反作用定律的适用范围是_____。
   A．只适用于刚体   B．只适用于变形体
   C．只适用于物体处于平衡状态   D．对任何物体均适用
4. 如思考题图 1.1 所示的力平行四边形中，表示力 F_1 和 F_2 的合力 F_R 的图是_____。
   A．（a）   B．（b）   C．（c）   D．（d）

思考题图 1.1

5. 柔性体约束的约束力，其作用线沿柔性体的中心线_____。

A. 其指向在标示时可先任意假设　　B. 其指向在标示时有的情况可任意假设
C. 其指向必定是背离被约束物体　　D. 其指向点可能是指向被约束物体

6. 如思考题图 1.2 所示的某平面汇交力系中四力之间的关系是_____。

A. $F_1+F_2+F_3+F_4=0$　　B. $F_1+F_3=F_2+F_4$

C. $F_4=F_1+F_2+F_3$　　D. $F_1+F_2=F_3+F_4$

7. 力 F 在思考题图 1.3 所示坐标系 Oxy 的 y 轴上的分力大小和投影分别为_____。

A. $\dfrac{\sqrt{3}}{2}F, \dfrac{2\sqrt{3}}{3}F$　　B. $\dfrac{2\sqrt{3}}{3}F, \dfrac{\sqrt{3}}{2}F$

C. $\dfrac{\sqrt{3}}{2}F, \dfrac{\sqrt{3}}{3}F$　　D. $\dfrac{1}{2}F, \dfrac{1}{2}F$

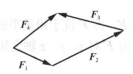
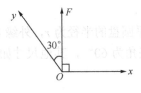

思考题图 1.2　　　　　　思考题图 1.3

8. 如思考题图 1.4 所示，一力 F 作用于 A 点，其方向水平向右，其中 a，b，α 为已知，则该力对 O 点的矩为_____。

A. $M_O(F)=-F\sqrt{a^2+b^2}$　　B. $M_O(F)=Fb$

C. $M_O(F)=-F\sqrt{a^2+b^2}\sin\alpha$　　D. $M_O(F)=F\sqrt{a^2+b^2}\cos\alpha$

9. 在思考题图 1.5 所示的结构中，如果将作用在 AC 上的力偶移到构件 BC 上，则_____。

A. 支座 A 的约束力不会发生变化　　B. 支座 B 的约束力不会发生变化
C. 铰链 C 的约束力不会发生变化　　D. A，B，C 处的约束力均会有变化

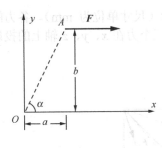
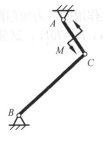

思考题图 1.4　　　　　　思考题图 1.5

习题

1.1 试计算下列题图 1.1 中力 F 对点 O 的矩。

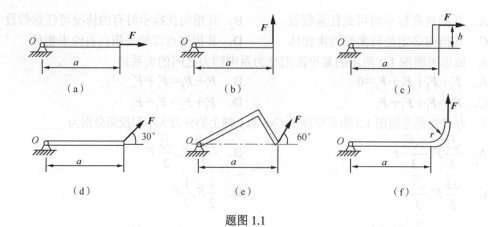

题图 1.1

1.2 水平圆盘的半径为 r，外缘 C 处作用有已知力 F。力 F 位于铅垂平面内，且与 C 处圆盘切线夹角为 60°，其他尺寸如题图 1.2 所示。求力 F 对 x、y、z 轴之矩。

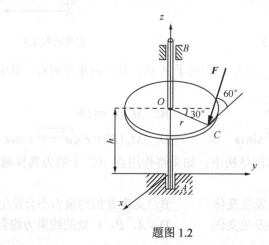

题图 1.2

1.3 长方块上作用的各力如题图 1.3 所示（尺寸单位为 mm）。各力的大小分别为：F_1=50N，F_2=100N，F_3=70N。试分别计算这三个力在 x、y、z 轴上的投影及其对三个坐标轴之矩。

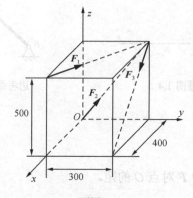

题图 1.3

1.4 试分别画出题图 1.4 中各物体的受力图（凡未标明自重的物体，质量不计，接触处均为光滑）。

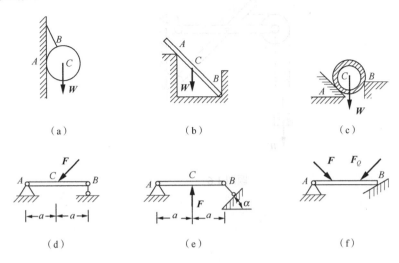

题图 1.4

1.5 试分别画出题图 1.5 中各个物体系统中每个物体的受力图。

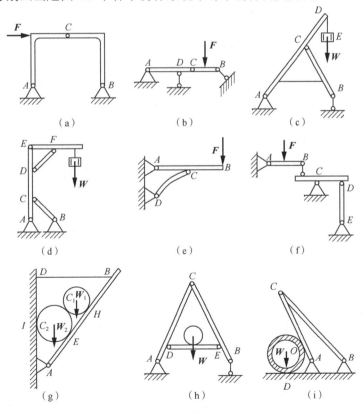

题图 1.5

1.6 构架如题图 1.6 所示，试分别画出杆 AEB、销钉 A 及整个系统的受力图。

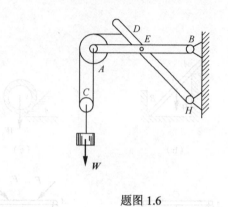

题图 1.6

第2章 力系的简化

作用在实际物体上的力系是各式各样的，可归纳为两大类：一类是力系中所有力的作用线都位于同一平面内，这类力系称为**平面力系**；另一类是力系中所有力的作用线位于不同的平面内，称为**空间力系**。

力系对刚体的作用效应可用力系的基本特征量来描述，而基本特征量需要通过对力系的简化得到。

本章将在静力学基本概念和静力学基本公理的基础上，以平面任意力系为主，分析力系的简化过程和简化结果。最后，介绍平行力系的中心和物体的重心。

2.1 力的平移定理

各力作用线都位于同一平面内，既不全部汇交于一点，又不全部平行的力系称为**平面任意力系**。在工程实际中，大部分力学问题都可归属于这类力系。有些问题虽不是平面任意力系，但对某些结构对称、受力对称、约束对称的力系，经适当简化，仍可归结为平面任意力系来处理。因此，研究平面任意力系问题具有非常重要的工程实际意义。

设在刚体的 A 点作用一个力 F，如图 2.1（a）所示。要将此力平移到刚体的任一点 O，为此，在 O 点加上一对与力 F 平行的平衡力 F' 和 F''，且使 $F=F'=-F''$，如图 2.1（b）所示。重新组合这一新的力系，F'' 与 F 组成力偶，称为**附加力偶**。于是，作用于 A 点的力 F 可以由作用于 O 点的力 F' 及附加力偶（F，F''）来代替，附加力偶矩 $M=\pm Fd$，如图 2.1（c）所示，恰好是原力 F 对 O 点的力矩，即 $M=M_O(F)$；而作用在 O 点的力 F'，其大小与方向和原力 F 相同。

综上所述，可得如下结论：**可以把作用在刚体上的力从原来的作用位置平行移动至刚体内任一指定点，若不改变该力对刚体的作用效果，则必须在该力与指定点所决定的平面内附加一力偶，其力偶矩等于原力对指定点之矩**。这就是力的平移定理。

根据力的平移定理，同一平面内的一个力和一个力偶也可用作用在该平面内的另一个力等效替换。如由图 2.1（a）转化为图 2.1（d），二力作用线间的距离为 $d=|M|/F$。

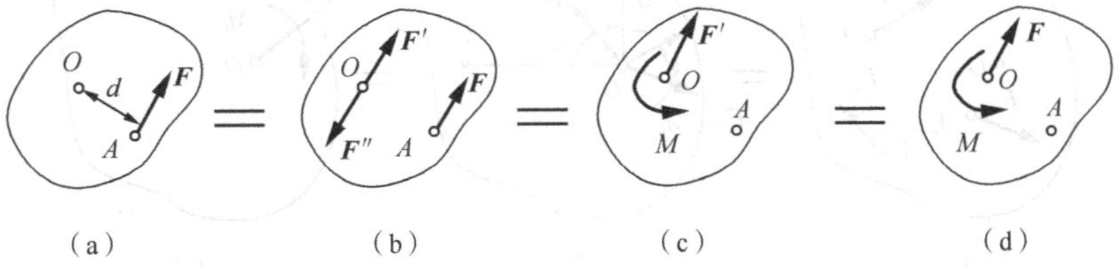

图 2.1

由力的平移定理可知，虽然一力与一力偶不等效，但一力与一力偶加一力等效。

力的平移定理不仅是力系简化的基础，而且可用来解释一些实际问题。以打乒乓球为例，如图 2.2 所示。当球拍击球的作用力没有通过球心时，按照力的平移定理，将力 F 平移至球心，平移力 F' 使球产生移动，附加力偶矩 M 使球产生绕球心的转动，于是形成旋转球。

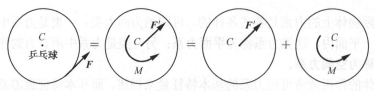

图 2.2

再如，用丝锥攻丝时，必须用双手握紧丝锥，且用力等值、反向，不允许用一只手加力。如图 2.3 所示，若在丝锥的一端单手加力 F，根据力的平移定理，将其向丝锥中心 C 平移，可得 F' 和 M，附加力偶矩 M 是攻丝所需的力偶矩，而横向力 F' 却往往使攻丝不正，甚至使丝锥折断。

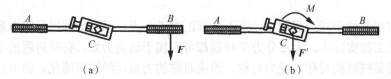

图 2.3

2.2 平面任意力系的简化

设有作用于刚体的平面任意力系 F_1，F_2，$\cdots$，F_n，如图 2.4（a）所示。为了简化这个力系，在力系所在平面内任选一点 O，称为**简化中心**。根据力的平移定理，将各力平移至 O 点，得到一个作用在 O 点的汇交力系 F_1'，F_2'，$\cdots$，F_n' 和一个附加力偶系 M_1，M_2，$\cdots$，M_n，如图 2.4（b）所示。

根据平行四边形法则，汇交力系可合成为一个力，用 F_R 表示，作用点在简化中心，如图 2.4（c）所示，且有

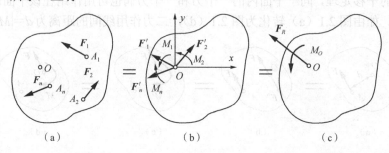

图 2.4

$$F_R = F_1' + F_2' + \cdots + F_n' = F_1 + F_2 + \cdots + F_n = \sum F_i \qquad (2.1)$$

F_R 称为平面任意力系的**主矢**。

根据力偶的等效性质，附加力偶系 M_1，M_2，$\cdots$，M_n 可合成为一个力偶，用 M_O 表示，M_O 等于附加力偶系中各力偶矩的代数和，如图 2.4（c）所示。

$$M_O = M_1 + M_2 + \cdots + M_n = \sum M_O(F_i) \qquad (2.2)$$

M_O 称为该力系对于简化中心 O 的**主矩**。

通过 O 点选取笛卡儿坐标系 Oxy，则

$$\begin{cases} F_{Rx} = F_{1x} + F_{2x} + \cdots + F_{nx} = \sum F_{ix} \\ F_{Ry} = F_{1y} + F_{2y} + \cdots + F_{ny} = \sum F_{iy} \end{cases}$$

因此，主矢 F_R 的大小及其与 x 轴正向的夹角分别为

$$\begin{cases} F_R = \sqrt{F_{Rx}^2 + F_{Ry}^2} = \sqrt{\left(\sum F_{ix}\right)^2 + \left(\sum F_{iy}\right)^2} \\ \tan\theta = \dfrac{F_{Ry}}{F_{Rx}} = \dfrac{\sum F_{iy}}{\sum F_{ix}} \end{cases} \qquad (2.3)$$

综上所述，平面任意力系向作用平面内任一点简化后得到一力和一力偶，或平面任意力系对刚体的作用与一力和一力偶等效。力的作用线通过简化中心，其大小和方向决定于力系的主矢；力偶的作用面即原力系所在平面，其力偶矩决定于力系对简化中心的主矩。因此，可以认为力系的主矢和主矩是决定平面任意力系对刚体作用效应的两个基本物理量。

不难看出，当所选的简化中心改变时，力系的主矢不改变；而力系的主矩却随着简化中心不同而改变。因此，对于主矩，应指明是对哪一个简化中心而言的，符号 M_O 中的下角标就是指明简化中心为 O。

平面任意力系对刚体的作用效应仅仅决定于力系的两个基本物理量，即主矢和主矩。于是，两个力系对刚体运动效应相等的条件：主矢相等和对同一点的主矩相等。

若将上述简化过程推广到空间任意力系，得到类似的结果，即一个主矢 F_R 和主矩矢 M_O。主矢等于原力系中各力的矢量和，与简化中心无关；而主矩矢等于原力系中各力对简化中心力矩的矢量和，与简化中心的位置有关。

空间任意力系向任意一点简化的主矢大小和方向余弦分别为

$$\begin{cases} F_R = \sqrt{\left(\sum F_{ix}\right)^2 + \left(\sum F_{iy}\right)^2 + \left(\sum F_{iz}\right)^2} \\ \cos(F_R, i) = \dfrac{\sum F_{ix}}{F_R},\ \cos(F_R, j) = \dfrac{\sum F_{iy}}{F_R},\ \cos(F_R, k) = \dfrac{\sum F_{iz}}{F_R} \end{cases} \qquad (2.4)$$

应用式（1.10）和式（1.11）可得到主矩矢 M_O 在三个坐标轴上的投影

$$\begin{cases} M_{Ox} = \sum M_x(F_i) \\ M_{Oy} = \sum M_y(F_i) \\ M_{Oz} = \sum M_z(F_i) \end{cases}$$

则空间任意力系向任意一点简化的主矩矢的大小和方向余弦分别为

$$\begin{cases} M_O = \sqrt{(\sum M_x(F_i))^2 + (\sum M_y(F_i))^2 + (\sum M_z(F_i))^2} \\ \cos(\boldsymbol{M}_O, \boldsymbol{i}) = \dfrac{\sum M_x(F_i)}{M_O}, \\ \cos(\boldsymbol{M}_O, \boldsymbol{j}) = \dfrac{\sum M_y(F_i)}{M_O}, \\ \cos(\boldsymbol{M}_O, \boldsymbol{k}) = \dfrac{\sum M_z(F_i)}{M_O} \end{cases} \quad (2.5)$$

【例 2.1】 杆件插入墙内较深,足以使杆件不能产生任何方向的移动和转动。此时,对于杆件而言,墙可视为**固定端支座**,如图 2.5(a)所示。应用平面任意力系的简化结果,试分析固定端支座的约束力及其约束力的表示方法。

解: 杆件的嵌入部分受力比较复杂,但当主动力系为平面任意力系时,约束力也为平面力系,如图 2.5(b)所示。根据平面任意力系简化理论,将约束力系向交界面的形心 A 点简化,得一个力和一个力偶,如图 2.5(c)所示。由于这个力大小和方向均未知,故用两个正交分力表示,于是固定端约束的约束力通常表示成如图 2.5(d)所示的形式。固定端支座的约束力可以用 F_{Ax},F_{Ay} 和 M_A 表示。

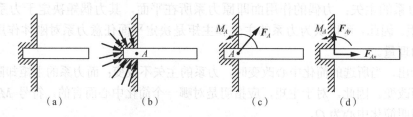

图 2.5

2.3 简化结果分析·合力矩定理

进一步讨论平面任意力系的简化结果。

(1)若 $F_R = 0$,$M_O = 0$,则平面力系为平衡力系。此内容将在 2.4 节讨论。

(2)若 $F_R = 0$,$M_O \neq 0$,则力系合成为一个力偶,其主矩与简化中心的位置无关。M_O 与原力系等效,故称 M_O 为合力偶。

(3)若 $F_R \neq 0$,$M_O = 0$,则主矢 F_R 与原力系等效,称 F_R 为原力系的合力,其作用线通过简化中心 O。

(4)若 $F_R \neq 0$,$M_O \neq 0$,则根据 2.1 节中的方法,可以将主矢 F_R 和主矩 M_O 继续合成为一个力 F_R',如图 2.6(b)所示,这个力 F_R' 就是原力系的合力。合力 F_R' 的大小和方向与主矢 F_R 相同,合力作用线到简化中心的距离 $d = |M_O|/F_R$。该力的作用线在 O 点的那一侧,可按下述方法确定:合力 F_R' 对简化中心 O 点之矩与主矩应有相同的转向(图 2.6)。

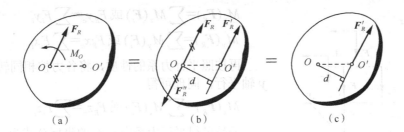

图 2.6

此时，$M_O(F_R') = M_O = \sum M_O(F)$，并且简化中心 O 点是任意选取的，于是得**合力矩定理**：平面力系的合力对作用平面内任意一点之矩，等于原力系中各个力对同一点之矩的代数和，即

$$M_O(F_R) = \sum M_O(F) \tag{2.6}$$

该定理也适用于空间力系对任意点（轴）之矩的计算。

2.4 平行力系的中心·重心

2.4.1 平行力系的中心

各力的作用线都在同一平面内，且作用线相互平行的力系则称为**平面平行力系**。平行力系中心是指平行力系合力通过的一个点。

例如，两同向平行力 F_1、F_2 分别作用在刚体上 A、B 两点，如图 2.7 所示。利用平面任意力系简化的理论，可求得它们的合力 F_R，其大小为 $F_R = F_1 + F_2$，其作用线内分 AB 连线于 C 点，对 C 点使用合力矩定理有

$$\frac{AC}{BC} = \frac{F_2}{F_1}$$

显然，C 点的位置与两力 F_1、F_2 在空间的方位无关。F_1、F_2 若按同方向转过相同的角度 α，则合力 F_R 也转过相同的角度 α，且仍通过 C 点，如图 2.7 所示。

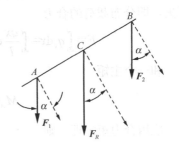

图 2.7

上述结论可推广到任意多个力组成的平行力系。即将力系中各个力逐个地顺次合成，最终求得力系的合力 $F_R = \sum F_i$，合力的作用点即为该平行力系的中心，且此点的位置仅与各个平行力的大小和作用点的位置有关，而与各个平行力的方向无关。

现用解析法确定平行力系中心的位置。取一笛卡儿坐标系如图 2.8 所示，设有一空间平行力系 $F_1, F_2, \cdots, F_n$ 平行于 z 轴，各力作用点的坐标为 $A_i(x_i, y_i, z_i)$ ($i = 1, 2, \cdots, n$)，而平行力系的中心坐标为 $C(x_c, y_c, z_c)$。根据合力矩定理有

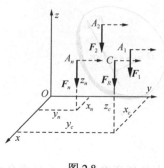

图2.8

$$M_x(F_R)=\sum M_x(F_i) \text{ 或 } F_R y_c=\sum F_i y_i$$
$$M_y(F_R)=\sum M_y(F_i) \text{ 或 } F_R x_c=\sum F_i x_i$$

再按照平行力系的性质,将各力按相同转向转到与 y 轴平行,同理可得

$$M_x(F_R)=\sum M_x(F_i) \text{ 或 } F_R z_c=\sum F_i z_i$$

于是可得平行力系中心 C 的坐标公式为

$$x_c=\frac{\sum F_i x_i}{\sum F_i},\ y_c=\frac{\sum F_i y_i}{\sum F_i},\ z_c=\frac{\sum F_i z_i}{\sum F_i} \qquad (2.7)$$

【例2.2】 水平梁 AB 受三角形分布载荷的作用,如图2.9所示。分布载荷的最大集度为 q（N/m）,梁长 l,试求分布载荷的合力 F 大小和合力作用线的位置。

解：（1）先求分布载荷的合力 F 的大小,在距 A 端 x 处取微段 dx,作用在 dx 段内的分布载荷可近似地看成为均布载荷,其载荷集度为 q_x,由图中几何关系可知 $q_x=\dfrac{xq}{l}$,在 dx 段内的载荷为

$$q_x dx=\frac{qx}{l}dx$$

因此,该三角形分布载荷可以看出是由若干个大小为 $q_x dx$ 的载荷所组成的。

（2）取 A 点为简化中心进行简化,可得到一个主矢,即分布载荷的合力

$$F=\int_0^l q_x dx=\int_0^l \frac{qx}{l}dx=\frac{ql}{2}$$

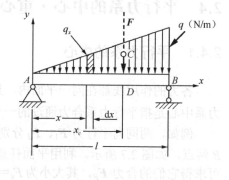

图2.9

和一个主矩

$$M_A=-\int_0^l x q_x dx=-\int_0^l \frac{qx^2}{l}dx=-\frac{ql^3}{3}$$

应用合力矩定理,则

$$M_A=-\frac{ql^3}{3}=-Fx_c=-\frac{ql}{2}x_c$$

合力的位置为

$$x_c=\frac{|M_A|}{F}=\frac{2l}{3}$$

由上述结果可以看出,分布载荷的合力大小为分布载荷图形的面积,其作用线一定通过载荷图形的形心,如图2.10所示。

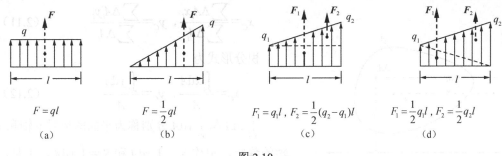

图 2.10

2.4.2 物体的重心、质心和形心

1. 重心

物体的重力即为地球对它的吸引力。物体的重力分布于各质点上,且为铅垂向下的平行力系。而重力就是重力系的合力,重力系的中心称为物体的**重心**。

如图 2.11 所示,假设把物体分割成有限个或无限个微元,第 i 个微元的重力为 ΔW_i,则物体的重心 C 在笛卡儿坐标系 Oxy 中的坐标公式为

$$x_C = \frac{\sum \Delta W_i x_i}{\sum \Delta W_i}, \quad y_C = \frac{\sum \Delta W_i y_i}{\sum \Delta W_i}, \quad z_C = \frac{\sum \Delta W_i z_i}{\sum \Delta W_i} \quad (2.8)$$

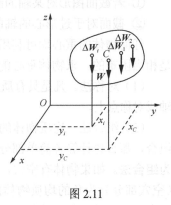

图 2.11

2. 质心

在地球表面,物体上各点的重力加速度不变,即 $\Delta W_i = \Delta m_i g$,其中 g 为重力加速度,则式(2.8)可写为

$$x_C = \frac{\sum \Delta m_i x_i}{\sum \Delta m_i}, \quad y_C = \frac{\sum \Delta m_i y_i}{\sum \Delta m_i}, \quad z_C = \frac{\sum \Delta m_i z_i}{\sum \Delta m_i} \quad (2.9)$$

3. 形心

当物体是均质的,即 $\Delta m_i = \gamma \Delta V$,其中 γ 为密度,且为常数。则式(2.9)可写为

$$x_C = \frac{\sum \Delta V_i x_i}{\sum \Delta V_i}, \quad y_C = \frac{\sum \Delta V_i y_i}{\sum \Delta V_i}, \quad z_C = \frac{\sum \Delta V_i z_i}{\sum \Delta V_i} \quad (2.10)$$

均质物体的形心位置与密度 γ 无关,它是一个完全由物体的几何形状所决定的一个几何点,这样的点称为物体的**形心**,对均质物体,其重心、质心和形心重合。

4. 平面图形的形心

在工程实际中往往需要计算平面图形的形心。若取图形所在平面作为 Oxy,如图 2.12 所示。则平面图形形心的坐标为

$$x_C = \frac{\sum \Delta A_i x_i}{\sum \Delta A_i}, \quad y_C = \frac{\sum \Delta A_i y_i}{\sum \Delta A_i} \qquad (2.11)$$

积分形式为

$$x_C = \frac{\int_A x \mathrm{d}A}{A}, \quad y_C = \frac{\int_A y \mathrm{d}A}{A} \qquad (2.12)$$

$\int_A x \mathrm{d}A$ 和 $\int_A y \mathrm{d}A$ 分别称为平面图形对 y 轴和 x 轴的**静矩**，记作 $S_y = \int_A x \mathrm{d}A$ 和 $S_x = \int_A y \mathrm{d}A$。于是，式（2.12）可写成

$$S_y = x_C A, \quad S_x = y_C A \qquad (2.13)$$

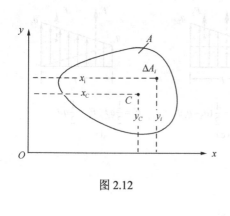

图 2.12

从式（2.13）可以得到下列重要结论：
① 若截面图形对某轴的静矩等于零，则该轴必通过截面的形心；
② 截面对于过形心的轴的静矩恒等于零。

任何物体的重心均可利用上述公式求得，但在很多情况下，积分运算比较麻烦，甚至是相当困难的。求物体重心的方法通常有以下两种方法。

（1）对称法。凡是具有质量对称面、对称轴或对称点的物体，其重心必在对称面、对称轴或对称点上。

（2）组合法。均质物体的几何形状虽然比较复杂，但能分割成若干个简单几何形状的组合，那么先计算各简单部分的重心位置，然后再计算整个物体的重心位置，称这种方法为**组合法**。如果物体有空穴，则可以将原均质物体视为一形状完整的物体与一体积或面积（空穴部分）为负的均质物体的组合，仍利用组合法计算原物体的重心位置，称为**负面积组合法**。简单几何形体的重心如表 2.1 所示。

上述方法也适用于确定平面几何图形的形心。

表 2.1 简单几何形体的重心

图 形	重心位置	图 形	重心位置
三角形	在中线的交点 $y_C = \frac{1}{3}h$	梯形	$y_C = \frac{2a+b}{3(a+b)}h$
圆弧	$x_C = \frac{r\sin\varphi}{\varphi}$ 对于半圆弧 $x_C = \frac{2r}{\pi}$	弓形	$x_C = \frac{2}{3} \cdot \frac{r^3 \sin^3\varphi}{A}$ 面积 $A = \frac{r^2(2\varphi - \sin 2\varphi)}{2}$

续表

图 形	重心位置	图 形	重心位置
扇形	$x_C = \dfrac{2}{3}\dfrac{r\sin\varphi}{\varphi}$ 对于半圆 $x_C = \dfrac{4r}{3\pi}$	部分圆环	$x_C = \dfrac{2}{3}\dfrac{R^3 - r^3}{R^2 - r^2}\dfrac{\sin\varphi}{\varphi}$
二次抛物线面	$x_C = \dfrac{3}{5}a$ $y_C = \dfrac{3}{8}b$	二次抛物线面	$x_C = \dfrac{3}{4}a$ $y_C = \dfrac{3}{10}b$
正圆锥体	$z_C = \dfrac{1}{4}h$	正角锥体	$z_C = \dfrac{1}{4}h$

【例 2.3】 已知均质等厚 Z 字形薄板尺寸，如图 2.13 所示，求平面图形的形心。单位为 mm。

解：（1）取参考坐标系如图 2.13 所示。将 Z 形截面分割成三个矩形，并以 C_1、C_2、C_3 表示这三个矩形的重心，以 A_1、A_2、A_3 表示它们的面积，以 (x_{1c}, y_{1c})、(x_{2c}, y_{2c})、(x_{3c}, y_{3c}) 分别表示 C_1、C_2、C_3 的坐标。

（2）求三个矩形的面积和形心坐标，由图得

$x_{1c} = -15\text{mm}$，$y_{1c} = 45\text{mm}$，$A_1 = 300\text{mm}^2$

$x_{2c} = 5\text{mm}$，$y_{2c} = 30\text{mm}$，$A_2 = 400\text{mm}^2$

$x_{3c} = 15\text{mm}$，$y_{3c} = 5\text{mm}$，$A_3 = 300\text{mm}^2$

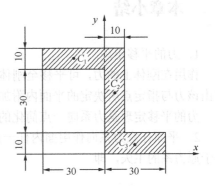

图 2.13

（3）求形心，应用式（2.11），则

$$x_C = \frac{\int_A x\,\mathrm{d}A}{A} = \frac{\sum A_i x_{ic}}{A} = \frac{A_1 x_1 + A_2 x_2 + A_3 x_3}{A_1 + A_2 + A_3} = 2\text{mm}$$

$$y_C = \frac{\int_A y\,\mathrm{d}A}{A} = \frac{\sum A_i y_{ic}}{A} = \frac{A_1 y_1 + A_2 y_2 + A_3 y_3}{A_1 + A_2 + A_3} = 27\text{mm}$$

故均质等厚 Z 字形薄板的形心 C 的坐标为（2，27）。

【例 2.4】 振动器中的偏心块为一等厚度的均质体，如图 2.14 所示。已知 $R=100\text{mm}$，$r=17\text{mm}$，$b=13\text{mm}$。求其重心坐标。

解：（1）取参考坐标系，如图 2.14 所示。偏心块可看成是由三部分组成：半径为 R 的半圆，半径为 $r+b$ 的半圆和半径为 r 的半圆，最后一部分是应该去掉的，其面积为负面积。y 轴为对称轴，则偏心块的重心 C 在对称轴上，即 $x_C=0$。设大半圆（半径为 R）面积为 A_1，小半圆（半径为 $r+b$）面积为 A_2，小圆（半径为 r）面积为 A_3，且为负值。

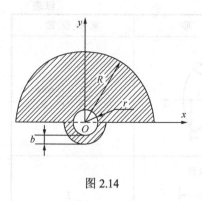

图 2.14

（2）这三部分的面积和重心的纵坐标分别为

$$A_1=\frac{\pi}{2}R^2, \qquad y_1=\frac{4R}{3\pi},$$

$$A_2=\frac{\pi}{2}(r+b)^2, \qquad y_2=-\frac{4(r+b)}{3\pi},$$

$$A_3=-\pi r^2, \qquad y_3=0.$$

（3）用负面积法求得偏心块重心的纵坐标为

$$y_C=\frac{A_1y_1+A_2y_2+A_3y_3}{A_1+A_2+A_3}=40.01\text{mm}$$

故所求偏心块重心 C 的坐标为（0，40.01）。

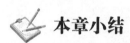 **本章小结**

1．力的平移定理

作用在刚体上的力，可平移至刚体上任意指定点而不改变该力对刚体的作用，但必须在由该力与指定点所决定的平面内附加一力偶，其力偶矩等于该力对指定点之矩。

力的平移定理是力系向一点简化的理论基础。

2．平面任意力系向作用面内任一点简化，一般情况下可得到一个力和力偶。这个力等于原力系的主矢，即

$$F_R=\sum F_i$$

作用在简化中心 O。这个力偶的矩等于原力系对于 O 点的主矩，即

$$M_O=\sum M_O(F_i)$$

3．平面任意力系的简化结果，可能出现三种情况：

（1）合力偶：$F_R=0$，$M_O\neq 0$；

（2）合力：$F_R\neq 0$，$M_O=0$，此时合力作用线通过简化中心。$F_R\neq 0$，$M_O\neq 0$ 时合力作用线离简化中心的距离为

$$d=|M_O|/F_R$$

(3) 平衡：$F_R=0$，$M_O=0$。

4. 固定端支座

固定端支座是工程中常见的一种约束，其约束力可分解为两个相互垂直的力和一个力偶，例如，A 处为固定端支座，约束力用 F_{Ax}、F_{Ay} 和 M_A 表示，约束力的方向（或转向）可以任意假设。

5. 合力矩定理

平面任意力系的合力对作用平面内任意一点之矩，等于原力系中各力对同一点之矩的代数和，即

$$M_O(F_R)=\sum M_O(F_i)$$

6. 分布载荷等效于一个合力，其合力的大小等于为分布载荷图形的面积，作用线一定通过载荷图形的形心。

7. 重心

重心就是作用在物体上重力合力的作用点，物体重心的计算公式为

$$x_C=\frac{\sum \Delta W_i x_i}{\sum \Delta W_i},\quad y_C=\frac{\sum \Delta W_i y_i}{\sum \Delta W_i},\quad z_C=\frac{\sum \Delta W_i z_i}{\sum \Delta W_i}$$

思考题

一、填空题

1. 作用于刚体上的力，均可平移到刚体内任意一点，但必须同时增加一个_____，其矩等于____。

2. 力对作用线外的转动中心有两种作用：一是____；二是____。

3. 平面任意力系向平面内任一点简化的一般结果是一个_____和一个_____。

4. 若平面任意力系向某一点简化后的主矩为零，主矢不为零，则该主矢就是原力系的____，且其作用线必过_____。

5. 若平面任意力系向某点简化后的主矢为零，主矩也为零，则该力系为____力系。

6. 在思考题图 2.1 的平面力系中，若 $F_1=F_2=F_3=F_4=F$，且各夹角均为直角，力系向 A 点简化的主矢 $F_A=$_____，主矩 $M_A=$____；向 B 点简化的主矢 $F_B=$_____，主矩 $M_B=$_____。

7. 如思考题图 2.2 所示，若某力系向 A 点简化的结果为 $F_A=10\text{N}$，$M_A=0.2\text{N·m}$，则该力系向 D 点简化结果为 $F_D=$_____，$M_D=$_____；向 C 点简化结果为 $F_C=$____，$M_C=$_____。

8. 力 F 作用于三铰拱的 E 点，如思考题图 2.3 所示。能否_____将其平移到三铰拱的 D 点上。

9. 在刚体的同一平面内 A、B、C 三点上分别作用 F_1、F_2、F_3 三个力，并构成封闭三角形，如思考题图 2.4 所示，该力系可简化为_____。

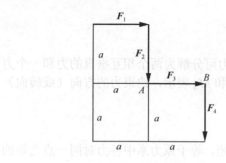
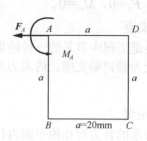

思考题图 2.1　　　　　　思考题图 2.2

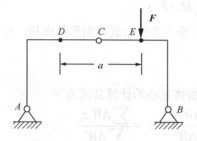
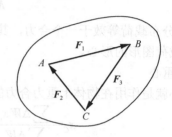

思考题图 2.3　　　　　　思考题图 2.4

10．某一平面平行力系各力的大小、方向和作用线的位置如思考题图 2.5 所示。此力系简化的结果与简化中心的位置_____。

二、选择题

1．作用在同一平面内的四个力构成平行四边形，如思考题图 2.6 所示，该物体在此力系作用下处于____。

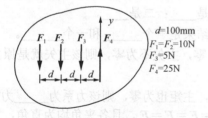
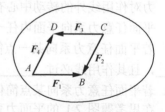

思考题图 2.5　　　　　　思考题图 2.6

A．平衡状态

B．不平衡状态，因为可合成为一合力偶

C．不平衡状态，因为可合成为一合力

D．不平衡状态，因为可合成为一合力和一合力偶

2．一个力向新作用点平移后，新作用点上有____，才能使作用效果与原力相同。

A．一个力

B．一个力偶

C．一个力和一个力偶

3. 按力的平移定理，思考题图 2.7 所示的三铰拱中，受力相互等效的是_____。

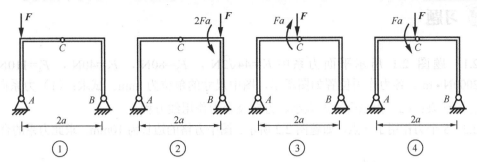

思考题图 2.7

A. ①与② B. ①与③ C. ②与③ D. ①与④

4. 平面任意力系向其作用面内任意一点简化的结果可能是_____。

A. 一个力、一个力偶、一个力与一个力偶、平衡

B. 一个力、一个力与一个力偶、平衡

C. 一个力偶、平衡

D. 一个力、一个力偶、平衡

5. 平面汇交力系如思考题图 2.8 所示，已知 $F_1=\sqrt{3}$kN，$F_2=1$kN，$F_3=3$kN，则该力系的合力 F_R 的大小应为_____。

6. 下述不同力系分别作用于刚体，如思考题图 2.9 所示，彼此等效的是_____（d 表示两力作用线间的距离）。

A. $F_R=0$ B. $F_R=\sqrt{3}$kN

C. $F_R=(1+2\sqrt{3})$kN D. $F_R=(1+4\sqrt{3})$kN

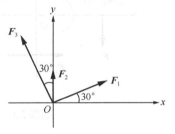

思考题图 2.8

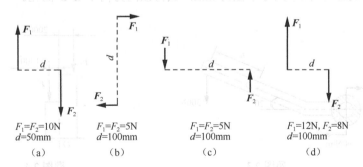

思考题图 2.9

7. 一平面任意力系向 O 点简化后，得到如思考题图 2.10 所示的一个力 F_R 和一个力偶 M_O，则该力系的最后简化结果是_____。

A. 一个合力偶

B. 作用在 O 点的一个合力

C. 作用在 O 点右边某一点的一个合力

D. 作用在 O 点左边某一点的一个合力

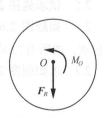

思考题图 2.10

习题

2.1 题图 2.1 所示平面力系中 $F_1=44\sqrt{2}\text{N}$，$F_2=80\text{N}$，$F_3=40\text{N}$，$F_4=110\text{N}$，$M=2000\text{N}\cdot\text{m}$。各力作用位置如图所示，图中尺寸的单位为 mm。试求：（1）力系向 O 点简化的结果；（2）力系合力的大小、方向及合力作用线方程。

2.2 5个力作用于一点，如题图 2.2 所示。图中方格的边长为 10mm。求此力系的合力。

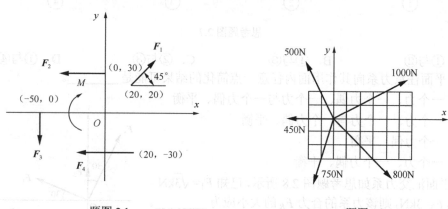

题图 2.1　　　　　　　　题图 2.2

2.3 扳手受到一力和一力偶的作用，如题图 2.3 所示，求此力系的合力作用点 D 点的位置（以距离 b 表示）。

2.4 某厂房排架的柱子，如题图 2.4 所示，承受吊车传来的力为 $F=250\text{kN}$，屋顶传来的力为 $F_Q=300\text{kN}$，图中尺寸单位为 mm。试将该两力向中心 O 简化。

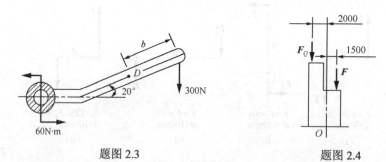

题图 2.3　　　　　　　　题图 2.4

2.5 试求题图 2.5 中各平行分布力系的合力大小，作用线位置及对 A 点之矩。

2.6 如题图 2.6 所示刚架中，已知 $q=3\text{kN/m}$，$F=6\sqrt{2}\text{kN}$，$M=10\text{kN}\cdot\text{m}$，不计刚架的自重。求所有力对 A 的矩。

2.7 求如题图 2.7 所示截面的重心位置。图示单位为 mm。

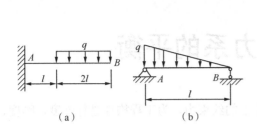
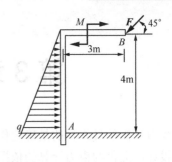

题图 2.5　　　　　　　题图 2.6

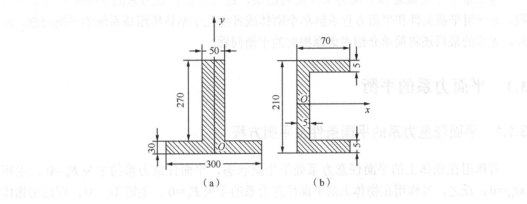

题图 2.7

第 3 章　力系的平衡

受力分析的最终目的是确定作用在构件上的约束力，为工程构件进行强度、刚度、稳定性设计，提供约束力计算的依据。

本章基于平衡概念和平面力系简化的结果，建立平面任意力系的平衡条件和平衡方程，并应用平衡条件和平衡方程求解单个刚体或者由几个刚体所组成系统的平衡问题。此外，本章的最后还将简单介绍考虑摩擦时的平衡问题。

3.1　平面力系的平衡

3.1.1　平面任意力系的平衡条件及平衡方程

若作用在物体上的平面任意力系处于平衡状态，平面任意力系的主矢 $F_R=0$，主矩 $M_O=0$。反之，若作用在物体上的平面任意力系的主矢 $F_R=0$，主矩 $M_O=0$，则说明物体不受力或受到平衡力系的作用。

由此可知，平面任意力系平衡的必要充分条件是：**平面任意力系向力系作用平面内任一点简化得到的主矢和主矩分别等于零**，即 $F_R=0$，$M_O=0$。

由式（2.2）和式（2.3）可知，平面任意力系的平衡条件为

$$\begin{cases} \sum F_x = 0 \\ \sum F_y = 0 \\ \sum M_O(\boldsymbol{F}) = 0 \end{cases} \quad (3.1)$$

式（3.1）也称平面任意力系的**平衡方程**。它有两个投影式和一个力矩式，共有三个独立方程，因此根据它们只能（最多）求出三个未知量。

平面任意力系平衡方程还有其他形式。

二矩式方程为

$$\begin{cases} \sum F_x = 0 \\ \sum M_A(\boldsymbol{F}) = 0 \\ \sum M_B(\boldsymbol{F}) = 0 \end{cases} \quad (3.2)$$

适用条件：投影轴不与 A、B 两点连线垂直。

三矩式方程为

$$\begin{cases} \sum M_A(\pmb{F})=0 \\ \sum M_B(\pmb{F})=0 \\ \sum M_C(\pmb{F})=0 \end{cases} \tag{3.3}$$

适用条件：A、B、C 三点不共线。

上述为平面一般力系的三种不同形式的平衡方程，在解决实际问题时可以根据具体情况选取某一形式。

【例 3.1】 悬臂吊车如图 3.1（a）所示，水平梁 AB 的 A 端以铰链连接于墙面上，B 端则通过两端铰接的拉杆 CB 与墙体相连。梁自重 $W=4$kN，载荷重 $W_1=12$kN，梁长 $l=6$m，载荷离 A 端距离 $a=4$m，$\alpha=30°$。试求拉杆的拉力和铰链 A 的约束力。

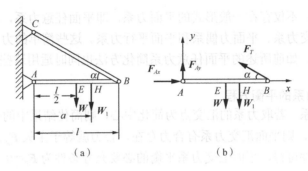

图 3.1

解：（1）因为已知力、未知力汇集于 AB 梁，所以选取横梁 AB 为研究对象，画出 AB 梁的受力图，如图 3.1（b）所示。

（2）选取坐标轴，列平衡方程式

$$\sum F_x=0, \qquad F_{Ax}-F_T\cos\alpha=0 \tag{a}$$

$$\sum F_y=0, \qquad F_T\sin\alpha+F_{Ay}-W-W_1=0 \tag{b}$$

$$\sum M_B(\pmb{F})=0, \qquad \frac{Wl}{2}+W_1(l-a)-F_{Ay}l=0 \tag{c}$$

联立求解式（a）、（b）和（c），得

$$F_{Ax}=17.32\text{kN}, \; F_{Ay}=6\text{kN}, \; F_T=20\text{kN}$$

（3）若用二矩式来解本题，可分别取 A、B 点为矩心，取 x 轴为投影轴，列平衡方程

$$\sum F_x=0, \qquad F_{Ax}-F_T\cos\alpha=0 \tag{d}$$

$$\sum M_A(\pmb{F})=0, \qquad F_T l\sin\alpha-\frac{Wl}{2}-W_1 a=0 \tag{e}$$

$$\sum M_B(\pmb{F})=0, \qquad \frac{Wl}{2}+W_1(l-a)-F_{Ay}l=0 \tag{f}$$

（4）若用三矩式来解本题，可分别取 A、B、C 点为矩心，列平衡方程

$$\sum M_A(\boldsymbol{F})=0, \quad F_T l\sin\alpha - \frac{Wl}{2} - W_1 a = 0 \tag{g}$$

$$\sum M_B(\boldsymbol{F})=0, \quad \frac{Wl}{2} + W_1(l-a) - F_{Ay} l = 0 \tag{h}$$

$$\sum M_C(\boldsymbol{F})=0, \quad F_{Ax} l\tan\alpha - \frac{Wl}{2} - W_1 a = 0 \tag{i}$$

在解题过程中，若能灵活运用平衡方程的不同形式，将使计算过程得到最大程度的简化。

3.1.2 平面特殊力系的平衡方程

在实际工程中，不仅存在一般形式的平面力系，即平面任意力系，而且还有一些简单的力系，如平面汇交力系、平面力偶系和平面平行力系。这些简单的力系是平面任意力系的特殊形式。因此，如前所述的平面任意力系简化方法也同时适用这些特殊的力系。

1. 平面汇交力系的平衡方程

对平面汇交力系，若取力系的汇交点为简化中心，则简化结果中的主矩 $M_O=0$ 自然满足。若主矢 $\boldsymbol{F}_R \neq 0$，则平面汇交力系有合力存在，合力就等于主矢 $\boldsymbol{F}_R$。根据平面任意力系平衡必要充分条件可得，平面汇交力系平衡的必要充分条件为 $\boldsymbol{F}_R=0$。

根据式（3.1）知，最后一个方程自然满足，仅保留了两个投影方程。平面汇交力系的平衡方程为

$$\begin{cases} \sum F_x = 0 \\ \sum F_y = 0 \end{cases} \tag{3.4}$$

2. 平面力偶系的平衡方程

对平面力偶系，根据平面一般力系的简化结果知，向力偶系作用平面内任一点简化，主矢 $\boldsymbol{F}_R$ 一定为零，并且主矩 M_O 也一定与简化中心无关（力偶的性质所决定）。因此平面力偶系必可合成为一个合力偶 M，且 $M=\sum M_i$。

因此，根据平面一般力系平衡的必要充分条件可得，平面力偶系平衡的必要充分条件为 $M=\sum M_i=0$。

根据式（3.1），前两个投影方程自然满足，只保留一个矩式方程，于是平面力偶系平衡方程为

$$\sum M_i = 0 \tag{3.5}$$

3. 平面平行力系的平衡方程

对于平面平行力系，如果建立坐标系时，使其中一轴（如 y 轴）与力系平行，则力系在另一坐标轴（x 轴）上的投影自然满足式（3.1）及式（3.2）中的第一式。于是平面平行力系的平衡方程为

$$\begin{cases} \sum F_y = 0 \\ \sum M_O(\boldsymbol{F}) = 0 \end{cases} \quad (3.6)$$

平面平行力系的平衡方程也可写成二矩式形式，即

$$\begin{cases} \sum M_A(\boldsymbol{F}) = 0 \\ \sum M_B(\boldsymbol{F}) = 0 \end{cases} \quad (3.7)$$

它的附加条件为 A、B 两点连线不与各力的作用线平行。

【例 3.2】 塔式起重机机架重为 W，其作用线离右侧导轨 B 的距离为 e，轨距为 b，最大载重 W_1 离右侧导轨的最大距离为 l，平衡配重为 W_2 的作用线离左侧导轨 A 的距离为 a，如图 3.2（a）所示。要使起重机满载及空载时均不翻倒，试求平衡配重 W_2。

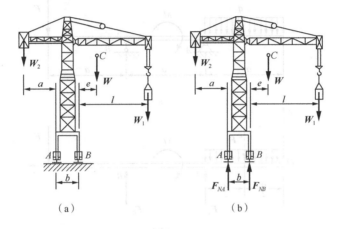

图 3.2

解：(1) 先求满载时的情况。此时，作用于起重机的力有：机架重力 W、重物重力 W_1、平衡配重 W_2 及导轨的约束力 F_{NA}、F_{NB}，如图 3.2（b）所示。若起重机满载时翻倒，将绕 B 顺时针转动，而轮 A 离开导轨，即 $F_{NA}=0$。若使起重机满载不翻倒，必须满足 $F_{NA} \geq 0$，则

$$\sum M_B = 0, \quad W_2(a+b) - We - W_1 l - F_{NA} b = 0 \quad (\text{a})$$

得 $\quad F_{NA} = \dfrac{1}{b}(W_2(a+b) - We - W_1 l)$

因为 $F_{NA} \geq 0$，则 $W_2 \geq \dfrac{We + W_1 l}{a+b}$。

(2) 再研究起重机空载的情况。此时，作用于起重机的力有：W、W_2、F_{NA}、F_{NB}。若起重机空载时翻倒，将绕 A 逆时针转动，而轮 B 离开导轨，即 $F_{NB}=0$。若使起重机满载不翻倒，必须满足 $F_{NB} \geq 0$，则

$$\sum M_A = 0, \quad W_2 a - W(b+e) + F_{NB} b = 0 \quad (\text{b})$$

得 $\quad F_{NB} = \dfrac{1}{b}(W(b+e) - W_2 a)$

因为 $F_{NB} \geqslant 0$，则 $W_2 \leqslant \dfrac{W}{a}(b+e)$。

综上所述，起重机不翻倒时，平衡配重 W_2 应满足的条件为

$$\dfrac{We+W_1l}{a+b} \leqslant W_2 \leqslant \dfrac{W}{a}(b+e)$$

【例 3.3】 水平外伸梁，如图 3.3（a）所示。若均布载荷 $q=20\text{kN/m}$，$F=20\text{kN}$，力偶矩 $M=16\text{kN·m}$，$a=0.8\text{m}$。求 A、B 处的约束力。

解：(1) 选取梁为研究对象，画受力图，如图 3.3（b）所示。则用于梁上的力有 $\boldsymbol{F}$、均布载荷 q 的合力 $\boldsymbol{F}_Q$（$F_Q=qa$，作用在均布载荷区域的中点）、以及矩为 M 的力偶矩和支座约束力 $\boldsymbol{F}_A$、$\boldsymbol{F}_B$。

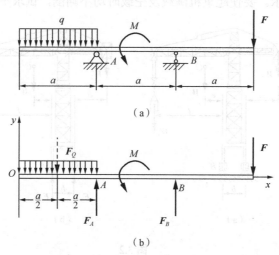

图 3.3

(2) 取坐标系 Oxy，如图 3.3（b）所示，列平衡方程

$$\sum M_A(\boldsymbol{F})=0，\quad M+qa\times\dfrac{a}{2}-F\times 2a+F_B\times a=0$$

$$\sum M_B(\boldsymbol{F})=0，\quad M+qa\times\dfrac{3a}{2}-F\times a-F_A\times a=0$$

解得

$$F_A=24\text{kN}，\quad F_B=12\text{kN}$$

3.1.3 空间任意力系的平衡方程

对于空间任意力系，同样应用力的平移定理对其进行简化，将平面任意力系的简化过程推广到空间任意力系，即可得到一个主矢和主矩矢。因此，空间任意力系平衡的必要充分条件：**空间任意力系向力系作用空间内任一点简化得到的主矢和主矩矢分别等于零**，即 $\boldsymbol{F}_R=0$，$\boldsymbol{M}_O=0$。

由式（2.4）和式（2.5）可得，空间任意力系的平衡条件为

$$\begin{cases} \sum F_x=0, & \sum M_x(\boldsymbol{F})=0 \\ \sum F_y=0, & \sum M_y(\boldsymbol{F})=0 \\ \sum F_z=0, & \sum M_z(\boldsymbol{F})=0 \end{cases} \quad (3.8)$$

式（3.8）也称空间任意力系的**平衡方程**。它有三个投影式和三个力矩式，共有 6 个独立方程，因此根据它们只能（最多）求出 6 个未知量。

【**例 3.4**】 一车床的主轴如图 3.4（a）所示，齿轮 C 半径为 100mm，卡盘 D 夹住一半径为 50mm 的工件，A 为止推轴承，B 为向心轴承。切削时工件等速转动，车刀给工件的切削力 $F_x=466$N，$F_y=352$N，$F_z=1400$N，齿轮 C 在啮合处受力为 F_Q，作用在齿轮 C 的最低点。不考虑主轴及其附件的质量，求力 F_Q 的大小及 A、B 处的约束力。

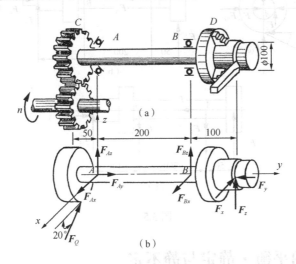

图 3.4

解：（1）取整体为研究对象，画受力图，如图 3.4（b）所示。将空间问题转化为平面问题求解。建立坐标系 $Axyz$，将空间力系化为三个坐标平面的平面力系，如图 3.5（a）、(b)、(c) 所示。其中，$F_{Qx}=F_Q\cos 20°$，$F_{Qz}=F_Q\sin 20°$。

（2）在 Axz 平面，如图 3.5（a）所示，列平衡方程

$$\sum M_A(\boldsymbol{F})=0, \quad F_{Qx}\times 100-F_z\times 50=0 \quad (a)$$

得 $F_Q=745$N。

（3）在 Axz 平面，如图 3.5（b）所示，列平衡方程

$$\sum F_y=0, \quad F_{Ay}-F_y=0 \quad (b)$$

$$\sum M_A(\boldsymbol{F})=0, \quad -F_{Qz}\times 50+F_z\times 300+F_{Bz}\times 200=0 \quad (c)$$

$$\sum M_B(\boldsymbol{F})=0, \quad -F_{Qz}\times 250+F_z\times 100-F_{Az}\times 200=0 \quad (d)$$

联立求解得 $F_{Az}=381.5$N，$F_{Ay}=352$N，$F_{Bz}=-2036.3$N。

（4）在 Axy 平面，如图 3.5（c）所示，列平衡方程

$$\sum M_A(F)=0, \quad -F_{Qx}\times 50+F_x\times 300-F_y\times 50-F_{Bx}\times 200=0 \qquad (e)$$

$$\sum M_B(F)=0, \quad -F_{Qx}\times 250+F_x\times 100-F_y\times 50+F_{Ax}\times 200=0 \qquad (f)$$

联立求解得 $F_{Ax}=730\text{N}$，$F_{Bx}=436\text{N}$。

对于空间力系的平衡问题，既可以直接应用平衡式（3.8）求解，也可以类似例 3.4 采用的方法求解。相比而言，后一种方法较为简单，正确地将空间力系投影到三个坐标平面上，是解题的关键。

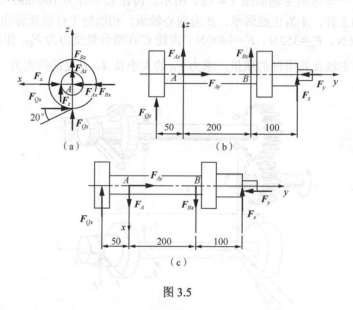

图 3.5

3.2 物体系统的平衡·静定与静不定

3.2.1 物体系统的平衡问题

由若干个物体以适当的约束互相联系所组成的系统，称为**物体系统**，简称**物系**。在研究物体系统的平衡问题时，既要分析物体系统以外的物体对物系的约束，还要分析物体内部各物体之间的相互作用力。从平衡意义来说，如果物体系统处于平衡状态，则物体系统内的各物体也一定处于平衡状态。因此，既可取物体系统作为研究对象，也可取物体系统内的单个物体或几个物体组成的局部作为研究对象。对整个物体系统来说，内力总是成对出现的，所以在研究物体系统的平衡问题时，物系中的内力不需要考虑。必须注意，内力与外力的概念是相对的。当研究物系中某一物体的平衡时，物系中其他物体对所研究物体的作用力就转化为外力，这时该力就必须考虑。

求解物体系统的平衡问题，往往要选择两个或两个以上的研究对象。在画受力图时，要特别注意作用力与反作用力关系。对每个研究对象列出必要的平衡方程，所以在解题之前必须考虑好"解题方案"。为了选择比较简便的"解题方案"，应注意以下几点。

（1）应首先考虑是否可选择整体为研究对象。一般来讲，如整体的外约束力未知量不超过三个,或虽然超过三个却可通过选择合适的平衡方程,率先求出一部分未知量时,应首先选取整体为研究对象。

(2) 如果整体的外约束力未知量超过三个或者题目还要求求解内部约束的约束力时,应考虑把物体系统拆开来选取研究对象,可选单个刚体(除二力构件外),也可选若干刚体组成的局部。这时一般应先选取受力较简单、未知量较少但却包含了已知力的刚体或局部为研究对象。

(3) 在分析时,应按题目的要求,排好选择研究对象的先后顺序,整理出解题步骤。下面举例说明物体系统平衡问题的解法。

【例 3.5】 图 3.6 所示为曲柄连杆机构,由滑块、连杆、曲柄和飞轮组成。已知飞轮重为 W,曲柄 OA 长为 r,连杆 AB 长为 l,当曲柄 OA 在铅垂位置时系统平衡,作用于滑块 B 上的总压力为 F。若不计滑块、连杆和曲柄的质量,试求:(1) 作用于轴 O 上的阻力偶 M;(2) 轴承 O 处的约束力;(3) 连杆 AB 受力;(4) 汽缸对于滑块的约束力。

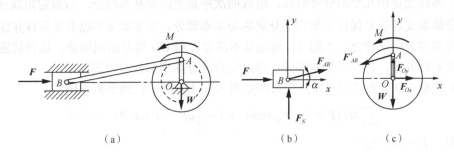

图 3.6

解:机构平衡问题的特点是系统可动而不能完全约束住,因此主动力之间须满足一定关系才能平衡。进行受力分析时,首先是求主动力间的关系,其次是求约束力和构件间的内力。通常是由已知到未知依传动顺序选取研究对象,逐个求解。

(1) 先以滑块 B 为研究对象,受力图如图 3.6(b)所示,列平衡方程

$$\sum F_x = 0, \quad F + F_{AB}\cos\alpha = 0 \tag{a}$$

$$\sum F_y = 0, \quad F_N + F_{AB}\sin\alpha = 0 \tag{b}$$

解得 $F_N = F\tan\alpha = F\dfrac{r}{\sqrt{l^2-r^2}}$,$F_{AB} = -\dfrac{F}{\cos\alpha} = -F\dfrac{l}{\sqrt{l^2-r^2}}$

F_{AB} 计算结果为负值,说明连杆 AB 受压。

(2) 再取飞轮连同曲柄为研究对象,受力图如图 3.6(c)所示,列平衡方程

$$\sum F_x = 0, \quad -F'_{AB}\cos\alpha + F_{Ox} = 0 \tag{c}$$

$$\sum F_y = 0, \quad -F'_{AB}\sin\alpha + F_{Oy} - W = 0 \tag{d}$$

$$\sum M_O(\boldsymbol{F}) = 0, \quad M + (F'_{AB}\cos\alpha)r = 0 \tag{e}$$

解得 $F_{Ox} = -F$,$F_{Oy} = W - F\dfrac{r}{\sqrt{l^2-r^2}}$,$M = Fr$

【例3.6】 图3.7所示多跨梁由 AC 梁和 CD 梁用中间铰 C 连接而成，支撑和荷载情况如图3.7（a）所示。已知 $F=20\text{kN}$，$q=10\text{kN/m}$，$M=20\text{kN}\cdot\text{m}$，$l=1\text{m}$。求支座 A、B 的约束力。

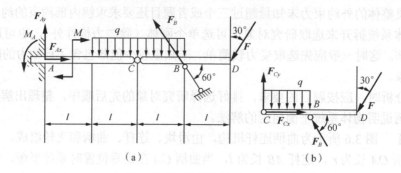

图 3.7

解： 多跨梁是由几个部分梁组成，组成的次序是先固定基本部分，后固定附属部分。单靠本身能承受荷载并保持平衡的部分梁称为基本部分，单靠本身不能承受荷载并保持平衡的部分梁称为附属部分。本题 AC 梁是基本部分，而 CD 梁是附属部分。这种问题通常是先研究附属部分，再计算基本部分，因此要会区分基本部分与附属部分。

（1）先取 CD 梁为研究对象，受力图如图3.7（b）所示，列平衡方程

$$\sum M_C(\boldsymbol{F})=0, \quad F_B\sin60°\times l-\frac{1}{2}ql^2-F\cos30°\times 2l=0 \qquad (\text{a})$$

解得　$F_B=45.77\text{kN}$

（2）再取整体为研究对象，受力图如图3.7（a）所示，列平衡方程

$$\sum F_x=0, \quad F_{Ax}-F_B\cos60°-F\sin30°=0 \qquad (\text{b})$$

$$\sum F_y=0, \quad F_{Ay}+F_B\sin60°-2ql-F\cos30°=0 \qquad (\text{c})$$

$$\sum M_A(\boldsymbol{F})=0, \quad M_A-M-2ql\times 2l+F_B\sin60°\times 3l-F\cos30°\times 4l=0 \qquad (\text{d})$$

联立式（b）、式（c）和式（d），解得

$$F_{Ax}=32.89\text{kN}, \quad F_{Ay}=-2.32\text{kN}, \quad M_A=10.37\text{kN}\cdot\text{m}$$

【例3.7】 图3.8（a）所示为一三铰刚架，由 AC 和 CB 两个刚架通过中间铰 C 连接而成。若铰支座 A 和 B 为等高程，各刚架重为 $W_1=W_2=W$，在左边刚架上作用一水平风压力 F，尺寸 l、H、a 和 h 为已知。求铰支座 A、B 的约束力和中间铰 C 处的压力。

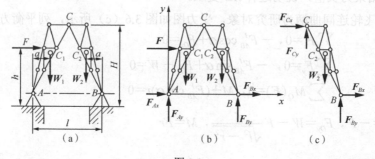

图 3.8

解： 三铰刚架或三铰拱不能分为基本部分与附属部分，对支座位于同一高度情况通常是先取整体再取一分体进行计算。

（1）先取整体为研究对象，受力图如图3.8（b）所示，列平衡方程

$$\sum F_x = 0, \quad F_{Ax} + F_{Bx} + F = 0 \tag{a}$$

$$\sum M_A(\boldsymbol{F}) = 0, \quad F_{By}l - W_1 a - W_2(l-a) - Fh = 0 \tag{b}$$

$$\sum M_B(\boldsymbol{F}) = 0, \quad -F_{Ay}l + W_1 a + W_2(l-a) - Fh = 0 \tag{c}$$

由式（b）、式（c），解得

$$F_{By} = \frac{1}{l}(Wl + Fh), \quad F_{Ay} = \frac{1}{l}(Wl - Fh)$$

（2）再取 CB 部分为研究对象，受力图如图3.8（c）所示，列平衡方程

$$\sum F_x = 0, \quad F_{Cx} + F_{Bx} = 0 \tag{d}$$

$$\sum F_y = 0, \quad F_{By} + F_{Cy} - W_2 = 0 \tag{e}$$

$$\sum M_C(\boldsymbol{F}) = 0, \quad F_{By}\frac{l}{2} + F_{Bx}H - W_2\left(\frac{l}{2} - a\right) = 0 \tag{f}$$

联立式（d）、式（e）和式（f），解得

$$F_{Bx} = -\frac{1}{2H}(2Wa - Fh), \quad F_{Cx} = \frac{1}{2H}(2Wa - Ph), \quad F_{Cy} = -\frac{Fh}{l}$$

将 F_{Bx} 代入式（a），得

$$F_{Ax} = \frac{1}{2H}(2Wa - Fh - 2FH)$$

3.2.2 静定与静不定的概念

由各种力系的平衡条件可知，每一种力系都有一定数目的平衡方程。如平面任意力系有三个独立的平衡方程，而平面汇交力系及平面平行力系都只有两个平衡方程，平面力偶系只有一个独立的平衡方程。对每一个研究对象所能建立的独立平衡方程数最多是3个，对于 n 个物体组成的物体系统的平衡问题，最多也只能建立 $3n$ 个独立的平衡方程。若所研究的问题中未知量数目等于或少于所能建立的独立的平衡方程数，则所有未知量都可以由静力平衡方程求得，这样的问题称为**静定问题**。若未知量的数目多于独立平衡方程数目，未知量不能全部由静力平衡方程求出，则这样的问题称为**静不定问题**（或称**超静定问题**）。未知量数目与独力平衡方程数之差称为**静不定次数**。静不定问题并不是不能解决，而只是不能用静力平衡方程来解决。有些问题之所以成为静不定，是由于在静力学中把物体抽象为刚体，忽略了物体的变形。如果考虑物体的变形，找出物体的变形与作用力之间的关系，列出补充方程，静不定问题就可以得到解决，但这是材料力学或结构力学所研究的范畴。

图3.9所示简支梁和三铰拱均为静定问题，而图3.10所示的梁和拱均为静不定问题。

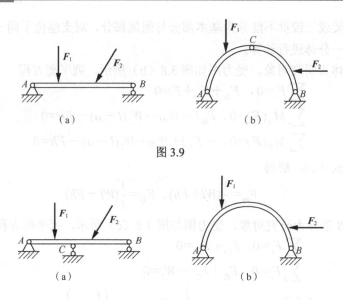

图 3.9

图 3.10

3.3 考虑摩擦的平衡问题

3.3.1 滑动摩擦

在前面对物体受力分析时,均认为物体间的接触表面是光滑的。但在实际工程中,所有接触面都是粗糙的,因此在接触面处,除法向力外,还可能存在沿二者接触面切线方向的相互作用,以阻碍两者的相互滑动,即**滑动摩擦**。本节研究摩擦时物体的平衡问题。

两个物体相互接触,当接触表面之间有相对滑动的趋势或相对滑动时,彼此作用有阻碍相对滑动的阻力,即**滑动摩擦力**。摩擦力作用于两物体相互接触处,其方向与相对滑动的趋势或相对滑动的方向相反,它的大小根据主动力作用的不同,可以分为三种情况:静滑动摩擦力、最大静滑动摩擦力和动滑动摩擦力。

1. 静滑动摩擦力

在粗糙的水平面上放置一重为 W 的物体,该物体在重力 W 和法向约束力 F_N 的作用下处于静止状态,如图 3.11(a)所示。在该物体上作用大小可变化的水平拉力 F,当拉力 F 由零值逐渐增加但不很大时,物体仍保持静止。可见支撑面对物体除法向约束力 F_N 外,还有一个阻碍物体沿水平面向右滑动的切向力,此力即**静滑动摩擦力**,简称**静摩擦力**,常以 F_s 表示,如图 3.11(b)所示。静摩擦力就是接触面对物体作用的切向约束力,它的方向与物体相对运动趋势相反,大小需用平衡条件确定。此时的静摩擦力和一般的约束力具有相同的性质,需要应用平衡条件来求解。平衡方程为

$$\sum F_x = 0, \quad F_s = F$$

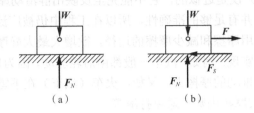

图 3.11

由上式知,静摩擦力的大小随水平力 F(接触面切线方向的主动力分量)的增大而增大。

2. 最大静滑动摩擦力

当力 F 的大小达到一定数值时,物体处于将要滑动而尚未开始滑动的临界状态,这时,只要力 F 再增大一点,物体即开始滑动。当物体处于临界状态时,静摩擦力达到最大值,即为**最大滑动静摩擦力**,用 $F_{s,\max}$ 表示。

综上所述,静摩擦力不同于一般约束力之处是,它的大小随主动力的情况而改变,且介于零和最大值之间,即

$$0 \leqslant F_s \leqslant F_{s,\max} \tag{3.9}$$

大量试验证明:最大静摩擦力的大小与两物体间的正压力(法向约束力)成正比,即

$$F_{s,\max} = f_s F_N \tag{3.10}$$

式中,f_s 为静摩擦因数,是无量纲数。式(3.10)称为**静摩擦定律**,或称为**库仑定律**。

静摩擦因数 f_s 的大小需由试验测定。它与接触的材料和表面情况(如表面粗糙度、温度、湿度等)有关,而与接触面积的大小无关。静摩擦因数的数值可在工程手册中查到。表 3.1 中列出了一部分常用材料的摩擦因数。

表 3.1 常用材料的摩擦因数

材料名称	静摩擦因数 f_s		动摩擦因数 f	
	无润滑剂	有润滑剂	无润滑剂	有润滑剂
钢-钢	0.15	0.1~0.12	0.15	0.05~0.1
钢-铸铁	0.3	—	0.18	0.05~0.15
钢-青铜	0.15	0.1~0.15	0.15	0.1~0.15
钢-橡胶	0.9	—	0.6~0.8	—
铸铁-铸铁	—	0.18	0.15	0.07~0.12
铸铁-青铜	—	—	0.15~0.2	0.07~0.15
铸铁皮革	0.3~0.5	0.15	0.6	0.15
铸铁-橡胶	—	—	0.8	0.5
青铜-青铜	0.4~0.6	0.1	0.2	0.07~0.1
木材-木材	—	0.1	0.2~0.5	0.07~0.15

应该指出，式（3.10）仅是近似的，它不能完全反映出静滑动摩擦的复杂现象。但由于公式简单，计算方便，并有足够的准确性，所以在工程中仍被广泛地应用。

静摩擦定律指出了利用摩擦和减少摩擦的途径。欲增大最大静摩擦力，可以通过加大正压力或增大摩擦系数来实现。例如，汽车一般都由后轮驱动，因为后轮正压力大于前轮，这样可以产生较大的向前推动的摩擦力。又如，火车（汽车）在下雪后行驶时，要在铁轨（公路）上撒细沙，以增大摩擦因数，避免打滑等。

3．动滑动摩擦力

当滑动摩擦力达到最大值时，若主动力 F 再继续增大，接触面之间将出现相对滑动。此时，接触物体之间仍作用有阻碍相对滑动的阻力，这种阻力称为**动滑动摩擦力**，简称**动摩擦力**，用 F_d 表示。

试验表明：动摩擦力的大小与接触体间的正压力成正比，即

$$F_d = fF_N \tag{3.11}$$

式中，f 是动摩擦因数，它与接触物体的材料和表面情况有关。

动摩擦力与静摩擦力不同，没有变化范围。一般情况下，动摩擦因数小于静摩擦因数，即

$$f \leqslant f_s$$

实际上动摩擦因数还与接触物体间相对滑动的速度大小有关。对于不同材料的物体，动摩擦因数随相对滑动的速度变化规律也不同。多数情况下，动摩擦因数随相对滑动速度的增大而稍减小。但当相对滑动速度不大时，动摩擦因数可以近似地认为是常数，参见表 3.1。

在工程实际中，往往用降低接触面的粗糙度或加入润滑剂等方法，使动摩擦因数 f 降低，以减小摩擦和磨损。

3.3.2 摩擦角与自锁现象

1．摩擦角

当有摩擦时，支撑面对平衡物体的约束力包括两个分量：法向约束力 F_N 和切向约束力 F_s（静摩擦力）。这两个分力的矢量和 $F_{RA} = F_s + F_N$ 称为支撑面的全约束力，其作用线与接触面的法线成角 α，如图 3.12（a）所示。当物块处于平衡的临界状态时，即静摩擦力达到最大值，角 α 也达到最大值 φ，如图 3.12（b）所示，称 φ 为**摩擦角**。在空间形成摩擦锥，如图 3.12（c）所示。

由图 3.12（b），可得

$$\tan\varphi = \frac{F_{s,\max}}{F_N} = \frac{f_s F_N}{F_N} = f_s \tag{3.12}$$

即**摩擦角的正切等于静摩擦因数**。摩擦角与摩擦因数一样，都是表示材料的表面性质的量。

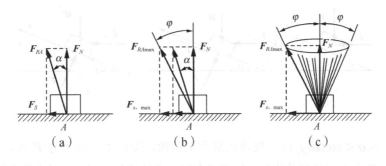

图 3.12

2. 自锁现象

物体平衡时，静摩擦力大小满足式（3.9），所以全约束力与法线间的夹角 α 一定满足

$$0 \leqslant \alpha \leqslant \varphi \tag{3.13}$$

由于静摩擦力不可能超过最大值，因此全约束力的作用线也不可能超出摩擦角以外，即全约束力必在摩擦角之内。由此可知：

（1）如果作用于物体的主动力的合力 F_R 的作用线在摩擦角 φ 之内，则无论这个力多么大，物块必保持静止。这种现象称为**自锁现象**。工程实际中常用自锁原理设计一些机械或夹具，如千斤顶、压榨机、破碎机等。使它们始终保持在平衡状态下工作。

（2）如果主动力合力 F_R 的作用线在摩擦角 φ 之外，则无论这个力怎样小，物体一定会滑动。因为在这种情况下，支撑面的全约束力 F_{RA} 和主动力合力 F_R 不可能满足二力平衡条件。应用这个道理，可以设法避免自锁现象。

3.3.3 考虑摩擦的平衡问题

考虑摩擦时的平衡问题与一般平衡问题的解法大致相同，因为二者都是利用力系的平衡条件求解未知力。但由于摩擦力的大小为一范围值这种性质，使得考虑摩擦平衡问题具有其自身的特点。有摩擦时的平衡问题大致可以分为以下三种类型。

（1）尚未达到临界状态的平衡　此时静滑动摩擦力未达到最大值，它就是一个普通的未知约束力，需要根据静平衡方程确定其大小和方向。

（2）临界状态的平衡　最大静摩擦力为 $F_{s,\max}=f_s F_N$，其方向可根据物体的运动趋势加以判定。这种情况下，静滑动摩擦力不是一个独立的未知量。

（3）平衡范围问题　须根据摩擦力的取值范围来确定某些主动力或约束力的取值范围。在这个范围内，物体将处于两个相反运动趋势的临界平衡状态。需要分别讨论物体处于两个临界平衡状态的平衡条件，确定平衡范围问题。

【**例 3.8**】　物块重为 W，放在倾斜角为 α 的斜面上，它与斜面间的摩擦因数为 f_s，如图 3.13（a）所示。当物体处于平衡时，试求水平力 F 的大小。

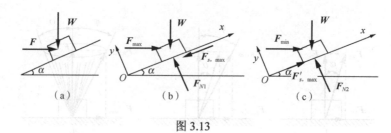

图 3.13

解：(1) 当 $\alpha < \arctan f_s$ 时，物块在斜面上自锁，即在不加水平力 F 时，物块不会下滑。当水平力 F 向右增加到某值时，物块将有向上滑动趋势。因此，最大静摩擦力 $F_{s,\max}$ 方向沿斜面向下。在平衡临界状态下所得的 F 值，即是保持物块平衡的 $F_{\max}$，如图 3.13（b）所示。

物块平衡方程

$$\sum F_x = 0, \quad F_{\max} \cos\alpha - W \sin\alpha - F_{s,\max} = 0 \qquad (a)$$

$$\sum F_y = 0, \quad F_{N1} - F_{\max} \sin\alpha - W \cos\alpha = 0 \qquad (b)$$

补充方程

$$F_{s,\max} = f_s F_{N1} \qquad (c)$$

联立三式，可解得

$$F_{\max} = \frac{\tan\alpha + f_s}{1 - f_s \tan\alpha} W$$

所以，在当 $\alpha < \arctan f_s$ 时，保持物块平衡的 F 值满足

$$F \leqslant W \frac{\tan\alpha + f_s}{1 - f_s \tan\alpha}$$

(2) 当 $\alpha > \arctan f_s$ 时，不加力 F，物块下滑。使物块不下滑的是加力 F 的最小值 $F_{\min}$，如图 3.13（c）所示。

在平衡临界状态，物块的平衡方程

$$\sum F_x = 0, \quad F_{\min} \cos\alpha - W \sin\alpha + F'_{s,\max} = 0 \qquad (d)$$

$$\sum F_y = 0, \quad F_{N2} - F_{\min} \sin\alpha - W \cos\alpha = 0 \qquad (e)$$

补充方程

$$F'_{s,\max} = f_s F_{N2} \qquad (f)$$

联立三式，可解得

$$F_{\min} = \frac{\tan\alpha - f_s}{1 + f_s \tan\alpha} W$$

继续加大 F 力，当其达到向上滑动时的 F 值时便是 $F_{\max}$。所以，当 $\alpha > \arctan f_s$ 时，保持物块平衡的 F 值满足

$$\frac{\tan\alpha - f_s}{1 + f_s \tan\alpha} W \leqslant F$$

因此，当物块平衡时，作用力 F 应满足的范围是

$$\frac{\tan\alpha-f_s}{1+f_s\tan\alpha}W \leqslant F \leqslant W\frac{\tan\alpha+f_s}{1-f_s\tan\alpha}$$

【例 3.9】 图 3.14（a）为一制动器的结构简图，闸瓦与制动轮间的摩擦因数为 f_s，鼓轮上悬挂重物为 W。试求制止制动轮逆时针转动所需的最小力 $F_{\min}$。

解： 制动是通过闸瓦与制动轮之间的摩擦力来实现的。这是一个物体系统的平衡问题。要分别取制动轮及曲杆为研究对象。

（1）选取制动轮为研究对象，画出受力图如图 3.14（b）所示。摩擦力 F_s 随主动力 F 值的降低而减小，因此最小的 F 值将使制动轮处于临界平衡状态。此时摩擦力为最大静摩擦力 $F_{s,\max}=f_sF_N$。当 $F<F_{\min}$ 时，因摩擦力不够，将使制动轮开始打滑。

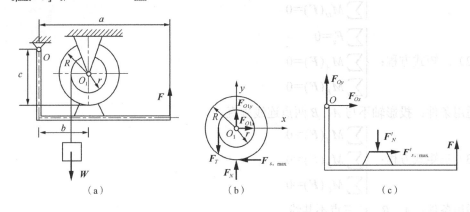

图 3.14

选取坐标系，列平衡方程。因为 O、O_1 点的约束力并非题目所要求的，所以各力的投影方程可以省去不必列出，则有

$$\sum M_{O_1}(\boldsymbol{F})=0, \quad F_Tr-F_{s,\max}R=0 \tag{a}$$

式中，$F_T=W$。所以有

$$F_{s,\max}=\frac{r}{R}W \tag{b}$$

所需压紧力为

$$F_N=\frac{F_{s,\max}}{f_s}=\frac{r}{Rf_s}W \tag{c}$$

（2）选取曲杆为研究对象，画出其受力图如图 3.14（c）所示。

选取坐标轴，列平衡方程并求解，得

$$\sum M_O(\boldsymbol{F})=0, \quad Fa+F'_{s,\max}c-F'_Nb=0$$

将式（b）、式（c）代入上式，整理后有

$$F=\frac{r(b-cf_s)}{aRf_s}W$$

即欲使鼓轮静止所至少施加的力。

本章小结

1. 平面任意力系平衡的必要充分条件

平面任意力系向力系作用平面内任一点简化得到的主矢和主矩分别等于零,即
$$F_R=0,\ M_O=0$$

2. 平面任意力系平衡的平衡方程

三种形式的平衡方程是平面任意力系平衡条件的不同解析表达式。

(1) 一矩式:
$$\begin{cases}\sum F_x=0\\ \sum F_y=0\\ \sum M_O(\boldsymbol{F})=0\end{cases}$$

(2) 二矩式方程:
$$\begin{cases}\sum F_x=0\\ \sum M_A(\boldsymbol{F})=0\\ \sum M_B(\boldsymbol{F})=0\end{cases}$$

适用条件:投影轴不与 A、B 两点连线垂直。

(3) 三矩式方程:
$$\begin{cases}\sum M_A(\boldsymbol{F})=0\\ \sum M_B(\boldsymbol{F})=0\\ \sum M_C(\boldsymbol{F})=0\end{cases}$$

适用条件:A、B、C 三点不共线。

3. 特殊平面力系的平衡方程

(1) 平面汇交力系的平衡方程:
$$\begin{cases}\sum F_x=0\\ \sum F_y=0\end{cases}$$

(2) 平面力偶系的平衡方程:$\sum M_i=0$

(3) 平面平行力系的平衡方程:
$$\begin{cases}\sum F_y=0\\ \sum M_O(\boldsymbol{F})=0\end{cases}$$

其中 y 轴与力系平行。

或
$$\begin{cases}\sum M_A(\boldsymbol{F})=0\\ \sum M_B(\boldsymbol{F})=0\end{cases}$$

其中 A、B 两点连线不与各力的作用线平行。

4. 空间任意力系的平衡方程

$$\begin{cases}\sum F_x=0\\ \sum F_y=0\\ \sum F_z=0\end{cases},\quad \begin{cases}\sum M_x(\boldsymbol{F})=0\\ \sum M_y(\boldsymbol{F})=0\\ \sum M_z(\boldsymbol{F})=0\end{cases}$$

5. 物系平衡

物系平衡问题是刚体静力学理论的综合应用。在解物系平衡问题时，需要恰当地选择研究对象和列平衡方程，尽量避免去解题目中不要求的未知量。应注意以下几点。

（1）应首先考虑是否可选择整体为研究对象。一般来讲，当整体的外约束力未知量不超过三个，应首先选取整体为研究对象。

（2）如果整体的外约束力未知量超过三个或者题目还要求求解内部约束的约束力时，应考虑把物体系统拆开来选取研究对象，可选单个刚体，也可选若干刚体组成的局部。这时一般应先选取受力较简单、未知量较少但却包含了已知力的刚体或局部为研究对象。

（3）在分析时，应排好选择研究对象的先后顺序，整理出解题步骤，当确定能完成题目要求时，才可以动手解题。

6．摩擦力的大小和方向是变化的。

（1）当物体尚未达到临界状态时，需要根据静平衡方程确定其大小和方向。

（2）当物体处于临界状态时，摩擦力达到最大值，其方向可根据物体的运动趋势加以判定。

（3）当物体运动时，摩擦力为动摩擦力。

7．摩擦角与自锁现象

最大静摩擦力与法向约束力的合力（全约束力）的作用线与法线之间的夹角，称为摩擦角。当主动力的合力作用线在摩擦角之内时，发生摩擦自锁现象。

思考题

一、填空题

1．平面任意力系平衡的必要和充分条件是平面任意力系的_____和_____同时为零。

2．平面汇交力系可列_____独立的平衡方程；平面力偶系可列_____独立的平衡方程；平面平行力系可列_____独立的平衡方程；平面任意力系可列_____独立的平衡方程。

3．摩擦角φ为_____与接触面法线间的最大夹角。

4．只要主动力合力的作用线在____内，物体就总是处于平衡状态。

5．分析受摩擦的物体平衡时，摩擦力的方向须按_____确定。

6．如思考题图 3.1 所示，梁的总长度和力偶矩大小都相同，则该二梁 B、D 处的约束力的大小关系为_____。

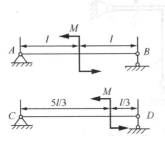

思考题图 3.1

二、选择题

1．思考题图 3.2 中，支座 A 的约束力最大的是图_____。

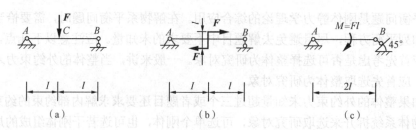

思考题图 3.2

2．如思考题图 3.3 所示，力偶 M_1 作用在四杆机构的 AB 杆上，M_2 作用在 CD 杆上，因为力偶只能用力偶平衡，所以此机构平衡时，有_____。

A．M_2 必等于 M_1

B．M_2 必大于 M_1

C．M_2 必小于 M_1

D．M_2 有可能等于 M_1（M_1、M_2 均指大小）

思考题图 3.3

3．平面任意力系向其作用面内任意一点简化的结果可能是_____。

A．一个力、一个力偶、一个力与一个力偶、平衡

B．一个力、一个力与一个力偶、平衡

C．一个力偶、平衡

D．一个力、一个力偶、平衡

4．思考题图 3.4 图示平行力系，下列平衡方程错误的是_____。

A．$\sum M_A=0, \sum M_B=0$

B．$\sum M_A=0, \sum F_y=0$

C．$\sum M_B=0, \sum F_y=0$

D．$\sum M_A=0, \sum F_x=0$

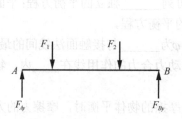

思考题图 3.4

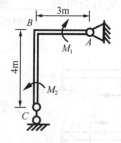

思考题图 3.5

5．思考题图 3.5 所示结构 $AB=3\mathrm{m}$，$BC=4\mathrm{m}$，$BC=4\mathrm{m}$，受两个力偶作用，$M_1=300\mathrm{N\cdot m}$，$M_2=600\mathrm{N\cdot m}$。若不计杆的自重和各处摩擦，则 A、C 处的约束力大小为_____。

A．$F_A=300N, F_C=100N$

B．$F_A=300N, F_C=300N$

C．$F_A=100N, F_C=300N$

D．$F_A=100N, F_C=100N$

6．梁 AB 的受力情况如思考题图 3.6 所示，A、B 两处约束力正确的是_____。

7. ABC 三角拱结构，不计自重和各处的摩擦，若在 D 处作用有水平的主动力 F 如思考题图 3.7 所示。则支座 A 的约束力为_____。

A. $F(\rightarrow)$
B. $\dfrac{F}{2}(\uparrow)$

C. $\dfrac{\sqrt{2}}{2}F$，方向由 A 指向 C
D. $\dfrac{\sqrt{2}}{2}F$，方向由 C 指向 A

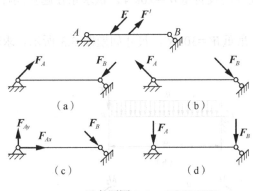

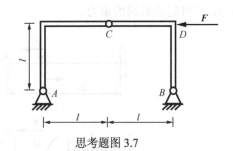

思考题图 3.6

思考题图 3.7

8. 悬臂梁在思考题图 3.8 所示两种荷载作用下，梁的支座反力，正确的应是_____。

A. F_A 相同，M_A 也相同
B. F_A 不同，M_A 也不同

C. F_A 相同，M_A 不同
D. F_A 不同，M_A 相同

9. 下列说法正确的是_____。

A. 凡是平衡的问题就是静定问题

B. 凡是不平衡的问题就是静不定问题

C. 靠独立的静力平衡方程不能够解出全部未知量的平衡问题就是静不定问题

D. 上面几种说法都不正确

10. 重为 W 的物块放在粗糙的水平面上，其摩擦角 $\varphi=20°$，若一力 F 作用在摩擦锥之外，且 $\alpha=25°$，$F=W$，如思考题图 3.9 所示。问物块能否保持静止_____。

A. 能
B. 不能
C. 无法判断

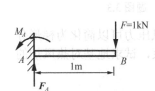
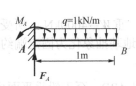

思考题图 3.8

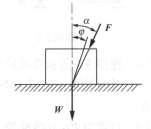

思考题图 3.9

习题

3.1 求如题图 3.1 所示各梁中支座处的约束力。

3.2 在安装设备时常用起重摆杆,它的简图如题图 3.2 所示。起重摆杆 AB 重 W_1=1.8kN,作用在 C 点,且 BC=1/2 AB。提升的设备重 W=20kN。试求系在起重摆杆 A 端的绳 AD 的拉力及 B 处的约束力。

3.3 某工厂用起重机,自重 W_1=20kN,吊重 W=30kN,尺寸如题图 3.3 所示。求轴承 A、B 对起重机的约束力。

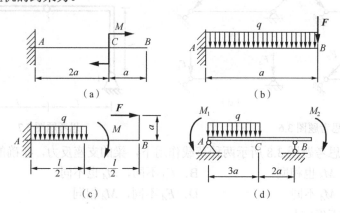

题图 3.1

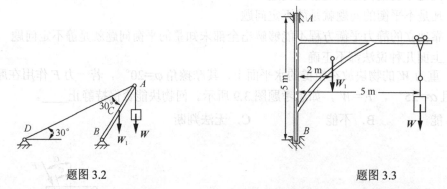

题图 3.2　　　　　　　　　　题图 3.3

3.4 题图 3.4 所示热风炉高 h=40m,重 W=4000kN,所受风压力可以简化为梯形分布力,q_1=500 N/m,q_2=2.5 kN/m。可将地基抽象化为固定端约束,试求地基对热风炉的约束力。

3.5 自重为 P=100kN 的 T 字形刚架 ABD,至于铅垂平面内,载荷如题图 3.5 所示。其中 M=20kN·m,F=400kN,q=20kN/m,l=1m。试求固定端 A 处的约束力。

3.6 题图 3.6 所示液压夹紧机构中,D 为固定铰链,B、C、E 为铰链。已知力 F,机构平衡时的角度如图所示,求此时工件 H 所受的压紧力。

3.7 如题图 3.7 所示均质梁 AB 上铺设有起重机轨道。起重机重 50kN,其重心在铅直

线 CD 上，货物重 $W_1=10\text{kN}$，梁重 $W_2=30\text{kN}$，尺寸如图所示。图示位置时，起重机悬臂和梁 AB 位于同一铅直面内。试求支座 A 和 B 的约束力。

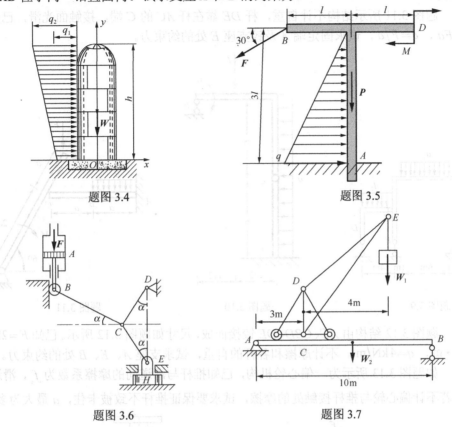

题图 3.4　　　　　　　题图 3.5

题图 3.6　　　　　　　题图 3.7

3.8　已知 a、q 和 M，不计梁重。试求题图 3.8 所示各组合梁在 A、B 和 C 处的约束力。

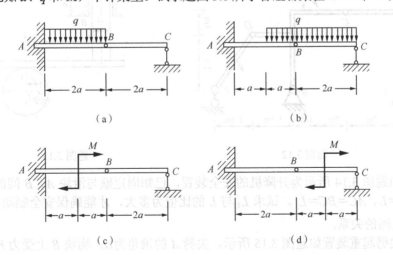

（a）　　　　　　　（b）

（c）　　　　　　　（d）

题图 3.8

3.9　刚架的载荷和尺寸如题图 3.9 所示，不计刚架质量，试求刚架上各支座约束力。

3.10 题图 3.10 所示的组合刚架结构，已知 $F=qa$，$M=4qa^2$，试求支座 A，B 和 C 处的约束力。

3.11 题图 3.11 所示结构不计自重，杆 DE 靠在杆 AC 的 C 端，接触面光滑，已知力 F，$M=Fa$，$q=F/a$，试求固定端 A 及铰支座 E 处的约束力。

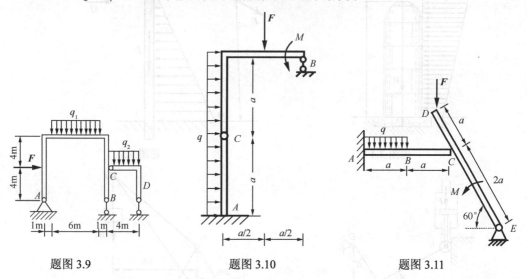

题图 3.9　　　　题图 3.10　　　　题图 3.11

3.12 题图 3.12 结构由 AC、CBD、DE 铰接而成，尺寸如题图 3.12 所示。已知 $F=2\text{kN}$，$M=4\text{kN}\cdot\text{m}$，$q=4\text{kN/m}$。不计摩擦和各杆的自重，试求支座 A、E、B 处的约束力。

3.13 如题图 3.13 所示为一偏心轮机构，已知推杆与滑道间的摩擦系数为 f_s，滑道宽度为 b，若不计偏心轮与推杆接触处的摩擦，试求要保证推杆不致被卡住，a 最大为多少？

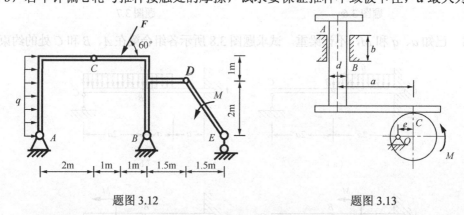

题图 3.12　　　　题图 3.13

3.14 如题图 3.14 所示为升降机的安全装置，已知固定壁与滑块 A、B 间的摩擦系数为 0.5，$AB=L$，$AC=BC=L_1$。试求 L_1 与 L 的比值为多大，才能确保安全制动。并确定 α 与摩擦角 φ 之间的关系。

3.15 尖劈起重装置如题图 3.15 所示。尖劈 A 的顶角为 α，物块 B 上受力 F_Q 的作用。尖劈 A 与物块 B 之间的静摩擦因数为 f_s（有滚珠处摩擦力忽略不计），如不计尖劈 A 和物块 B 的质量，试求保持平衡时，施加在尖劈 A 上的力 F_P 的范围。

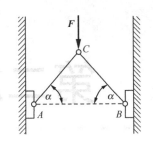
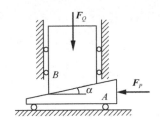

题图 3.14　　　　　　　　　　　题图 3.15

3.16　题图 3.16 所示的固结在 AB 轴上的三个圆轮，半径各为 r_1、r_2、r_3；水平和铅垂作用力的大小 $F_1=F_1'$、$F_2=F_2'$ 为已知，求平衡时 F_3 和 F_3' 两力的大小。

3.17　题图 3.17 所示的齿轮传动轴，大齿轮的节圆直径 $D=100\text{mm}$，小齿轮的节圆直径 $d=50\text{mm}$。如两齿轮都是直齿，压力角均为 $\alpha=20°$，已知作用在大齿轮上的圆周力 $F_{z1}=1950\text{N}$，试求传动轴作匀速转动时，小齿轮所受的圆周力 F_{x2} 的大小及两轴承的约束力。

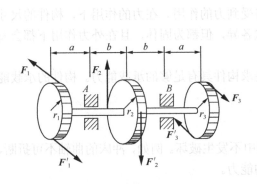
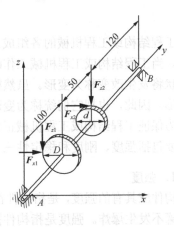

题图 3.16　　　　　　　　　　　题图 3.17

第二篇

材料力学

引言

工程结构或工程机械的各组成部分，如建筑物的梁和柱、机床的轴和齿轮等，统称为**构件**。当工程结构或工程机械工作时，构件将受到力的作用。在力的作用下，构件的尺寸和形状将发生改变称为**变形**。虽然构件的形状各异，但都为固体，且在外力作用下都会发生变形。因此，也把它们统称为**变形固体**。

为保证工程结构或工程机械正常工作，要求构件具有足够的承载能力。构件的承载能力主要包括强度、刚度和稳定性三个方面。

1. 强度

构件应具有的强度，是指构件在使用过程中不发生破坏。例如，冲床的曲轴不可折断，储气罐不发生爆炸。强度是指构件抵抗破坏的能力。

2. 刚度

构件应具有的刚度，是指构件在使用过程中不产生过大的变形。例如，机床主轴变形过大，会影响加工精度。齿轮轴变形过大，会造成齿轮和轴承的不均匀磨损，引起噪声。刚度是指构件抵抗变形的能力。

3. 稳定性

构件的稳定性，主要是针对受压的细长杆件，在轴向压力作用下其轴线应保持原有的直线平衡状态。例如，内燃机的挺杆、曲柄滑块机构中的连杆等应保证不被压弯，丧失稳定性。稳定性是指构件应有足够保持原有直线平衡状态的能力。

材料力学的任务就是在保证构件强度、刚度和稳定性的要求下，为设计既安全又经济的构件，提供理论依据和计算方法。

研究构件的强度、刚度和稳定性时，应了解材料在外力作用下所表现出的变形和破坏等方面的性能，即力学性能，而材料的力学性能是由试验测出的。所以，试验分析和理论研究是材料力学解决问题的主要方法。

第 4 章　材料力学的基本概述

4.1　变形固体的基本假设

4.1.1　均匀连续性假设

假设固体材料无空隙、均匀地分布于物体所占的整个空间，认为物体的全部体积内材料是均匀、连续分布的。从微观结构看，材料的晶粒是有晶界的，并不连续。但固体材料所表现出的力学性能是各个晶粒力学性能的统计平均值。如从固体中任取出一部分，无论大小，力学性能总是相同的。

4.1.2　各向同性假设

假设固体材料在各个方向上具有相同的力学性能，认为无论沿任何方向，固体材料的力学性能是相同的。就单一晶粒来说，是有方向性的，但金属材料包含了无数多的晶粒，且杂乱无章地排列，因此，沿各个方向的力学性能是非常接近的。

工程上，把沿不同方向力学性能接近相同的材料称为**各向同性材料**，如钢、铜、铁等金属材料；而把沿不同方向力学性能不同的材料称为**各向异性材料**，如木材、胶合板和某些人工合成材料等。

4.2　外力及其分类

当研究某一构件时，首先需要解除其周围的约束，作其受力分析和画受力图。把这些来自构件周围的力（包括主动力和约束力）称为**外力**。按外力的作用方式可分成表面力和体积力。表面力是作用于物体表面的力，它包括两种：一种是分布力，它连续地作用于物体的表面，如锅炉内的水压力等；另一种是集中力，它的分布面积远小于物体的表面尺寸，如车刀的切削力等。体积力是指连续分布于物体内部各点的力，如重力、磁力等。

按载荷随时间变化的情况，又可分为**动载荷**和**静载荷**。动载荷包括交变载荷和冲击载荷。随时间作周期性变化的动载荷为交变载荷，如齿轮转动时作用于每个轮齿上的啮合力等；当物体的运动在瞬时内突然变化所引起的动载荷为冲击载荷，如锻造时的汽锤和工件都受到冲击载荷的作用。静载荷是指载荷由零增加到某一定值，即保持不变或变化不明显。利用静载荷问题建立的理论和分析方法是解决动载荷问题的基础，因此必须首先研究静载荷问题。

4.3 内力及其截面法

4.3.1 内力

杆件即使不受外力的作用，杆件内部各质点之间也存在着相互作用力。材料力学中的内力是指当杆件受到载荷作用，杆件内部各质点之间的相互位置要发生改变，即杆件发生变形，质点之间的相互作用力也随之改变。这种由变形而引起杆件内部相互作用力的变化量称为**附加内力**，简称**内力**。这个内力随载荷的变化而改变。当内力达到某一极限值时就会引起杆件破坏。因此，内力与杆件的强度、刚度和稳定性是密不可分的。

4.3.2 截面法

要研究构件的内力，必须假想一个截面将构件截开，从而揭示并确定内力，这种方法称为**截面法**。截面法是材料力学中研究内力的基本方法。

如图 4.1（a）所示，物体在多个外力作用下，处于平衡状态。欲求在外力的作用下任意截面 $m-m$ 上的内力，则假想用一截面沿此处将构件**截开**，如图 4.1（a）所示。**保留截面的任意一侧作为研究对象，将另一部分对此部分的作用以该截面上的内力来代替**，如图 4.1（b）所示。显然，无论杆件某一截面上的内力系分布如何复杂，总可向截面的几何中心简化，得到一主矢和主矩。为了便于计算，沿截面法线和切线方向，将主矢分解为 F_x、F_y、F_z，将主矩分解为 M_x、M_y、M_z，如图 4.1（c）所示。由于整体平衡的要求，研究对象（保留部分）也必是**平衡**的，应用静力学平衡方程，确定该截面上的内力。

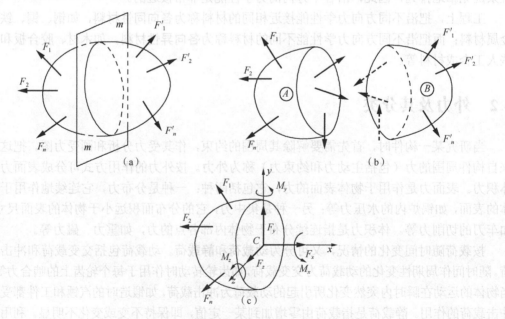

图 4.1

应用截面法求内力的过程，可以用简单的四个字来概括："截"、"留"、"代"、"平"。

4.4 应力与应变

4.4.1 应力的概念

截面法仅仅求得杆件截面上分布内力系的合力或合力偶，还不能说明这一分布力系在截面上各点处分布的密集程度（简称集度），而对于杆的强度来讲，研究内力分布的集度是有重要意义的。若想确定内力在截面上的分布情况，必须引入应力的概念。

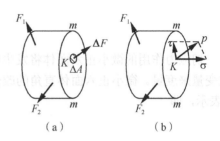

图 4.2

截面上一点的内力集度，称为该点的**应力**，它表示该点受力的强弱程度。如图 4.2（a）所示，用假想的截面 $m-m$ 把杆件截开，在截面上围绕任一点 K 取一微小面积 ΔA，设作用于微面积上的内力为 ΔF，则为 ΔF 与 ΔA 的比值称为平均应力，用 p_m 表示，即

$$p_m = \frac{\Delta F}{\Delta A}$$

当 $\Delta A \to 0$ 时，平均应力 p_m 的极限值，称为截面 $m-m$ 上 K 点的应力，用 p 表示，即

$$p = \lim_{\Delta A \to 0} \frac{\Delta F}{\Delta A} = \frac{dF}{dA} \tag{4.1}$$

p 的方向为 ΔF 的极限方向，通常把应力 p 分解垂直于截面的分量（用 σ 表示）和切于截面的分量（用 τ 表示），σ、τ 分别称为**正应力**和**切应力**，如图 4.2（b）所示。

在国际单位制中，应力的单位是帕（Pa），$1Pa = 1N/m^2$。在工程实际中，通常使用兆帕（MPa）或吉帕（GPa）。它们分别为 $1MPa = 10^6 Pa$，$1GPa = 10^9 Pa$。

4.4.2 应变的概念

构件在外力的作用下将发生变形。一般情况下，构件内各点的变形是不同的。构件内某一点的变形程度，称为该点的**应变**。为研究构件内一点的变形大小，需要讨论构件内部各点的应变。围绕受力构件内任一点 K 取出一微小的正六面体（或称单元体），如图 4.3（a）所示。一般情况下，单元体的各个面上均有应力作用。下面考察其中最简单的情形，分别如图 4.3（b）、(c) 所示。

对于正应力作用下的单元体（图 4.4（a）），沿正应力方向和垂直正应力方向将产生伸长和缩短，这种变形称为**线变形**。描述弹性构件在各点处线变形的量称为**正应变**或**线应变**，用 ε 表示，它是一个无量纲的量。根据单元体变形前后 x 方向长度 dx 的相对改变量，如图 4.4（a）所示，有

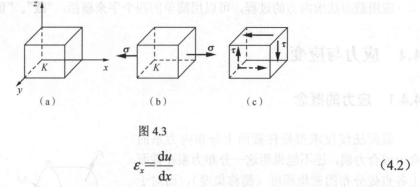

图 4.3

$$\varepsilon_x = \frac{du}{dx} \tag{4.2}$$

切应力作用的微小正六面体将发生剪切变形，剪切变形的程度用微小正六面体直角的改变量来度量。微小正六面体直角的改变量称为**切应变**或**角应变**，如图 4.4（b）所示，用 γ 表示，即

$$\gamma = \frac{\pi}{2} - \alpha \tag{4.3}$$

它也是一个无量纲的量，通常用弧度（rad）来度量。

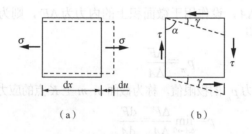

图 4.4

4.5 材料力学的研究对象·杆件变形的基本形式

工程实际中构件的形状是各种各样的。材料力学中主要研究长度远大于横截面尺寸的构件，称为**杆件**。如果杆的轴线为直线时称为**直杆**；曲线时则称为**曲杆**。材料力学中所研究的直杆是等截面的，通常简称为**等直杆**；横截面大小不等的杆称为**变截面杆**。

杆件受力的形式不同，相应的变形也不同。工程中最常见的杆件变形有以下四种基本形式。

4.5.1 轴向拉伸或压缩变形

如图 4.5（b）所示为一简易吊车，在力 F 作用下，AC 杆受拉力作用（图 4.5（a）），而 BC 杆受压力作用（图 4.5（c）），它们分别属于轴向拉伸或压缩变形。这类变形是由大小相等、方向相反、作用线与杆件轴线重

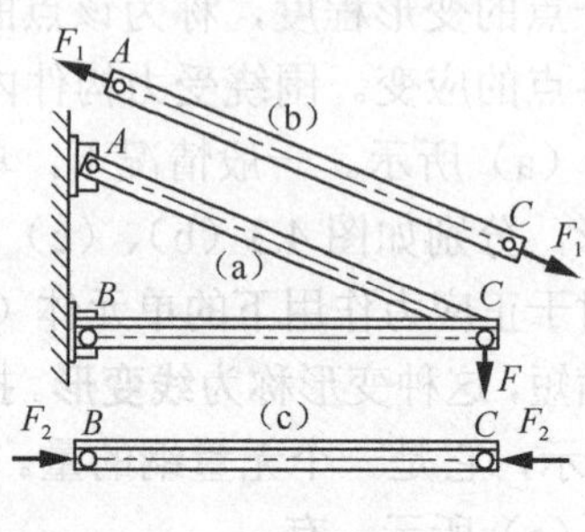

图 4.5

合的一对力引起的，变形的特点为杆件的长度沿轴线方向伸长或缩短。

4.5.2　剪切变形

机械中常用的连接件，如键、螺栓、销钉等受到剪切。如图 4.6 所示为一螺栓连接，在力 F 作用下螺栓受到剪切。这类变形是由大小相等、方向相反、力的作用线相互平行且相距很近的一对力引起的，变形的特点为杆件沿外力作用的方向发生相对的错位。

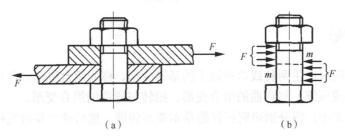

图 4.6

4.5.3　扭转变形

汽车转向盘的轴（图 4.7（a））和机械中的传动轴（图 4.7（b））均为扭转变形。这类变形是由大小相等、转向相反、作用面与杆件轴线垂直的一对力偶引起的，变形的特点为杆件的任意两个横截面发生绕轴线的相对转动。

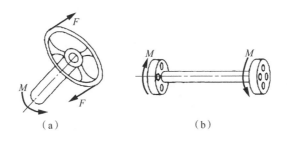

图 4.7

4.5.4　弯曲变形

桥式起重机的大梁（图 4.8（a））和火车轮轴（图 4.8（b））均为弯曲变形。这类变形是由垂直于杆件轴线的横向力，或是作用于包含轴线的纵向平面内的一对大小相等、方向相反的力偶引起的，变形的特点为杆件的轴线由直线变为曲线。

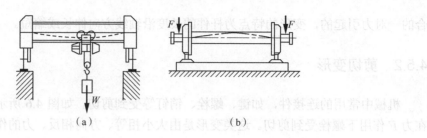

图 4.8

4.5.5 组合变形

杆件受力后同时产生两种或两种以上的基本变形，称为**组合变形**。常见的组合变形形式有轴向拉伸（或压缩）与弯曲的组合变形、扭转与弯曲的组合变形。

在以后的各章中，将分别研究杆件的基本变形问题，然后进一步研究杆件的组合变形问题。

第5章 杆件的内力

杆件在不同形式的外力作用下,横截面上将产生轴力、切力、扭矩、弯矩等内力。一般而言,内力沿杆件长度方向的分布是变化的,内力图描述了内力沿着杆件长度方向的变化情况,该图是杆件强度分析和刚度分析的基础。

本章分别讨论轴向拉伸或压缩变形、扭转变形和弯曲变形的内力和内力图。重点是切力图与弯矩图;最后讨论切力、弯矩和载荷集度之间的微分关系及其在绘制切力图和弯矩图中的应用。

5.1 杆件轴向拉伸(压缩)时的内力·轴力图

5.1.1 受力特点

受力特点:作用于杆件上外力的合力作用线与杆件的轴线重合。通常将承受轴向拉伸的杆件称为**拉杆**,承受轴向压缩的杆件称为**压杆**。轴向拉伸或压缩杆的受力简图如图 5.1 所示。

本节将主要研究轴向拉伸(压缩)时杆件的内力计算,以及内力图的画法。

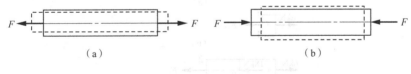

图 5.1

5.1.2 内力·轴力

以如图 5.2(a)所示的轴向拉杆为例,求横截面 m-m 上的内力。假想沿拉杆的横截面 m-m 将杆截开,取左部分为研究对象,将右部分对研究对象的约束,用约束力代替,如图 5.2(b)所示。由于构件处于平衡状态,由平衡方程

$$\sum F_x = 0, \quad F_N - F = 0$$

求得
$$F_N = F$$

如果选取右段为研究对象,同理可得 $F_N' = F$。

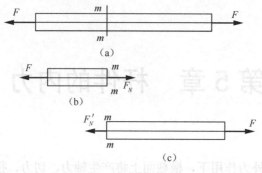

图 5.2

如上所述,轴向拉伸(压缩)杆件横截面上的内力垂直于截面并通过截面形心,这样的内力称为**轴力**,用 F_N 表示,在国际单位制中采用的单位为 N 或 kN。轴力符号规定为:**拉力为正,压力为负**。

5.1.3 轴力图

当杆件上有多个外力作用时,杆件各段横截面上的轴力大小就不一定相同。为了直观地反映整个杆件各横截面轴力大小沿轴线的变化情况,用平行于杆轴线的 x 坐标表示横截面的位置,用垂直于杆轴线的 F_N 坐标表示横截面上的轴力,按选定的比例将各横截面上的轴力画到 x-F_N 坐标系中,描出轴力沿轴线变化的曲线,这样的图称为**轴力图**(简称 F_N 图)。

【**例 5.1**】 试画出图 5.3(a)所示直杆的轴力图。

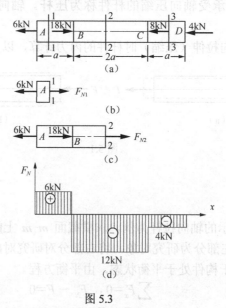

图 5.3

解:此直杆在 A、B、C、D 截面承受轴向外力。

(1)先求 AB 段轴力。在段内用任意截面 1-1 截开,取左段为研究对象,如图 5.3(b)所示,在截面上设为正方向的轴力 F_{N1}。

由此段的平衡方程
$$\sum F_x=0, \quad F_{N1}-6=0$$
得
$$F_{N1}=+6\text{kN}$$

F_{N1} 为正说明杆件实际受力为拉力。

（2）再求 BC 段轴力。在 BC 段内用任一截面 2-2 截开，仍取左段为研究对象，如图 5.3（c）所示，在截面上仍设为正方向的轴力 F_{N2}，由平衡方程
$$\sum F_x=0, \quad -6+18+F_{N2}=0$$
得
$$F_{N2}=-12\text{kN}$$

F_{N2} 为负说明杆件实际受力为压力。

同理得 CD 段内任一截面的轴力都是 -4kN。

（3）作内力图。以杆轴 x 表示截面的位置，以垂直杆轴的坐标表示对应截面的轴力，即可按选定的比例尺画出轴力图，如图 5.3（d）所示。由此图可知数值最大的轴力发生在 BC 段内。

以上计算都是选取左段为研究对象，如果取右段为研究对象，可得出同样的结果。

在应用截面法求解内力时，通常采用设正原则，即假设所求的内力为正值。

由轴力图（图 5.3（d））可以看出：**在集中力作用处，其左右两侧横截面上轴力发生突变，突变量等于该集中力之值。**

5.2 杆件扭转时的内力·扭矩图

5.2.1 杆件扭转变形的受力特点

受力特点：杆件两端在垂直于轴线平面内受到两个等值反向的外力偶作用。工程中一般把以扭转为主要变形形式的杆件称为**轴**。轴的受力简图如图 5.4 所示。

本节主要讨论等直圆轴扭转时的内力及内力图的画法。

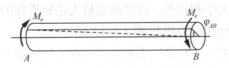

图 5.4

5.2.2 内力·扭矩

1. 外力偶矩的计算

扭转时，作用在轴上的外力是一对等值反向的力偶，其力偶矩习惯上称为转矩。但在工程实际中，一般并不直接给出外力偶矩的大小，而是给出轴所传递的功率和转速，所以需要将功率、转速换算为力偶矩。它们之间的计算公式为

$$M_e = 9549 \frac{P_k}{n} \tag{5.1}$$

式中，M_e 为外力偶矩（转矩），单位为 N·m；P_k 为功率，单位为 kW；n 为轴的转速，单位为 r/min。

从式（5.1）可以看出，在传递同样的功率时，低速轴所受到的力偶矩比高速轴大。所以在一个传动系统中，低速轴的直径要比高速轴的直径大一些。

2. 扭矩

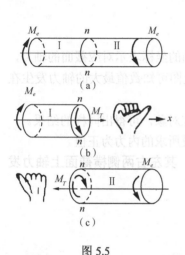

图 5.5

现在计算轴横截面上的内力。如图 5.5（a）所示的圆轴，受转矩 M_e 作用，现分析任一横截面 $n-n$ 上的内力。采用截面法，在 $n-n$ 截面处假想将轴切开，并保留左段，如图 5.5（b）所示。作用在左段上的外力是力偶 M_e，为保持平衡，作用在 $n-n$ 截面上的内力合成必定也是一个力偶。由平衡方程

$$\sum M_x = 0$$
$$M_T = M_e$$

如保留右段，如图 5.5（c）所示，得 $n-n$ 截面上的扭矩，其数值与保留左段求得的相同，方向相反。

可见，扭转时作用在横截面平面内的内力为一力偶，称为**扭矩**，以 M_T 表示。在国际单位制中采用的单位为 N·m 或 kN·m。扭矩 M_T 的符号规定：**按右手螺旋法则用矢量表示扭矩，当矢量的方向离开截面时为正，指向截面时为负**。

3. 扭矩图

传动轴的两端受一对大小相等、方向相反的外力偶作用时，轴的各个横截面上的扭矩都相同。如果轴上作用多个外力偶时，轴的各个横截面上的扭矩则不一定相同。为了直观地表示各横截面上扭矩的大小和正负，以便确定最大扭矩所在的截面，则需画出横截面上扭矩沿轴线变化的图，这种图称为**扭矩图**（简称 M_T 图）。

扭矩图画法与轴力图类同。沿平行于轴线方向取 x 坐标轴表示横截面的位置，以垂直于轴线的方向取 M_T 坐标轴表示相应横截面上的扭矩，正扭矩画在 x 轴上方，负扭矩则画在 x 轴下方。

【**例 5.2**】 一等圆截面传动轴，如图 5.6（a）所示。其转速 $n=300$ r/min，主动轮 A 的输入功率 $P_1=221$ kW，从动轮 B、C 的输出功率分别为 $P_2=148$ kW、$P_3=73$ kW，试求轴上各截面的扭矩，并作扭矩图。

解：在确定外力偶矩转向时，应注意到主动轮上外力偶矩的转向与轴的转向相同。而从动轮上的外力偶矩是阻力偶矩，故与轴的转向相反。

（1）计算各轮上的外力偶矩：由式（5.1）得

$$M_{e1}=9549\times\frac{221}{300}=7.03\text{ kN·m}$$

$$M_{e2}=9549\times\frac{148}{300}=4.71\text{ kN·m}$$

$$M_{e3}=9549\times\frac{73}{300}=2.32\text{ kN·m}$$

（2）计算各段内的扭矩

在 AC 段内，用截面法沿 I-I 截面假想截开，取左段为研究对象，以 M_{T1} 表示扭矩，并假设 M_{T1} 方向为正，如图 5.6（b）所示。由平衡方程

$$\sum M_x=0,\quad M_{T1}+M_{e3}=0$$

得 $M_{T1}=-M_{e3}=-2.32\text{ kN·m}$

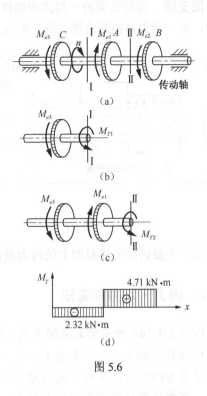

图 5.6

同理，在 AB 段内（图 5.6（c）），仍取左段为研究对象由平衡方程

$$\sum M_x=0,\quad -M_{e3}+M_{e1}-M_{T2}=0$$

得 $M_{T2}=M_{e1}-M_{e3}=7.03-2.32=4.71\text{ kN·m}$

（3）画扭矩图

扭矩图如图 5.6（d）所示。从图中可见最大扭矩值（$|M_T|=4.71\text{ kN·m}$），发生在 AB 段轴上。

由扭矩图（图 5.6（d））可以看出：**在集中力偶作用处，其左右两侧横截面上扭矩发生突变，突变量等于该力偶矩之值。**

5.3 杆件弯曲时的内力·切力图和弯矩图

5.3.1 杆件弯曲变形的受力特点

受力特点：在通过杆轴线的平面内受到垂直于杆轴线的外力和外力偶作用。通常把以弯曲变形为主要变形形式的杆件称为**梁**。

工程实际中的梁，它们的横截面一般都具有一根对称轴，通过梁轴线和截面对称轴的平面称为梁的**纵向对称面**，如图 5.7 所示。若所有外力都作用在纵向对称面内，那么梁弯曲变形后的轴线将是位于纵向对称面内的一条平面光滑曲线，这种弯曲形式称为**平面弯曲**。它是弯曲问题中最基本和最常见的情况。

由于承受弯曲的直梁都可以简化为一根直杆，所以在计算简图中一般用梁的轴线来代替实际的梁。梁上的载荷一般可简化为：集中力、分布载荷和集中力偶，如图 5.7 所示，分布载荷又分为均布载荷和非均布载荷。

工程实际中梁的支撑方式可简化为固定铰支座、滑动铰支座和固定端。因此，常见的静定梁分为以下三种形式：一端为固定铰支座，而另一端为滑动铰支座的梁（图 5.8（a））

称为**简支梁**。若简支梁的一端或两端伸出支座之外（图 5.8（b））称为**外伸梁**。一端为固定端，另一端为自由端的梁（图 5.8（c）），称为**悬臂梁**。

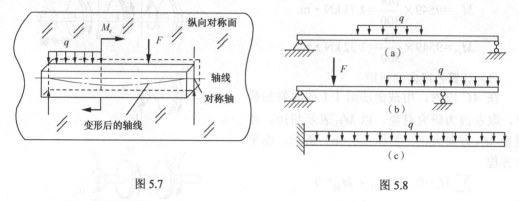

图 5.7　　　　　　　　　　　图 5.8

本节主要研究梁横截面上的内力及内力图的画法。

5.3.2　内力·切力和弯矩

以图 5.9（a）所示的简支梁为例，研究梁上距 A 端为 x 的横截面 I-I 上的内力。

假设其两端支座的约束力 F_A、F_B 已经由静力学平衡方程求得。采用截面法假想用截面将梁分为两部分，并以左侧部分为研究对象，如图 5.9（b）所示。梁的整体处于平衡状态，因此该部分也应处于平衡状态。该段梁在所有横向力的作用下在竖直方向应为平衡状态，所以在截面处必然存在一个切于横截面的内力 F_S；又由于该段梁所有的力对截面形心 O 之矩的代数和应为零，所以在横截面上必然存在一个内力偶矩 M。由平衡方程

$$\sum F_y = 0, \quad F_A - F_1 - F_S = 0$$
$$\sum M_O = 0, \quad M + F_1(x-a) - F_A x = 0$$

得

$$F_S = F_A - F_1, \quad M = F_A x - F_1(x-a)$$

若取右段为研究对象，用同样的方法可得出横截面上的内力，但是方向与图 5.9（b）相反（图 5.9（c））。

切于横截面的内力 F_S 称为**切力**，国际单位制中单位为 N 或 kN；位于纵向平面内的内力偶矩 M，称为**弯矩**，国际单位制中单位为 N·m 或 kN·m。关于切力和弯矩的符号，在梁的保留部分取紧靠截面的微段梁为研究对象，做如下规定：**使此微段梁产生左上右下的错动趋势的切力为正**（图 5.10（a）），**反之为负**（图 5.10（b））；**使此微段梁产生上凹下凸的变形趋势的弯矩为正**（图 5.10（c）），**反之为负**（图 5.10（d））。按照上述符号规定计算某截面内力时，无论选取左段还是右段，所得结果的符号都相同。

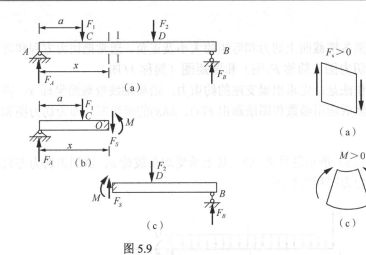

图 5.9

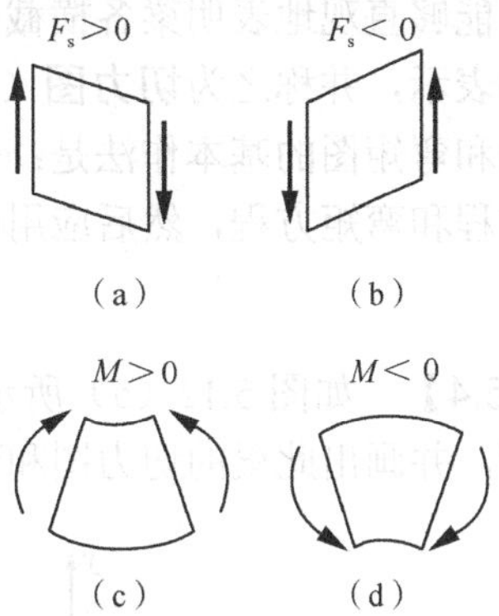

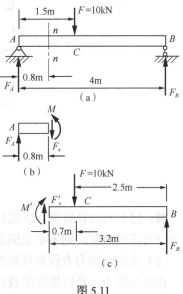

图 5.10

【例 5.3】 简支梁如图 5.11（a）所示，在 C 点处作用有集中力 F，求距 A 端 0.8m 处截面 n-n 上的切力和弯矩。

解：（1）求梁的支座约束力。

由平衡方程求出梁的支座约束力为

$$F_A = 6.25\text{kN},\ F_B = 3.75\text{kN}$$

（2）求截面 n-n 上的切力和弯矩。

用假想截面将梁截开，取左段为研究对象，并在截面处设出正的切力与弯矩，如图 5.11（b）所示，则由平衡方程

$$\sum F_y = 0,\quad F_A - F_S = 0$$

得 $F_S = F_A = 6.25\text{kN}$

再由平衡方程

$$\sum M_O = 0,\quad -F_A \times 0.8 + M = 0$$

得 $M = F_A \times 0.8 = 6.25 \times 0.8 = 5\ \text{kN·m}$

若取右段为研究对象，如图 5.11（c）所示，可得出与左段相同的结果。

图 5.11

5.3.3 切力图和弯矩图

1. 切力方程和弯矩方程

在一般情况下，梁截面上的切力和弯矩是随横截面位置的变化而改变的，若取梁的轴线为 x 轴，即以坐标 x 表示横截面的位置，则切力和弯矩可表示为截面坐标 x 的函数，即

$$F_S = F_S(x) \tag{5.2a}$$

$$M = M(x) \tag{5.2b}$$

式（5.2a）和式（5.2b）分别称为梁的**切力方程**和**弯矩方程**。

2. 切力图和弯矩图

为了能够直观地表明梁各横截面上切力和弯矩的大小及正负，通常把切力方程和弯矩方程用图表示，并称之为**切力图**（简称 F_S 图）和**弯矩图**（简称 M 图）。

切力和弯矩图的基本作法是：先求出梁支座的约束力，沿梁轴线取截面坐标 x，再建立切力方程和弯矩方程，然后应用函数作图法画出 $F(x)$、$M(x)$ 的函数图，即为切力图和弯矩图。

【**例 5.4**】 如图 5.12（a）所示悬臂梁 AB，其上承受均布载荷 q。试列出切力方程和弯矩方程，并画出此梁的切力图和弯矩图。

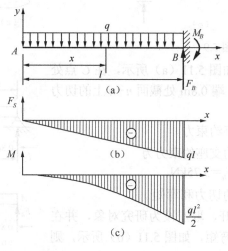

图 5.12

解：（1）对此悬臂梁，以梁的左端为坐标原点，建立 Axy 坐标系，若取任意截面以左的部分为研究对象，则不必求固定端的支座约束力。

（2）求梁的切力方程和弯矩方程。

在距左端为 x 处假想将梁截开，研究左段，得梁在此截面的切力方程和弯矩方程为

$$F_S(x) = -qx \quad (0 \leqslant x < l) \quad (a)$$

$$M(x) = -qx \cdot \frac{x}{2} = -\frac{1}{2}qx^2 \quad (0 \leqslant x < l) \quad (b)$$

（3）作切力图和弯矩图。

根据式（a）、式（b），可画出梁的切力图和弯矩图，如图 5.12（b）、（c）所示。可见最大切力和最大弯矩都发生在固定端截面，$|F_S|_{max} = ql$，$|M|_{max} = ql^2/2$。

【**例 5.5**】 图 5.13（a）所示简支梁 AB，在 C 处作用一集中力 F。试列出切力方程和弯矩方程并画出切力图和弯矩图。

解：（1）求梁的支座约束力。

由静力学平衡方程求出梁的支座约束力为

$$F_A = \frac{Fb}{l}, \quad F_B = \frac{Fa}{l}$$

（2）求切力方程和弯矩方程。

由于梁上的 C 点有一个集中力 F，使得梁的 AC、CB 段上切力和弯矩不同，所以切力方程和弯矩方程应分段考虑。

AC 段：在距 A 端为 x 处取横截面，研究左段，所得切力方程和弯矩方程分别为

$$F_S(x) = F_A = \frac{Fb}{l} \qquad (0 < x < a) \qquad (a)$$

$$M(x) = F_A x = \frac{Fb}{l} x \qquad (0 \leq x \leq a) \qquad (b)$$

CB 段：在此段上仍取距 A 端为 x 处的截面，而且仍研究左段，则切力方程和弯矩方程分别为

$$F_S(x) = F_A - F = \frac{Fb}{l} - F \qquad (a < x < l) \qquad (c)$$

$$M(x) = F_A x - F(x-a) = \frac{Fb}{l} x - F(x-a)$$

$$(a \leq x \leq l) \qquad (d)$$

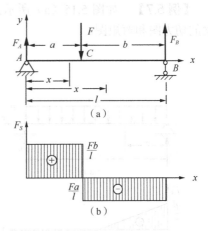

图 5.13

（3）画梁的切力图和弯矩图。

由式（a）、式（b）、式（c）和式（d）可画出梁的切力图和弯矩图，如图 5.13（b）、（c）所示。从图中可以看出，若 $a < b$，则切力的最大值为 $|F_S|_{max} = Fb/l$，弯矩的最大值为 $M_{max} = Fab/l$。

由切力、弯矩图（图 5.13（b）、（c））可以看出：**在集中力作用处，其左右两侧横截面上的弯矩相同，而切力发生突变，突变量等于该集中力之值。**

【例 5.6】 图 5.14（a）所示，简支梁 AB 在全梁上承受均布载荷 q。试画出此梁的切力图和弯矩图。

解：（1）求梁的支座约束力。

由静力学平衡方程求出梁的支座约束力为

$$F_A = F_B = \frac{ql}{2}$$

（2）求切力方程和弯矩方程。

在梁上任取距 A 端为 x 的截面，以左段为研究对象，得梁的切力方程和弯矩方程为

$$F_S(x) = F_A - qx = \frac{ql}{2} - qx \qquad (0 < x < l) \qquad (a)$$

$$M(x) = F_A x - \frac{q}{2} x^2 = \frac{ql}{2} x - \frac{q}{2} x^2 \qquad (0 \leq x \leq l) \qquad (b)$$

（3）画梁的切力图和弯矩图。

由式（a）和式（b）可画出梁的切力图和弯矩图，如图 5.14（c）、（d）所示。可见最大切力 $|F_S|_{max} = ql/2$，发生在两端点处；最大弯矩 $|M|_{max} = ql^2/8$，发生在 $x = l/2$ 处。

由切力、弯矩图（图 5.14（b）、(c)）可以看出：**在分布载荷作用范围内，切力为零的截面处，弯矩取极值。**

【例 5.7】 如图 5.15（a）所示为简支梁 AB，在 C 处作用一集中力偶 M_e。试画出此梁的切力图和弯矩图。

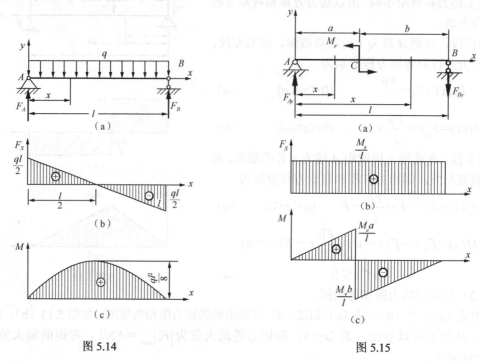

图 5.14

图 5.15

解：（1）求梁的支座约束力。

由静力学平衡方程求出梁的支座约束力为

$$F_A = F_B = \frac{M_e}{l}$$

（2）求切力方程和弯矩方程。

由于梁上的 C 点有一个集中力偶，使得梁的 AC、CB 段上切力和弯矩可能不同，所以切力方程和弯矩方程应分段考虑。

AC 段：在距 A 端为 x 处取横截面，研究左段，所得切力方程和弯矩方程分别为

$$F_S(x) = F_A = \frac{M_e}{l} \qquad (0 < x \leq a) \tag{a}$$

$$M(x) = F_A x = \frac{M_e}{l} x \qquad (0 \leq x < a) \tag{b}$$

CB 段：在此段上仍取距 A 端为 x 处的截面，而且仍研究左段，则切力方程和弯矩方程分别为

$$F_S(x) = F_A = \frac{M_e}{l} \qquad (a \leq x < l) \tag{c}$$

$$M(x) = F_A x - M_e = \frac{M_e}{l} x - M_e \quad (a < x \leqslant l) \tag{d}$$

（3）画梁的切力图和弯矩图。由式（a）、式（b）、式（c）和式（d）可画出梁的切力图和弯矩图，如图 5.15（b）、（c）所示。从图中可以看出，若 $a < b$，则弯矩的最大值为 $|M|_{max} = M_e b / l$。

由切力、弯矩图（图 5.15（b）、（c））可以看出：在集中力偶作用处，梁左右两侧横截面上的切力相同，而弯矩则发生突变，突变量等于该力偶之矩。

5.4 切力、弯矩和载荷集度之间的微分关系

5.4.1 切力、弯矩和载荷集度之间的微分关系

如图 5.16（a）所示为一承受任意载荷的梁。规定分布载荷 $q(x)$ 的方向向上为正。为研究切力和弯矩与载荷集度之间的关系，从梁上受分布载荷的段内截取坐标为 x 长为 dx 的微段，其受力如图 5.16（b）所示。作用在微段上的分布载荷可以近似认为是均布的，微段两侧面上的内力均设为正方向。若 x 截面上的内力为 $F_S(x)$、$M(x)$，则 $x + dx$ 截面上的内力为 $F_S(x) + dF_S(x)$、$M(x) + dM(x)$。由平衡方程

$$\sum F_y = 0, \quad F_S(x) + q(x)dx - [F_S(x) + dF(x)] = 0$$

得

$$\frac{dF_S(x)}{dx} = q(x) \tag{5.3}$$

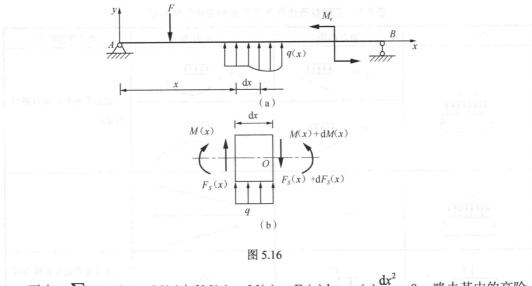

图 5.16

再由 $\sum M_O = 0$，$M(x) + dM(x) - M(x) - F_S(x)dx - q(x)\dfrac{dx^2}{2} = 0$，略去其中的高阶微量，得

$$\frac{dM(x)}{dx}=F_S(x) \tag{5.4}$$

利用式(5.3)和式(5.4)可进一步得出

$$\frac{d^2M(x)}{dx^2}=q(x) \tag{5.5}$$

式(5.3)、式(5.4)和式(5.5)是切力、弯矩和分布载荷集度$q(x)$之间的微分关系，此关系表明：

(1) 切力图上某处的斜率等于梁在该处的分布载荷集度。
(2) 弯矩图上某处的斜率等于梁在该处的切力。

5.4.2 利用微分关系画切力图及弯矩图

根据上述微分关系，可以得到载荷集度与切力图和弯矩图之间的关系。

(1) 若某段梁上无分布载荷，即$q(x)=0$，则该段梁的切力$F_S(x)$为常数，切力图为平行于x轴的直线；而弯矩$M(x)$为x的一次函数，弯矩图为斜直线。

(2) 若某段梁上的分布载荷$q(x)$为常量，则该段梁的切力$F_S(x)$为x的一次函数，切力图为斜直线；而$M(x)$为x的二次函数，弯矩图为抛物线。当$q>0$（q向上）时，弯矩图为向下凸的曲线；当$q<0$（q向下）时，弯矩图为向上凸的曲线。

(3) 若某截面的切力$F_S(x)=0$，根据$\frac{dM(x)}{dx}=0$，该截面的弯矩为极值。

以上关系如表5.1所示。

表5.1 各种载荷作用下切力图和弯矩图的形状

外 力	切力F_S图	弯矩M图	内力图的特点
$q\neq0$ 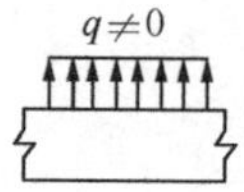	$q>0$ 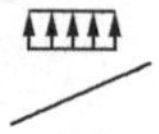 ／ $q<0$ ＼	$q>0$ ∪ $q<0$ ∩	切力为零处对应弯矩的极值点
$q=0$	——	／ ＼	
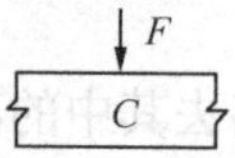 F	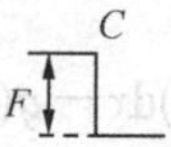 ⊓⊔	 ∧	切力突变处弯矩图为折角

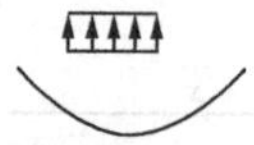

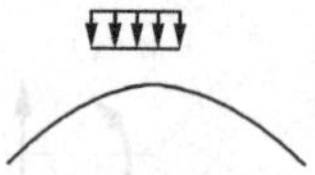

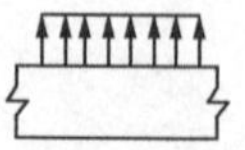

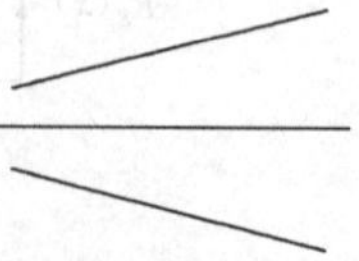

外　力	切力 F_S 图	弯矩 M 图	内力图的特点
M_e (力偶)	C	M_e	力偶作用处弯矩图突变

【例 5.8】 梁的受力如图 5.17（a）所示，利用微分关系作梁的切力 F_S、弯矩 M 图。

解：（1）求支座约束力。由静力学平衡方程可求出

$$F_A = 10\text{kN}, \quad F_B = 5\text{kN}$$

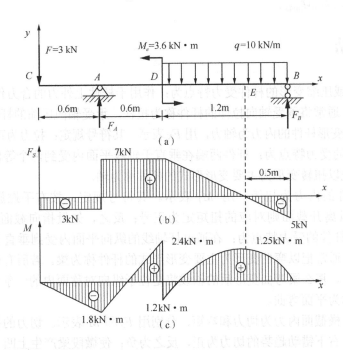

图 5.17

（2）求特殊截面上的内力。特殊截面包括两类截面：一是不同载荷作用范围的分界截面；二是分布载荷作用范围内切力等于零的截面。由前面叙述可以看出，在分界截面的左右侧面上，内力往往并不完全相等，有时会出现突变现象，或者弯矩出现极值。

应用截面法求特殊截面的内力，如表 5.2 所示。符号"A−"、"A+"分别表示 A 处的左侧截面和右侧截面，其他符号类似。

表 5.2　应用截面法求特殊截面的内力

截面	C+	A−	A+	D−	D+	B−	E
切力/kN	−3	−3	7	7	7	−5	0
弯矩/kN·m	0	−1.8	−1.8	2.4	−1.2	0	1.25

(3) 分段连线，作切力图和弯矩图。

根据上表 5.2 特殊截面上的内力数值，利用微分关系，分段连线绘制切力图及弯矩图，如图 5.17（b）、(c) 所示。最大切力和最大弯矩分别为 $|F_S|_{\max}=7\text{kN}$，$|M|_{\max}=2.4\text{kN·m}$。

因此，利用切力、弯矩和载荷集度之间的微分关系可直接作切力图和弯矩图，其步骤如下：

(1) 求支座约束力；
(2) 求特殊截面内力；
(3) 分段连线，作切力图和弯矩图；
(4) 确定 $|F_S|_{\max}$ 和 $|M|_{\max}$。

本章小结

1. 轴向拉伸或压缩变形的杆件受力特点为：作用于杆件上外力的合力作用线与杆件的轴线重合。通常将承受轴向拉伸的杆件称为拉杆，承受轴向压缩的杆件称为压杆。

轴向拉（压）变形杆件的内力为轴力，用 F_N 表示。其符号规定：拉力为正，压力为负。

2. 扭转杆件的受力特点为：杆件两端在垂直于轴线平面内受到两个等值反向的外力偶作用。工程中把以扭转变形为主要变形形式的杆件称为轴。

扭转变形杆件的内力为扭矩，用 M_T 表示。其符号规定：按右手螺旋法则用矢量表示扭矩，如矢量离开截面则对应的扭矩定为正号；反之，矢量指向截面则定为负号。

3. 弯曲变形杆件的受力特点为：在通过杆轴线的纵向平面内受到垂直于杆轴线的外力和外力偶作用。通常把以弯曲变形为主要变形形式的杆件称为梁。若所有外力都作用在梁的纵向对称面内，那么梁弯曲变形后的轴线将是位于纵向对称面内的一条平面曲线，这种弯曲变形形式称为平面弯曲。

平面弯曲梁内横截面内力为切力和弯矩，分别用 F_S 和 M 表示。切力的符号规定为：使微段梁产生左上右下错动趋势的切力为正，反之为负；使微段梁产生上凹下凸的变形趋势的弯矩为正，反之为负。如表 5.3 所示。

表 5.3　杆件基本变形受力特点及其相应的内力示意图

基本变形	受 力 特 点	内 力 类 型	内 力 符 号
轴向拉伸	←——→ F　　F	←— F　F_N —→	F_N　F_N
扭转	M_e　　M_e	M_e　　M_T	M_T　M_T
平面弯曲	纵向对称面 F, M_e, A, B	F, M, F_S, F_A	M, M, F_S, F_S

4. 切力、弯矩和载荷集度存在如下的微分关系：

$$\frac{dF_S(x)}{dx}=q(x), \quad \frac{dM(x)}{dx}=F_S(x), \quad \frac{d^2M(x)}{dx^2}=q(x)$$

5. 内力图反映了杆件内部所有横截面上内力的情况。通常取平行于杆轴线的横轴 x 表示杆件各横截面的位置，纵轴表示各对应横截面上的内力，画出内力对 x 的函数曲线，即为内力图。

思考题

一、填空题

1. 杆件受力如思考题图 5.1 所示。截面 I-I、II-II 和 III-III 的内力是否相同_____。
2. 折杆 ABC 受力如思考题图 5.2 所示。AB 段产生_____变形，BC 段产生_____变形。
3. 若圆轴上同时受几个外力偶的作用而平衡时，则任意横截面上的扭矩等于该截面_____的外力偶矩的_____和。

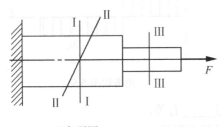

思考题图 5.1

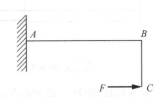

思考题图 5.2

4. 在同一减速器中，高速轴的直径比低速轴的直径_____。
5. 如思考题图 5.3 所示，轴 AB 段为钢，BC 段为铜，则 AB 段与 BC 段的扭矩值分别为：$M_{AB}=$_____，$M_{BC}=$_____。
6. 梁发生平面弯曲时，变形后的轴线将是_____曲线，并位于_____内。
7. 在分布载荷作用范围内，弯矩具有极值的截面上，其切力值_____。
8. 当梁上某段的切力图为一水平直线时，则该段梁上的分布载荷 $q(x)=$_____，其弯矩图为_____。
9. 梁在集中力作用处，切力 F_S_____，弯矩 M_____；梁在集中力偶作用处，切力 F_S_____，弯矩 M_____。

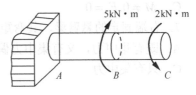

思考题图 5.3

二、选择题

1. 在下列关于轴向拉压杆轴力的说法中，_____是错误的。
   A. 拉压杆的内力只有轴力
   B. 轴力的作用线与杆轴线重合
   C. 轴力是沿杆轴作用的外力
   D. 轴力与杆的横截面面积及材料无关

2. 在思考题图 5.4 中，图____所示的杆是拉伸杆。
3. 电动机传动轴横截面上扭矩与传动轴的____成正比。
   A. 转速　　　B. 直径　　　C. 传递功率　　　D. 长度
4. 思考题图 5.5 所示的圆轴，截面 C 处扭矩的突变值为____。
   A. M_A　　　B. M_C　　　C. $M_A + M_C$　　　D. $(M_A + M_C)/2$

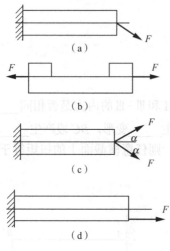

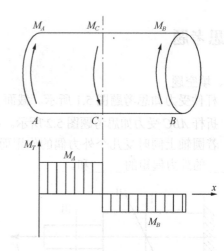

思考题图 5.4　　　　　　　　　　　　思考题图 5.5

5. 在下列因素中，梁弯曲的内力图通常与____有关。
   A. 载荷作用位置　　　　　　B. 横截面形状
   C. 横截面面积　　　　　　　D. 梁的材料
6. 思考题图 5.6 所示简支梁中间截面上的内力____。
   A. $M = 0, F_s = 0$　　　　　B. $M = 0, F_s \neq 0$
   C. $M \neq 0, F_s = 0$　　　　D. $M \neq 0, F_s \neq 0$
7. 右端固定的悬臂梁，其弯矩 M 图如思考题图 5.7，则在中间截面处____。
   A. 既有集中力，又有集中力偶　　B. 既无集中力，也无集中力偶
   C. 只有集中力　　　　　　　　　D. 只有集中力偶

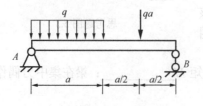

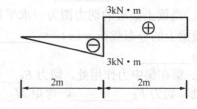

思考题图 5.6　　　　　　　　　　　　思考题图 5.7

第5章 杆件的内力

5.1 求题图 5.1 中各杆 1-1、2-2、3-3 截面的轴力,并画出轴力图。

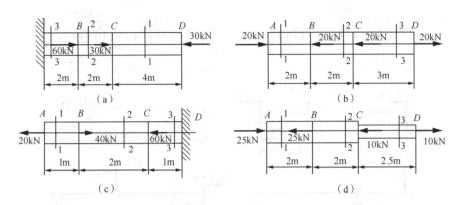

题图 5.1

5.2 画出题图 5.2 所示各轴的扭矩图。

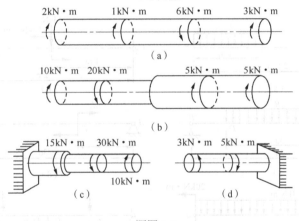

题图 5.2

5.3 求题图 5.3 所示各梁指定截面上的切力和弯矩。

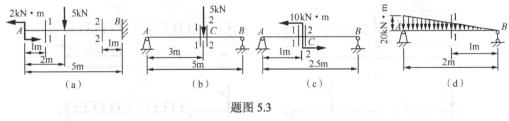

题图 5.3

5.4 利用切力方程和弯矩方程作出题图 5.4 所示各梁的切力图和弯矩图。

5.5 利用切力、弯矩和载荷集中之间的微分关系直接作出题图 5.5 所示各梁的切力图和弯矩图。

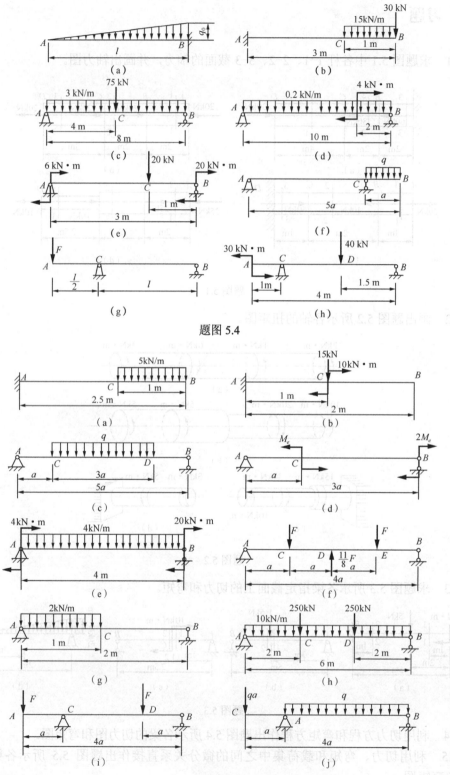

题图 5.4

题图 5.5

第6章 杆件的应力分析·强度设计

应力是描述内力分布规律的物理量，也是杆件强度分析计算的关键因素。不同的内力所对应的应力分布是不一样的。应力的确定是建立在平面假设的基础上，而平面假设是建立在杆件变形基础上的，不同的基本变形具有不同的平面假设。

本章主要研究杆件四种基本变形横截面上应力的分布规律及计算公式，建立杆件的强度条件，并应用强度条件解决三类强度计算问题。另外也介绍了材料在拉伸或压缩时的力学性能。

6.1 轴向拉伸（压缩）杆的正应力

6.1.1 拉（压）杆横截面上的正应力

第5章研究了拉（压）杆横截面上的内力是一个沿轴线方向的合力，称为轴力。为确定拉压杆横截面上各点的应力，需要分析轴力在横截面上的分布情况。为此，先来观察拉杆的变形。

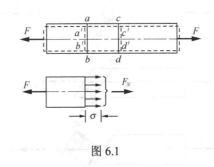

图 6.1

图 6.1 所示为一等截面的直杆，在杆的表面画出两条垂直杆轴的横向线 ab 和 cd。拉伸变形后可知：杆件变形后横向线 ab 和 cd 仍为直线，只是分别平移到 $a'b'$ 与 $c'd'$ 位置。由此有平面假设：**杆件变形前横截面为平面，变形后仍为平面且仍垂直于轴线。**

设想杆件是由无数的纵向纤维组成，由平面假设可知，拉杆所有纵向纤维的伸长量是一样的，即各纵向纤维的受力相等。由此可知，横截面上各点的仅有正应力 σ，且均匀分布于横截面上。设拉（压）杆横截面积为 A，轴力为 F_N，则横截面上各点内力的分布集度，即正应力为

$$\sigma = \frac{F_N}{A} \tag{6.1}$$

关于正应力的符号：**一般规定拉应力为正，压应力为负。**

【例 6.1】 如图 6.2（a）所示为一活塞杆的示意图。作用于活塞杆上的力分别为 $F_1=2.62\text{kN}$，$F_2=1.3\text{kN}$，$F_3=1.32\text{kN}$，直径 $d=40\text{mm}$，试求横截面上最大正应力。

解：(1) 作轴力图，如图 6.2 (b) 所示。杆件各截面内力为

$F_{N1}=F_{AB}=-2.62\text{kN}$

$F_{N1}=F_{BC}=-1.32\text{kN}$

(2) 求应力。

由于杆件是等直杆，面积相同，故最大应力应在轴力最大的 AB 段内，即

$$\sigma_{\max}=-\frac{F_N}{A}=-\frac{2.62\times10^3}{\dfrac{\pi\times(40\times10^{-3})^2}{4}}=-2.08\text{MPa}$$

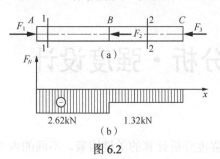

图 6.2

6.1.2 拉（压）杆斜截面上的应力

如图 6.3 (a) 所示，任意斜截面的方位用它的外法线 n 与 x 轴的夹角 α 表示，并规定 α 从 x 轴的正向算起，逆时针方向为正，反之为负。利用截面法把杆件沿斜截面 m-m 截开，根据平衡方程 $\Sigma F_x=0$，求得 $F_{N\alpha}=F_N$，仿照证明横截面上正应力均匀分布的方法，可知斜截面上的应力也是均匀分布的，如图 6.3 (b) 所示，设斜截面的面积为 A_α，其中

$$A_\alpha=\frac{A}{\cos\alpha}$$

则斜截面 m-m 上各点的应力为

$$p_\alpha=\frac{F_{N\alpha}}{A_\alpha}=\frac{F_N}{A}\cos\alpha=\sigma\cos\alpha$$

式中，$\sigma=F_N/A$ 为横截面的正应力。

将应力 p_α 沿截面的法向和切向分解，得到斜截面上的正应力与切应力分别为

$$\sigma_\alpha=p_\alpha\cos\alpha=\sigma\cos^2\alpha \qquad (6.2)$$

$$\tau_\alpha=p_\alpha\sin\alpha=\frac{\sigma}{2}\sin 2\alpha \qquad (6.3)$$

其中，切应力的符号规定：**切应力使所取部分有顺时针转动趋势为正**（图 6.4 (a)）；**反之为负**（图 6.4 (b)）。

可见，在拉（压）杆的斜截面上既有正应力，又有切应力，它们的大小随截面的方位角 α 而变化。

当 $\alpha=0°$ 时，正应力最大为 $\sigma_\alpha=\sigma_{\max}=\sigma$，而 $\tau_\alpha=0$；

当 $\alpha=45°$ 时，切应力最大为 $\tau_\alpha=\tau_{\max}=\dfrac{\sigma}{2}$；

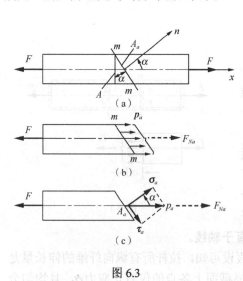

图 6.3

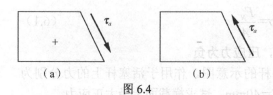

图 6.4

当 $\alpha=90°$ 时，$\sigma_\alpha=\tau_\alpha=0$，这表明在平行于杆件轴线的纵向平面上无任何应力。

6.2 材料在轴向拉伸或压缩时的力学性能

分析构件的强度时，除计算构件在外力作用下的应力外，还应了解材料的力学性能（或机械性能）。材料的力学性能主要是指材料在外力作用下表现出的变形和破坏方面的特性。材料的力学性能不仅决定于材料的成分和组织结构，而且也与应力状态、温度和加载方式等因素有关。因此设计不同工作条件下的构件时，就必须考虑不同条件下材料的力学性能。

低碳钢和铸铁是工程中广泛使用的两种金属材料。本节将着重介绍这两种金属材料在常温、静载下的力学性能。

6.2.1 低碳钢的拉伸试验

为了便于比较试验所得的结果，根据 GB/T228—2002 规定，将试件做成一定的形状和尺寸，即标准试件，如图 6.5 所示。在中间等直部分取长为 l_0 的一段作为工作段，l_0 称为**标距**。标距 l_0 与横截面直径 d_0 有两种比例，通常取 $l_0=5d_0$ 或 $l_0=10d_0$。

试验时将试件两端装入试验机夹头内，对试件施加拉力 F，F 由零缓慢增加，直至将试件拉断。测量标距段的伸长 Δl，将拉伸过程中的载荷 F 和对应的伸长 Δl 记录下来，就可画出如图 6.6（a）所示的曲线，该曲线称为**拉伸图**。拉伸图中 F 与 Δl 的对应关系与试件尺寸有关，若标距 l_0 加大，由同一载荷引起的伸长 Δl 也要变大。为消除试件尺寸的影响，用应力 $\sigma=F_N/A_0=F/A_0$（A_0 为试件受力前横截面面积）作为纵坐标，用应变 $\varepsilon=\Delta l/l_0$ 作为横坐标，由拉伸图改画出 $\sigma-\varepsilon$ 曲线（图 6.6（b）），称为**应力应变曲线**。

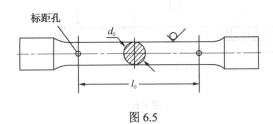

图 6.5

图 6.6（b）所示为低碳钢试件受拉时的应力应变曲线。不难看出，整个拉伸过程可分为 4 个阶段。

1. 弹性阶段

这一阶段可分为两部分：斜直线 OA' 和微弯曲线 AA'。斜直线 OA' 表示应力与应变成正比变化，此直线段的斜率即材料的弹性模量 E，即 $\tan\alpha=\sigma/\varepsilon=E$。直线最高点 A' 的应力 σ_p 称为**比例极限**。当应力不超过比例极限 σ_p 时，材料服从胡克定律，试件只产生弹性变形。

超过比例极限后，从 A' 点到 A 点，σ 与 ε 之间的关系不再是直线关系。但变形仍然是弹性变形，A 点的应力 σ_e 是材料产生弹性变形的最大应力，称为**弹性极限**。若应力超过 σ_e，试件除产生弹性变形外还产生塑性变形。弹性极限与比例极限虽然含义不同，但数值非常接近，所以在工程上对二者并不严格区分。

2. 屈服阶段

当应力超过 A 点增加到某一数值时，应变有非常明显的增加，而应力先是由 B' 点下降 B 点，然后在很小的范围内波动，在曲线上出现接近水平线的小锯齿形线段。这种应力先是下降然后基本保持不变，而应变显著增加的现象，称为**屈服**或**流动**。在屈服阶段内的最高应力和最低应力分别称为上屈服极限和下屈服极限。上屈服极限的数值与试件形状、加载速度等因素有关，一般是不稳定的。下屈服极限则有比较稳定的数值，能够反映材料的性质。通常将第一次回退时的最小应力称为**屈服极限**或**流动极限**，用 σ_s 来表示。

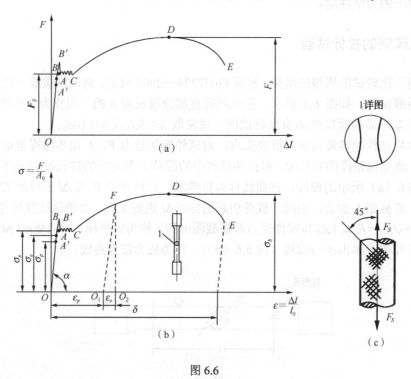

图 6.6

表面磨光的试件在应力达到屈服极限时，表面将出现与轴线大致成 45°倾角的条纹（图 6.6（c））。这是由于材料内部晶格之间相对滑移而形成的，称为**滑移线**。因为拉伸时在与杆轴成 45°倾角的斜截面上，切应力为最大值，可见屈服现象的出现与最大切应力有关。

当材料屈服时，将引起显著的塑性变形。而零件的塑性变形将影响机器的正常工作，所以屈服极限 σ_s 是衡量材料强度的重要指标。

3. 强化阶段

过屈服阶段后，材料又恢复了抵抗变形的能力，要使它继续变形必须增加拉力。这种现象称为材料的强化。从屈服终止到图中的 D 点称为材料的强化阶段。在图 6.6（b）中，强化阶段中的最高点 D 所对应的应力,是材料所能承受的最大应力,称为**强度极限**,用 σ_b 表示。强化阶段的绝大部分变形是塑性变形,同时整个试件的横向尺寸明显地缩小。

4. 颈缩阶段(破坏阶段)

过 D 点后,在试件的某一局部范围内,横向尺寸突然急剧缩小,形成颈缩现象(图 6.6(c))。由于在颈缩部分横截面面积迅速减小,使试件继续伸长所需要的拉力也相应减少。

在应力应变图中,用横截面原始面积 A_0 算出的应力 $\sigma=F/A_0$ 随之下降,降落到 E 点,试件被拉断。因为应力到达强度极限后,试件出现颈缩现象,随后即被拉断,所以强度极限 σ_b 是衡量材料强度的另一重要指标。

5. 延伸率和截面收缩率

试件拉断后,弹性变形消失,而塑性变形依然保留。塑性变形的大小可用来衡量材料的塑性。常用的塑性指标有两个。

(1)延伸率 试件断裂后相对伸长的百分率称为延伸率,用 δ 表示,即

$$\delta = \frac{l_1 - l_0}{l_0} \times 100\% \tag{6.4}$$

式中,l_0 为试件标距的原长;l_1 为拉断后试件的标矩长度。

试件的塑性变形越大,延伸率 δ 也就越大。因此,延伸率是衡量材料塑性的指标。低碳钢的延伸率很高,其平均值约为 $\delta=20\%\sim30\%$,表明低碳钢的塑性性能很好。

工程上通常按延伸率的大小把材料分成两大类,$\delta \geqslant 5\%$ 的材料称为塑性材料,如碳钢、黄铜、铝合金等;而把 $\delta < 5\%$ 的材料称为脆性材料,如灰铸铁、玻璃、陶瓷等。

(2)断面收缩率 试件断裂后横截面面积相对收缩的百分率称为断面收缩率,用 Ψ 表示,即

$$\Psi = \frac{A_0 - A_1}{A_0} \times 100\% \tag{6.5}$$

式中,A_0 为试件横截面的原始面积;A_1 是试件拉断后断口处的横截面积。Ψ 也是衡量材料塑性的指标。低碳钢断面收缩率的平均值约为 60%。

试验表明:延伸率 δ 与 l_0/d_0 有关。因此,材料手册上在 δ 的下脚标表示这一比值。例如,δ_{10} 表示 $l_0/d_0=10$ 的标准试件得出的延伸率。但 Ψ 则与 l_0/d_0 比值无关。

6. 卸载定律和冷作硬化

在低碳钢的试验中,如果加载至材料强化阶段中的任一点 F(图 6.6(b))时,逐渐卸载,则卸载过程中应力与应变之间沿着直线 FO_1 的关系变化。此直线段与 OA' 几乎平行。这说明材料在卸载过程中应力与应变成线性关系,这就是**卸载定律**。由此可见,在强化阶段中,试件的应变包括了弹性应变 ε_e 和塑性应变 ε_p(图 6.6(b))。在卸载后,弹性应变消失,只留下塑性应变。塑性应变又称**残余应变**。

如果卸载后,立即再缓慢加载,则在加载过程中,应力、应变之间基本上仍沿着卸载

时的同一直线关系,直到开始卸载时的 F 点为止。然后则大体上沿着原来路径 FDE (图 6.6(b))的关系。由此可见,试件在强化阶段中,经过卸载,然后再加载时,其应力应变图应是图 6.6(b) 中的 O_1FDE。图中直线部分最高点 F 的应力值,可以认为是材料经过卸载而又重新加载时的比例极限。它显然比原来的比例极限提高了;但拉断后的残余应变较原来的减小了。材料在常温静载下,经过前述的卸载后发生的这两个现象称为**材料的冷作硬化**。工程上常利用冷作硬化使某些构件提高其在弹性阶段内所能承受的最大载荷,如起重用的钢索和建筑用的钢筋,常用冷拔工艺以提高强度。但另一方面,零件初加工后,由于冷作硬化使材料变脆变硬,给进一步加工带来不便,且容易产生裂纹。实际工程中,常常通过退火以消除冷作硬化的影响。

6.2.2 其他塑性材料在拉伸时的力学性能

图 6.7(a)中给出了其他几种金属材料拉伸时的应力应变曲线,它们是经过与低碳钢相同的试验方法得到的。为了便于比较,将它们画在同一个坐标系内。锰钢、青铜等材料的延伸率都较大,因此它们都是塑性材料。但与低碳钢比较,这些材料都没有明显的屈服阶段。

对于没有明显屈服阶段的塑性材料,按国家标准规定,取产生 0.2% 残余应变时的应力值作为材料的屈服极限,称为**名义屈服极限**,以 $\sigma_{0.2}$ 表示(图 6.7(b))。

图 6.8 所示为灰口铸铁拉伸时的应力应变曲线,其特点是没有明显的直线部分,也无屈服阶段;此外,直到拉断时应变都很小。因此,通常近似地用一条割线(图 6.8 中的虚线)来代替原来的曲线,从而认为在这一段中,材料符合胡克定律,并可求得其弹性模量。

灰口铸铁拉伸时的强度指标只有强度极限 σ_{bt},它的延伸率 $\delta<0.5\%$,故它属于脆性材料。铸铁试件拉断时,大体上是沿试件横截面断裂的。铸铁等脆性的抗拉强度很低,不宜作为受拉构件的材料。

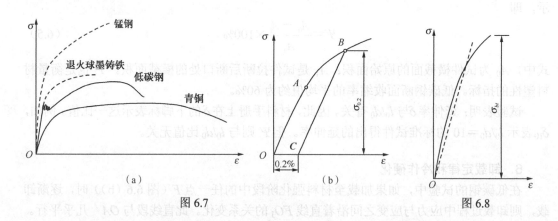

图 6.7   图 6.8

6.2.3 金属材料在压缩时的力学性能

一般金属材料的压缩试件都做成高度为直径的 1.5~3 倍的圆柱形状。图 6.9 是低碳钢压缩与拉伸时的应力应变图。由图可知,在屈服阶段以前,拉伸与压缩时的应力应变曲线是重合的,故基本可以认为低碳钢是拉、压等强度材料。试验表明多数塑性材料压缩时的力学性质与拉伸时相似,当应力超过屈服极限σ_s后,塑性材料试件发生明显变形,试件长度缩短,直径增大。由于试件两端与试验机压头之间的摩擦作用,使两端横向外胀受到阻碍,试件被压成鼓形,随着载荷增加,试件越压越扁,不可能压断,故得不到材料压缩时的强度极限。

脆性材料在压缩时的力学性质与拉伸时有较大差别。图 6.10 是铸铁压缩时的应力应变图,压缩时的图形与拉伸时相似,没有明显的直线部分,没有屈服阶段,但延伸率δ比拉伸时大。压缩时的强度极限σ_{bc}是拉伸时σ_{bt}的 3~4 倍,断口与轴线夹角约为 45°。

一般脆性材料压缩时的力学性质与铸铁相似,抗压能力显著高于抗拉能力。

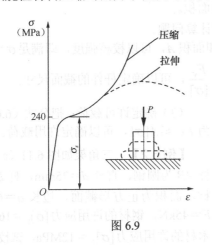

图 6.9

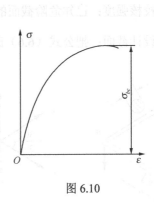

图 6.10

6.2.4 安全系数和许用应力

对于脆性材料制成的构件,当正应力达到强度极限σ_b时,就会发生断裂。而对于塑性材料制成的构件,当正应力达到屈服极限σ_s时,将产生屈服或出现显著的塑性变形。以上两种情况都将影响构件的正常工作,统称为破坏(失效)。破坏时的应力称为**极限应力**σ_{lim}。显然,对于脆性材料,取σ_b作为σ_{lim};对于塑性材料,取σ_s(或$\sigma_{0.2}$)作为σ_{lim}。

为了给构件一定的安全储备,以保证构件在载荷作用下,能安全可靠地工作,一般把极限应力除以一个大于 1 的因数n,作为设计时应力的最大允许值,称为**许用应力**,用$[\sigma]$表示,即

$$[\sigma] = \frac{\sigma_{lim}}{n}$$

式中,n称为**安全系数**。

确定合理的安全系数是一项重要而又复杂的工作,需要考虑诸多因素,如材料的类型和材质、载荷的性质及数值的准确程度、计算方法的精确度、构件的使用性质等。安全系数和许用应力的数值通常由设计规范规定。一般在机械设计中,对于塑性材料,按屈服应力所规定的安全系数,通常取为 1.5~2.5。对脆性材料,按强度极限所规定的安全系数,通常取为 3.0~5.0,甚至更大。

6.3 拉（压）杆的强度设计

拉（压）杆横截面上的工作应力为

$$\sigma = \frac{F_N}{A}$$

为保证杆件安全正常工作，要求拉（压）杆的工作应力 σ 不超过许用应力 $[\sigma]$。拉（压）杆的强度条件为

$$\sigma_{\max} = \frac{F_N}{A} \leq [\sigma] \tag{6.6}$$

式中，F_N 为危险截面的轴力；A 为危险截面的面积。

根据强度条件可以解决工程中的三类强度计算问题：

（1）校核强度：已知危险截面的轴力 F_N 和面积 A，可以校核强度，即满足 $\sigma \leq [\sigma]$；

（2）设计截面：把公式（6.6）改写为 $A \geq \dfrac{F_N}{[\sigma]}$，可以确定杆件的截面尺寸；

（3）确定许可载荷：把公式（6.6）改写为 $F_N \leq A[\sigma]$，可以确定许用载荷。

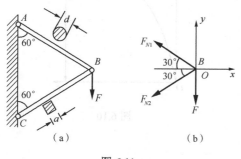

图 6.11

【例 6.2】 三角架如图 6.11（a）所示。杆 AB 为圆钢，直径 $d=25\text{mm}$，杆 BC 为木材，面积为正方形截面，边长 $a=60\text{mm}$，$F=45\text{kN}$，钢材的许用应力 $[\sigma]_1 = 160\text{MPa}$，木材的许用应力 $[\sigma]_2 = 12\text{MPa}$，试校核支架的强度。

解：（1）分析受力。取节点 B 为研究对象，其受力如图 6.11（b）所示，由平衡方程

$$\sum F_x = 0, \quad -F_{N1}\cos 30° - F_{N2}\cos 30° = 0 \tag{a}$$

$$\sum F_y = 0, \quad +F_{N1}\sin 30° - F_{N2}\sin 30° - F = 0 \tag{b}$$

联立式（a）、式（b）解得

$$F_{N1} = 45\text{kN}, \quad F_{N2} = -45\text{kN}$$

（2）校核强度：

$$\sigma_1 = \frac{F_{N1}}{A_1} = \frac{45 \times 10^3}{\pi d^2/4} = \frac{45 \times 10^3 \times 4}{3.14 \times (25 \times 10^{-3})^2} = 91.67\text{MPa} < [\sigma]_1$$

$$\sigma_2 = \frac{|F_{N2}|}{A_2} = \frac{45 \times 10^3}{60 \times 60 \times 10^{-6}} = 12.5\text{MPa} < (1+5\%)[\sigma]_2 = 12.6\text{MPa}$$

工程中，在强度计算时，如果最大工作应力不超过许可载荷的5%，根据有关设计准则，仍可以认为杆件满足强度要求。所以圆钢 AB 和木杆 BC 的强度足够。

【例 6.3】 如图 6.12（a）所示结构中，AB 为圆截面钢杆，已知 $F=18\text{kN}$，钢材的许用应力 $[\sigma]=160\text{MPa}$，试设计 AB 杆的直径。

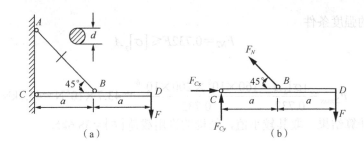

图 6.12

解：(1) 分析受力，求轴力。AB 杆为二力杆，所以选 CD 为研究对象，受力如图 6.12（b）所示，由平衡方程

$$\sum M_C = 0, \quad F_N \sin 45° \times a - F \times 2a = 0$$

解得

$$F_N = 2\sqrt{2}F = 50.9 \text{kN}$$

(2) 设计 AB 杆的直径，根据强度条件 $A \geqslant \dfrac{F_N}{[\sigma]}$，得

$$d = \sqrt{\dfrac{4F_N}{\pi[\sigma]}} = \sqrt{\dfrac{4 \times 50.9 \times 10^3}{\pi \times 160 \times 10^6}} = 20.1 \times 10^{-3} \text{m} = 20.1 \text{mm}$$

可取 $d = 20\text{mm}$。

【例 6.4】 如图 6.13（a）所示的支架中，杆①的许用应力 $[\sigma]_1 = 100\text{MPa}$，杆②的许用应力 $[\sigma]_2 = 160\text{MPa}$，两杆的面积均为 $A = 200\text{mm}^2$，试求结构的许用载荷 $[F]$。

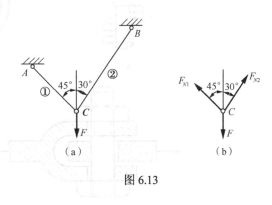

图 6.13

解：(1) 分析受力，求轴力。取 C 铰为研究对象，受力如图 6.13（b），由平衡方程

$$\sum F_x = 0, \quad -F_{N1}\sin 45° + F_{N2}\sin 30° = 0 \quad \text{(a)}$$

$$\sum F_y = 0, \quad +F_{N1}\cos 45° + F_{N2}\cos 30° - F = 0 \quad \text{(b)}$$

联立式（a）、式（b）解得

$$F_{N1} = 0.518F, \quad F_{N2} = 0.732F$$

(2) 计算许用载荷，根据杆①的强度条件

$$F_{N1} = 0.518F \leqslant [\sigma]_1 A$$

解得

$$F_{1,\max} = \dfrac{[\sigma]_1 A}{0.518} = \dfrac{100 \times 10^6 \times 200 \times 10^{-6}}{0.518} = 38.6 \times 10^3 \text{N} = 38.6 \text{kN}$$

根据杆②的强度条件

$$F_{N2}=0.732F \leqslant [\sigma]_2 A$$

解得

$$F_{2,\max}=\frac{[\sigma]_2 A}{0.732}=\frac{160\times 10^6 \times 200\times 10^{-6}}{0.732}=43.7\times 10^3 \text{N}=43.7\text{kN}$$

比较两杆计算结果，取其较小值，结构的许用载荷$[F]=38.6\text{kN}$。

6.4 连接件的强度问题

工程中的许多连接件，如图 6.14（a）所示的铆钉、图 6.14（b）所示的键及图 6.14（c）所示的螺栓等起连接作用的部件主要产生剪切变形。剪切变形的受力特点是：杆件受到一对大小相等、方向相反、作用线相距很近并且垂直杆轴的力的作用。变形的特点是两力间的横截面发生相对错位。两力之间的截面称为**剪切面**，只有一个剪切面的称为**单剪**，如图 6.14（a）和图 6.14（b）中的铆钉、键；有两个剪切面的称为**双剪**，如图 6.14（c）中的螺栓。

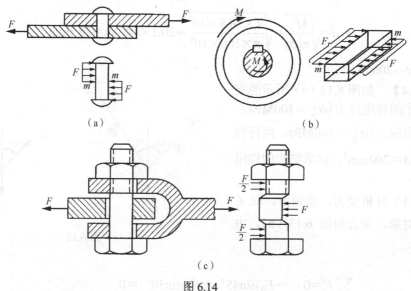

图 6.14

6.4.1 剪切的实用计算

现以铆钉为例来说明剪切强度的实用计算。如图 6.15（a）所示，应用截面法假想将铆钉沿剪切面 m-m 截开为两段，任取其中一部分为研究对象（图 6.15（c）），根据平衡方程 $\sum F_x=0$，求得剪切面上的内力为

$$F_s=F$$

内力 F_s 沿着截面，该内力称为**切力**。与切力对应的应力为切应力，用 τ 表示。切应力在剪切面上的分布情况比较复杂，如图 6.15（d）所示。因此，工程上通常采取以试验及

经验为基础的实用计算，假定切应力在剪切面上是均匀分布的，于是切应力为

式中，A 为剪切面积。

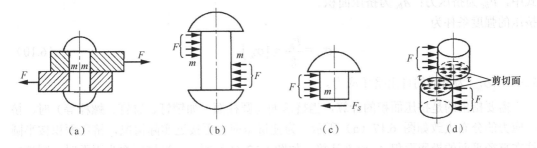

图 6.15

$$\tau = \frac{F_S}{A} \tag{6.7}$$

为保证构件工作时不发生剪切破坏，剪切变形的强度条件为

$$\tau = \frac{F_S}{A} \leq [\tau] \tag{6.8}$$

式中，$[\tau]$ 为材料的许用切应力，由剪切试验测定。各种材料的许用切应力可在有关手册中查到。

剪切强度条件同样可以解决强度校核、设计截面尺寸和确定许可载荷三类强度计算问题。

6.4.2 挤压的实用计算

在外力作用下，连接件和被连接件之间，必将在接触面上相互压紧，这种现象称为**挤压**。如图 6.16 所示就是钢板上的孔可能被压成长圆孔或铆钉也可能被压成扁圆柱。所以应该进行挤压强度计算。构件受到挤压变形时，相互挤压的接触面称为**挤压面**，作用于挤压面上的力称为**挤压力**，用 F_{bc} 表示，挤压力垂直于挤压面积。在挤压面上，挤压力对应的挤压应力分布也比较复杂，如图 6.17（a）所示。因此，工程上也采用和剪切相似的实用计算，即认为挤压应力在挤压面上是均匀分布的，挤压应力为

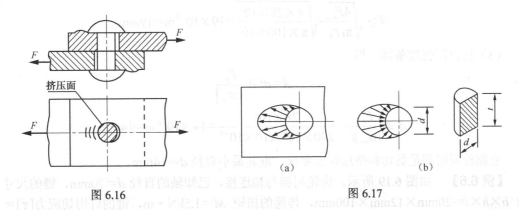

图 6.16　　　　　　　　　　　　　　图 6.17

$$\sigma_{bc} = \frac{F_{bc}}{A_{bc}} \quad (6.9)$$

式中，F_{bc} 为挤压力；A_{bc} 为挤压面积。

挤压的强度条件为

$$\sigma_{bc} = \frac{F_{bc}}{A_{bc}} \leqslant [\sigma_{bc}] \quad (6.10)$$

式中，$[\sigma_{bc}]$ 为材料的许用挤压应力。

需要指出的是挤压面积的计算，当挤压面为圆柱面（如销钉、铆钉、螺栓等）时，挤压应力的分布大致如图 6.17（a）所示。为使挤压应力更接近实际情况，挤压面积按半圆柱在直径平面的投影面积 $A_{bc} = dt$ 计算，如图 6.17（b）所示；当挤压面为平面时，则挤压面积为实际接触面积。

【例 6.5】 如图 6.18（a）所示为螺栓连接，已知钢板的厚度 $t = 10\text{mm}$，螺栓的许用切应力 $[\tau] = 100\text{MPa}$，许用挤压应力 $[\sigma_{bc}] = 200\text{MPa}$，$F = 28\text{kN}$，试选择该螺栓的直径。

解：（1）求切力和挤压力。螺栓沿着剪切面 m-m 被剪断，挤压力 F_{bc} 垂直于圆柱侧面如图 6.18（b）所示，剪切面上的切力 F_s 和挤压力 F_{bc} 分别为

$$F_s = F_{bc} = F = 28\text{kN}$$

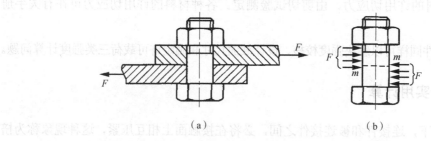

图 6.18

（2）按剪切强度条件，得

$$A = \frac{\pi d^2}{4} \geqslant \frac{F_s}{[\tau]}$$

$$d \geqslant \sqrt{\frac{4F_s}{\pi [\tau]}} = \sqrt{\frac{4 \times 28 \times 10^3}{\pi \times 100 \times 10^6}} = 19 \times 10^{-3} \text{m} = 19\text{mm}$$

（3）按挤压强度条件，得

$$A = dt \geqslant \frac{F_{bc}}{[\sigma_{bc}]}$$

$$d \geqslant \frac{F_{bc}}{[\sigma_{bc}]t} = \frac{28 \times 10^3}{200 \times 10^6 \times 10 \times 10^{-3}} = 14 \times 10^{-3} \text{m} = 14\text{mm}$$

要螺栓同时满足剪切和挤压强度要求，取其最小直径 $d = 14\text{mm}$。

【例 6.6】 如图 6.19 所示。齿轮用键与轴连接，已知轴的直径 $d = 70\text{mm}$，键的尺寸为 $b \times h \times l = 20\text{mm} \times 12\text{mm} \times 100\text{mm}$，传递的扭矩 $M = 1.5\text{kN} \cdot \text{m}$，键的许用切应力 $[\tau] =$

60MPa，许用挤压应力$[\sigma_{bc}]$=100MPa，试校核键的强度。

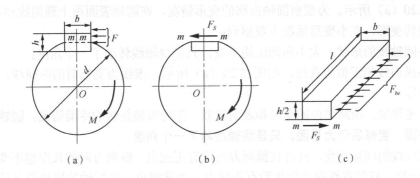

图 6.19

解：（1）外力分析。如图 6.16（a）所示，作用在键上的外力 F 由平衡方程

$$\sum M_0=0,\quad F\frac{d}{2}-M=0$$

得

$$F=\frac{2M}{d}=\frac{2\times 1.5\times 10^6}{70}=42.9\text{kN}$$

（2）校核剪切强度。将键沿 m-m 截面截开，剪切面上的切力（图 6.19（b））为

$$F_S=F=42.9\text{kN}$$

切应力为

$$\tau=\frac{F_S}{A}=\frac{42.9\times 10^3}{100\times 20\times 10^{-6}}=21.4\text{MPa}<[\tau]$$

（3）校核挤压强度。挤压力 F 和挤压面积 A_{bc}（图 6.19（c））分别为

$$F_{bc}=F=42.9\text{kN},\quad A_{bc}=\frac{h}{2}\times l=\frac{1}{2}\times 12\times 100=600\text{mm}^2$$

挤压应力为

$$\sigma_{bc}=\frac{F_{bc}}{A_{bc}}=\frac{42.9\times 10^3}{600\times 10^{-6}}=71.5\text{MPa}<[\sigma_{bc}]$$

故键满足强度要求。

6.5 受扭圆轴横截面上的切应力

6.5.1 切应力的计算

圆轴扭转变形时，求得横截面上的内力为扭矩，但无法确定截面上各点应力的分布情况。下面从几何、物理、静力学三个方面推导截面应力的分布情况和计算公式，以便建立圆轴扭转的强度条件。

1. 几何变形关系

如图 6.20（a）所示。为观察圆轴内部的变形情况，在圆轴表面画上圆周线和纵向线，使轴产生扭转变形，在小变形情况下观察到：

（1）各圆轴线的形状、大小和间距均不变，只是绕轴线转动了一个角度；

（2）各纵向线仍近似为直线，如图 6.20（a）所示，虚线为变形前的纵向线，只是倾斜了一个角度。

根据上述现象，推测轴内的变形和表面相似，作出圆轴扭转的**平面假设：圆轴变形前横截面为平面，变形后仍为平面，只是绕轴线转了一个角度。**

由于圆周线的间距不变，杆件在圆周方向没有正应力。纵向方向的长度也不变，只是倾斜了一个 γ 角，杆件在纵向方向也没有正应力。由此得出：在圆轴的横截面上只有沿着截面的切应力存在。

用相邻的横截面 p-p 和 q-q 从圆轴中取出长为 dx 微段，并放大为图 6.20（b）。根据前面的假设，圆轴扭转后，任意两横截面相对扭转了 dφ，圆形表面的矩形 abcd 变为平行四边形 a′b′cd，ab 边相对 cd 边发生了微小的错动，错动的距离为

$$aa' = R\mathrm{d}\varphi$$

由此引起原直角 abc 角度发生改变，改变量为

$$\gamma = \frac{aa'}{ad} = R\frac{\mathrm{d}\varphi}{\mathrm{d}x} \tag{a}$$

这就是圆截面外边缘上任一点的切应变。用相同的方法，参考图 6.20（c）可以求得距圆心为 ρ 处的切应变为

$$\gamma_\rho = \rho\frac{\mathrm{d}\varphi}{\mathrm{d}x} \tag{b}$$

式中，$\dfrac{\mathrm{d}\varphi}{\mathrm{d}x}$ 为单位长度的扭转角，对于指定截面它为常数。

从式（b）可见，横截面上任一点的切应变与该点到圆心的距离 ρ 成正比。

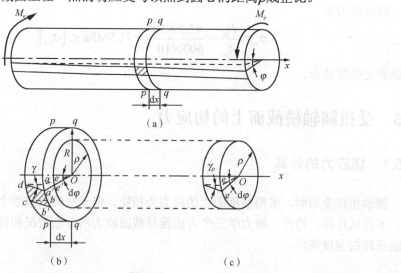

图 6.20

2. 物理关系

对于产生扭转变形的轴而言，由试验可得，当其变形为弹性变形时，切应力和切应变满足剪切胡克定律，即 $\tau = G\gamma$，其中 G 为剪切弹性模量。利用剪切胡克定律，可得到横截面上半径为 ρ 处的切应力为

$$\tau_\rho = G\rho \frac{d\varphi}{dx} \tag{c}$$

因切应变 γ 在垂直于半径的平面内，故切应力也垂直于半径，指向与横截面的扭矩转向对应。从式（c）看出横截面的切应力与 ρ 成线性关系，切应力分布规律如图 6.21 所示。

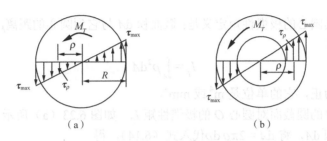

图 6.21

3. 静力学关系

由于式（c）中 $\dfrac{d\varphi}{dx}$ 未确定，因此还无法计算切应力 τ_ρ 的大小，必须应用静力学关系来解决这个问题。

如图 6.22 所示，在横截面上距圆心 O 为 ρ 处，取一微小面积 dA，微面积上的剪力 $\tau_\rho dA$ 对圆心 O 的力矩为 $\rho \tau_\rho dA$，这些微力矩合成了该截面上的扭矩 M_T，即

$$\int_A \rho \tau_\rho dA = M_T$$

将式（c）代入上式，得

$$G\frac{d\varphi}{dx} \int_A \rho^2 dA = M_T$$

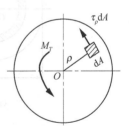

图 6.22

式中，$I_p = \int_A \rho^2 dA$ 称为截面对其圆心 O 的**极惯性矩**，于是有

$$\frac{d\varphi}{dx} = \frac{M_T}{GI_p} \tag{6.11}$$

式（6.11）是计算受扭圆轴**单位长度扭转角**的公式。GI_p 越大，单位长度扭转角越小，故 GI_p 称为圆轴的**抗扭刚度**，它表示受扭圆轴抵抗变形的能力。将式（6.11）代入式（c），得到圆轴扭转时横截面上任一点的切应力计算公式为

$$\tau_\rho = \frac{M_T \rho}{I_p} \tag{6.12}$$

式中，M_T 为截面的扭矩，ρ 为所求点到圆心的距离，I_p 为该截面对其形心的极惯性矩。

由式（6.12）可知，在圆截面外边缘上，ρ 为最大值 R，这时切应力最大为

$$\tau_{max}=\frac{M_T\rho_{max}}{I_P}=\frac{M_T R}{I_P}=\frac{M_T}{W_P} \tag{6.13}$$

式中，$W_P=\dfrac{I_P}{R}$ 称为**抗扭截面系数**，单位为 m^3 或 mm^3。

6.5.2 极惯性矩和抗扭截面系数的计算

1. 极惯性矩

圆形截面对其圆心的极惯性矩定义是：微面积 dA 与它到圆心的距离 ρ 平方的乘积遍及整个面积积分，即

$$I_P=\int_A \rho^2 dA \tag{6.14}$$

极惯性矩的值恒为正，它的单位是 m^4 或 mm^4。

现求直径为 d 的圆截面对圆心 O 的极惯性矩 I_P，如图 6.23（a）所示，取厚度为 $d\rho$、环形面积为微面积 dA，将 $dA=2\pi\rho d\rho$ 代入式（6.14），得

$$I_P=\int_A \rho^2 dA=\int_0^{d/2} 2\pi\rho^3 d\rho=\frac{\pi d^4}{32} \tag{6.15}$$

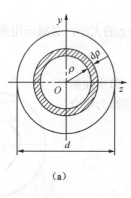 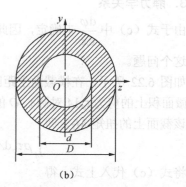

图 6.23

外径为 D、内径为 d 的空心圆截面（图 6.23（b））的极惯性矩为

$$I_P=\frac{\pi D^4}{32}-\frac{\pi d^4}{32}=\frac{\pi D^4}{32}(1-\alpha^4) \tag{6.16}$$

式中，$\alpha=d/D$ 是空心圆截面内、外径之比。

2. 抗扭截面系数

对实心圆截面

$$W_P=\frac{\pi d^4}{32}\bigg/\frac{d}{2}=\frac{\pi d^3}{16} \tag{6.17}$$

对空心圆截面

$$W_P=\frac{\pi D^4}{32}(1-\alpha^4)\bigg/\frac{D}{2}=\frac{\pi D^3}{16}(1-\alpha^4) \tag{6.18}$$

【例 6.7】 某圆轴的直径 $D=50\text{mm}$，传递的扭矩 $M_T=1180\text{N}\cdot\text{m}$，如图 6.24 所示。试计算与圆心距离 $\rho=15\text{mm}$ 处 k 点的切应力及截面上最大切应力。

解：(1) 截面的极惯性矩和抗扭截面系数为

$$I_p=\frac{\pi D^4}{32}=\frac{\pi\times 50^4}{32}\text{mm}^4,\quad W_p=\frac{\pi D^3}{16}=\frac{\pi\times 50^3}{16}\text{mm}^3$$

(2) k 的切应力和最大切应力为

$$\tau_k=\frac{M_T\rho}{I_p}=\frac{M_T\rho}{\dfrac{\pi D^4}{32}}=\frac{32\times 1180\times 15\times 10^{-3}}{\pi\times(50\times 10^{-3})^4}=28.9\text{MPa}$$

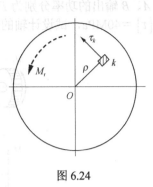

图 6.24

$$\tau_{\max}=\frac{M_T}{W_p}=\frac{M_T}{\dfrac{\pi D^3}{16}}=\frac{16\times 1180}{\pi\times(50\times 10^{-3})^3}=48.1\text{MPa}$$

【例 6.8】 外径 $D=60\text{mm}$，内径 $d=40\text{mm}$ 的钢制圆轴，如图 6.25(a) 所示。试求该轴的最大切应力。

解：(1) 画扭矩图，求得各段的内力为

$$M_{T1}=M_{AB}=1.6\text{ kN}\cdot\text{m}$$
$$M_{T2}=M_{BC}=-1.4\text{ kN}\cdot\text{m}$$

(2) 计算轴的最大切应力。

由于截面尺寸是变化的，应分段计算轴的切应力。

$$(\tau_{\max})_{AB}=\frac{M_{T1}}{W_{pAB}}=\frac{M_{T1}}{\dfrac{\pi D^3}{16}}=\frac{16\times 1.6\times 10^3}{\pi\times(60\times 10^{-3})^3}=37.7\text{MPa}$$

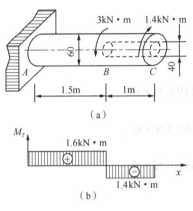

图 6.25

$$(\tau_{\max})_{BC}=\frac{M_{T2}}{W_{pBC}}=\frac{M_{T2}}{\dfrac{\pi D^3}{16}(1-\alpha^4)}=\frac{16\times 1.4\times 10^3}{\pi\times(60\times 10^{-3})^3\times\left(1-\left(\dfrac{40}{60}\right)^4\right)}=41.4\text{MPa}$$

最大的切应力发生在 BC 段，并不在扭矩较大的 AB 段。

6.6 圆轴扭转时的强度设计

圆轴在扭转变形中的强度条件为

$$\tau_{\max}=\left(\frac{M_T}{W_p}\right)_{\max}\leqslant[\tau] \qquad (6.19)$$

式中，$[\tau]$ 为材料的许用切应力，它与材料的许用拉应力之间存在下列关系：

塑性材料 $[\tau]=(0.5\sim 0.6)[\sigma]$

脆性材料 $[\tau]=(0.8\sim 1.0)[\sigma]$

【例 6.9】 机床齿轮减速箱中的二级齿轮如图 6.26 所示。轮 C 输入功率 $P_C=40\text{kW}$，

轮 A、B 输出的功率分别为 $P_A=23$kW，$P_B=17$kW，轴的转速 $n=1000$ r/min，许用的切应力 $[\tau]=40$MPa，试设计轴的直径 d。

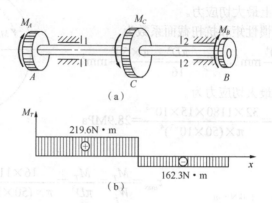

图 6.26

解：（1）计算外力偶矩：

$$M_A=9549\frac{P_A}{n}=9549\times\frac{23}{1000}=219.6\text{ N}\cdot\text{m}$$

$$M_B=9549\frac{P_B}{n}=9549\times\frac{17}{1000}=162.3\text{ N}\cdot\text{m}$$

$$M_C=9549\frac{P_C}{n}=9549\times\frac{40}{1000}=381.9\text{ N}\cdot\text{m}$$

（2）画扭矩图。求得各段的扭矩为

$$M_{AC}=M_{T1}=219.6\text{ N}\cdot\text{m}$$
$$M_{CB}=M_{T2}=-162.3\text{ N}\cdot\text{m}$$

（3）按强度条件设计轴的直径。

对等截面的轴，只需用最大扭矩来设计轴的直径：

$$\tau_{max}=\frac{M_{AC}}{W_p}=\frac{16M_{AC}}{\pi d^3}\leq[\tau]$$

$$d\geq\sqrt[3]{\frac{16M_{AC}}{\pi[\tau]}}=\sqrt[3]{\frac{16\times219.6}{\pi\times40\times10^6}}=30.4\times10^{-3}\text{m}=30.4\text{mm}$$

【例 6.10】 某传动轴，横截面上的最大扭矩为 $M_T=1.5$kN·m，材料的许用切应力 $[\tau]=50$MPa。试求：（1）如用实心轴，确定其直径 D_1；（2）如改用空心圆轴，且 $\alpha=0.9$，确定其内径 d 和外径 D；（3）比较空心轴和实心轴的重量。

解：（1）确定实心轴的直径 D_1。

实心轴的抗扭截面系数为 $W_p=\pi D_1^3/16$，由强度条件，得

$$D_1\geq\sqrt[3]{\frac{16M_T}{\pi[\tau]}}=\sqrt[3]{\frac{16\times1.5\times10^3}{\pi\times50\times10^6}}=53.5\times10^{-3}\text{m}=53.5\text{mm}$$

取 $D_1=54$mm。

（2）确定空心轴的内径 d 和外径 D。空心轴的抗扭截面系数为 $W_p=\dfrac{\pi D^3}{16}(1-\alpha^4)$，由强度条件，得

$$D \geqslant \sqrt[3]{\dfrac{16M_T}{\pi(1-\alpha^4)[\tau]}}=\sqrt[3]{\dfrac{16\times1.5\times10^3}{\pi\times(1-0.9^4)\times50\times10^6}}=76\times10^{-3}\text{m}=76\text{mm}$$

$$d=\alpha\times D=0.9\times76=68.4\text{mm}$$

取 $D=76$mm，$d=68$mm。

（3）质量比较。两根材料和长度都相同的轴，质量之比等于它们的面积之比，即

$$\text{质量比}=\dfrac{A}{A_1}=\dfrac{\pi(D^2-d^2)}{4}\Big/\dfrac{\pi}{4}D_1^2=\dfrac{76^2-68^2}{54^2}=0.395$$

式中，A 为空心轴面积，A_1 为实心轴面积。

结果表明，当两轴具有相同的承载能力时，空心轴比实心轴轻，可以节约大量材料，减轻自重。当采用实心轴时，只有横截面外边缘的切应力达到许用切应力，而圆心附近的应力很小（图 6.27（a）），材料没有得到充分利用。如果将这部分材料移到离圆心较远的位置，使其成为空心轴（图 6.27（b）），可以提高轴的承载能力。空心轴虽然可以提高轴的承载能力，但由于受加工工艺所限，工程上仍然大量使用实心轴。

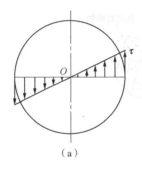
（a）

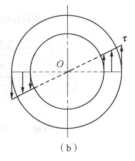
（b）

图 6.27

6.7　梁弯曲变形时横截面上的应力

由弯曲内力分析已知，梁弯曲变形时横截面上既有弯矩，又有切力，这种弯曲称为**横力弯曲**。若梁的横截面上只有弯矩而无切力，称为**纯弯曲**。

由图 6.28 可知，横截面上的弯矩 M 应由微内力 $\sigma\mathrm{d}A$ 合成，而切力 F_s 应由微内力 $\tau\mathrm{d}A$ 合成；由于微内力切于截面，对 z 轴不产生力矩，所以弯矩只与垂直于横截面的正应力 σ 有关，而切力 F_s 只与切应力 τ 有关。本节研究等直梁在平面弯曲时正应力 σ 分布规律和大小，从而解决梁的强度设计。

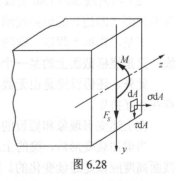

图 6.28

6.7.1 纯弯曲时的正应力

为使研究问题简单化,先推导梁在纯弯曲时的正应力公式。推导正应力公式时,也需从几何、物理和静力学关系三方面入手。

1. 变形几何关系

取具有纵向对称面的等直梁在其表面上画上横向线 mm 和 nn 及纵向线 aa 和 bb,如图 6.29(a)所示。让梁发生弯曲变形如图 6.29(b)所示,通过变形可以看到:

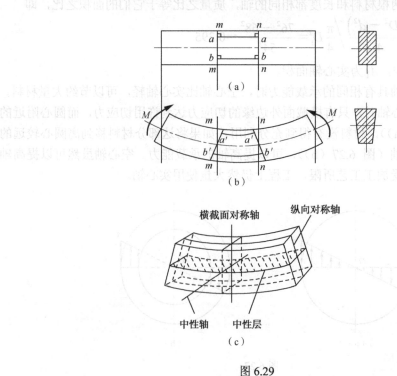

图 6.29

(1)横向线 mm 和 nn 变形后仍为直线,只是相互倾斜了一个角度,仍与变形后的纵向线垂直;

(2)纵向线 aa 和 bb 变成曲线,靠近底面(凸边)的纵向线伸长了,梁的宽度减小了,靠近顶面(凹边)的纵向线缩短了,梁的宽度增加了。

于是,作如下假设:**梁的各个横截面变形后仍为平面,且仍垂直于弯曲变形后的梁轴线,只是绕横截面上的某一个轴转动了一个角度**。此为梁在纯弯曲时所作的平面假设。

此外,还假设梁是由无数根纵向纤维组成的,那么各纤维只受到轴向拉伸或压缩,不存在相互挤压。

在上述变形现象和假设的基础上,可得到如下结论:

当梁加载变形后,梁的上层各纤维缩短了,下层各纤维伸长了。而纵向纤维的变化沿截面高度应该是连续变化的。因此,必有一层纤维即不缩短也不伸长,这层纤维称为**中性层**。中性层和横截面的交线称为**中性轴**,如图 6.29(c)所示。中性轴必垂直于截面的纵向对称面,将横截面分为受拉和受压两个区域。

用横向线 mm 和 nn 从梁中截取长为 dx 的微段梁如图6.30(a)所示,设 mm 和 nn 之间的相对转角为 $d\theta$,中性层 $O'O'$ 的曲率半径为 ρ,y 轴为截面的纵向对称轴,z 轴为中性轴,纵向线 bb 的正应变为

$$\varepsilon = \frac{\widehat{b'b'} - dx}{dx} = \frac{(\rho+y)d\theta - \rho d\theta}{\rho d\theta} = \frac{y}{\rho} \quad (a)$$

对于给定的截面 ρ 是常量,所以各纵向线的正应变与其到中性轴的距离 y 成正比。

2. 物理关系

由于假设纵向纤维只受拉伸或压缩,在正应力不超出比例极限时,由胡克定律,得

$$\sigma = E\varepsilon = E\frac{y}{\rho} \quad (b)$$

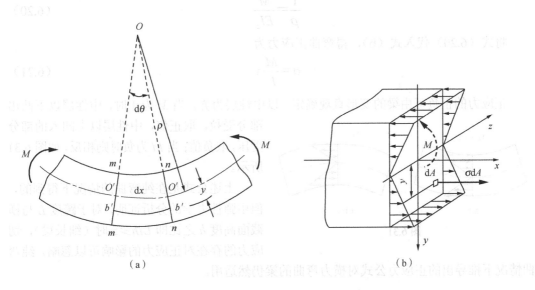

图6.30

对于给定的截面,式(b)表示横截面任意一点处的正应力与该点到中性轴的距离成正比,即弯曲正应力沿截面高度按线性规律分布,如图6.30(b)所示,在中性轴上($y=0$ 处),正应力等于零。

3. 静力学关系

式(b)中只给出正应力的分布规律,由于中性轴的位置尚未确定,y、ρ 无法确定。需要利用静力学关系来解决。对纯弯曲的梁来说,横截面上的内力 M 是由垂直于截面的微内力 σdA 合成的,这些微内力组成一平行于轴线的空间力系如图6.30(b)所示,纯弯曲梁横截面上无轴力,只有弯矩 M,所以微内力沿 x 方向的合力等于零,即

$$\int_A \sigma dA = F_N = 0 \quad (c)$$

微内力对 z 轴的矩应等于截面上的弯矩 M,则

$$\int_A (\sigma dA) y = M \tag{d}$$

将式（b）代入式（c），得

$$\int_A E \frac{y}{\rho} dA = \frac{E}{\rho} \int_A y dA = 0 \tag{e}$$

式中，$S_z = \int_A y dA$ 为截面对中性轴的静矩。由于 $\frac{E}{\rho} \neq 0$，只有 $S_z = 0$，由静矩特性可知，中性轴必通过横截面的形心，这样就确定了中性轴的位置。

将式（b）代入式（d），得

$$\int_A E \frac{y}{\rho} y dA = \frac{E}{\rho} \int_A y^2 dA = M \tag{f}$$

式中，$I_z = \int_A y^2 dA$ 称为截面对中性轴的**惯性矩**。于是上式（f）可写成

$$\frac{1}{\rho} = \frac{M}{EI_z} \tag{6.20}$$

将式（6.20）代入式（b），得弯曲正应力为

$$\sigma = \frac{M}{I_z} y \tag{6.21}$$

正应力的正负可由梁的变形直观确定。以中性层为界，当 M 为正时，中性层以下凸出部分受拉，取正值，中性层以上凹入的部分受压，取负值；当 M 为负时则相反，如图 6.31 所示。

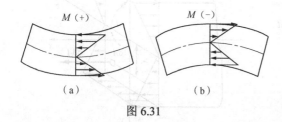

图 6.31

上述公式是在纯弯曲的情况下得到的，但由弹性力学的分析证明，对于跨度 L 与横截面高度 h 之比即 $L/h \geq 5$ 时（细长梁），切应力的存在对正应力的影响可以忽略。纯弯曲情况下推导出的正应力公式对横力弯曲的梁仍然适用。

6.7.2 惯性矩

任一平面图形如图 6.32 所示，其面积为 A，建立坐标系 Oyz，在坐标 (y, z) 处，取微面积 dA，遍及整个面积 A 积分

$$I_z = \int_A y^2 dA \tag{6.22a}$$

$$I_y = \int_A z^2 dA \tag{6.22b}$$

分别定义为平面图形对 z 轴和 y 轴的惯性矩。

同一平面图形对不同轴的惯性矩是不同的，但惯性矩恒为正值，它的单位是 m^4 或 mm^4。

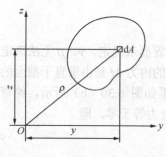

图 6.32

1. 简单图形的惯性矩

（1）**圆形截面** 由于圆形截面对任一根形心轴的惯性矩都相等，即 $I_z = I_y$，故圆形截面对其形心轴的惯性矩为

$$I_z = I_y = \frac{\pi D^4}{64}$$

（2）**矩形截面** 高为 h，宽为 b 的矩形截面，如图 6.33 所示。对其形心轴的惯性矩为

$$I_z = \int_A y^2 \mathrm{d}A = \int_{-h/2}^{h/2} y^2 (b\mathrm{d}y) = \frac{bh^3}{12}$$

同理，可得 $I_y = \dfrac{hb^3}{12}$

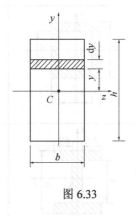

图 6.33

2. 平行移轴公式

同一平面图形对两平行坐标轴的惯性矩是不同的，但它们之间存在一定关系，这种关系可以用平行移轴公式来表述。如图 6.34 所示，任一平面图形，其面积为 A，形心为 C，z_c 为形心轴且与 z 轴平行，两轴之间的距离为 d，平面图形对两平行坐标轴的惯性矩关系式：

$$I_z = I_{z_C} + Ad^2 \qquad (6.23)$$

称为惯性矩的**平行移轴公式**。从式 6.23 可知，在所有平行轴中，平面图形对其形心轴的惯性矩最小。

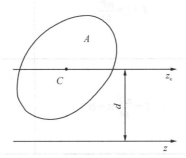

图 6.34

3. 平面组合图形的惯性矩

平面组合图形是由若干简单平面图形组成的。由惯性矩定义可知，组合图形对某轴的惯性矩，应等于组合图形中简单图形对同一轴的惯性矩之和，即

$$I_z = \sum_{i=1}^{n} I_{zi}$$

简单图形对其自身形心轴的惯性矩可通过积分或查表获得，再应用平行移轴公式，就可计算出组合图形对其形心轴的惯性矩。表 6.1 给出了几种常见简单图形的面积、形心和惯性矩。

表 6.1 常见简单图形的几何性质

图 形 形 状	截面惯性矩	抗弯截面系数
矩形	$I_z = \dfrac{bh^3}{12}$ $I_y = \dfrac{hb^3}{12}$	$W_z = \dfrac{bh^2}{6}$
空心矩形	$I_z = \dfrac{BH^3 - bh^3}{12}$ $I_y = \dfrac{HB^3 - hb^3}{12}$	$W_z = \dfrac{BH^3 - bh^3}{6H}$
工字形	$I_z = \dfrac{BH^3 - bh^3}{12}$	$W_z = \dfrac{BH^3 - bh^3}{6H}$
圆形	$I_z = I_y = \dfrac{\pi d^4}{64}$	$W_z = \dfrac{\pi d^3}{32}$
空心圆	$I_z = I_y = \dfrac{\pi D^4}{64}(1 - \alpha^4)$	$W_z = \dfrac{\pi D^3}{32}(1 - \alpha^4)$

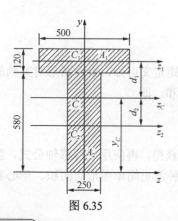

图 6.35

【例 6.11】 计算图 6.35 所示 T 形截面对其形心轴 z_C 的惯性矩 I_{z_C}。

解:（1）求截面的形心。

由于截面对称 y 轴，故形心必在此轴上，即 $z_C = 0$。

为求 y_C 建立参考轴 z，将组合图形分成两个矩形，这两个矩形的面积和对其参考轴 z 的坐标分别为

$$A_1 = 500 \times 120 = 60 \times 10^3 \text{ mm}^2$$
$$y_1 = 580 + 60 = 640 \text{ mm}$$
$$A_2 = 250 \times 580 = 145 \times 10^3 \text{ mm}^2$$

$$y_2=\frac{580}{2}=290\text{mm}$$

因此，有
$$y_C=\frac{\sum A_i y_i}{A}=\frac{60\times 10^3\times 640+145\times 10^3\times 290}{60\times 10^3+145\times 10^3}=392\text{mm}$$

(2) 计算 I_{z_C}。

整个图形对其形心轴 z_C 的惯性矩等于两个单一矩形对 z_C 轴惯性矩之和，即
$$I_{z_C}=(I_{z_C})_1+(I_{z_C})_2$$

利用平行移轴公式，两个矩形对其形心轴 z_C 的惯性矩分别为
$$\left(I_{z_C}\right)_1=I_{z_1}+A_1 d_1^2=\frac{500\times 120^3}{12}+500\times 120\times 248^2=37.6\times 10^8\text{mm}^4$$
$$\left(I_{z_C}\right)_2=I_{z_2}+A_2 d_2^2=\frac{250\times 580^3}{12}+250\times 580\times 102^2=55.7\times 10^8\text{mm}^4$$
$$I_{z_C}=\left(I_{z_C}\right)_1+\left(I_{z_C}\right)_2=37.6\times 10^8+55.7\times 10^8=93.3\times 10^8\text{mm}^4$$

【例 6.12】 计算如图 6.36 所示阴影部分面积对其形心轴 z_C 的惯性矩。

解：（1）求形心的位置。

由于 y 轴为图形的对称轴，故形心必在此轴上，即 $z_C=0$。

为求 y_C，建立参考坐标轴 z，阴影部分图形可看成是矩形减去圆形，故图形对参考轴 z 的形心为
$$y_C=\frac{\sum A_i y_i}{A}$$
$$=\frac{600\times 1000\times 500-\frac{\pi}{4}\times 400^2\times 300}{600\times 1000-\frac{\pi}{4}\times 400^2}=553\text{mm}$$

(2) 计算 I_{z_C}。

阴影部分的面积对 z 轴的惯性矩，可看成矩形面积与圆形面积对其形心轴 z_C 惯性矩之差，即
$$I_{z_C}=\left(I_{z_C}\right)_1-\left(I_{z_C}\right)_2$$
$$\left(I_{z_C}\right)_1=\frac{bh^3}{12}+A_1 d_1^2=\frac{600\times 1000^3}{12}+53^2\times 600\times 1000=516.85\times 10^8\text{mm}^4$$

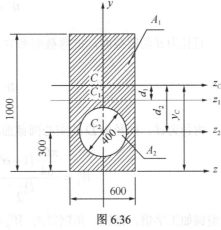

图 6.36

$$\left(I_{z_C}\right)_2=\frac{\pi D^4}{64}+A_2 d_2^2=\frac{\pi\times 400^4}{64}+253^2\times\frac{\pi\times 400^2}{4}=92.95\times 10^8\text{mm}^4$$
$$I_{z_C}=516.85\times 10^8-92.95\times 10^8=423.9\times 10^8\text{mm}^4$$

6.8 弯曲变形的强度设计

实践与分析均表明，对细长梁（梁的跨度与高度之比 $l/h > 5$）进行强度计算时，主要考虑弯矩的影响，因截面上的最大正应力作用点处，弯曲剪应力为零，故该点为单向受拉或受压状态。为保证梁的安全，梁的最大正应力点应满足强度条件

$$\sigma_{max} = \frac{M_{max} y_{max}}{I_z} \leqslant [\sigma] \tag{6.24}$$

式中，$[\sigma]$ 为材料的许用应力。

对于等截面直梁，若材料的拉、压强度相等，则最大弯矩的所在面称为**危险面**，危险面上距中性轴最远的点称为**危险点**。此时强度条件（6.24）可表达为

$$\sigma_{max} = \frac{M_{max}}{W_z} \leqslant [\sigma] \tag{6.25}$$

式中

$$W_z = \frac{I_z}{y_{max}}$$

称为**抗弯截面系数**。

对于宽度为 b、高度为 h 的矩形截面，抗弯截面系数为

$$W_z = \frac{bh^3/12}{h/2} = \frac{bh^2}{6}$$

直径为 d 的圆截面，抗弯截面系数为

$$W_z = \frac{\frac{\pi}{64}d^4}{d/2} = \frac{\pi d^3}{32}$$

内径为 d，外径为 D 的空心圆截面，抗弯截面系数为

$$W_z = \frac{\frac{\pi D^4}{64}(1-\alpha^4)}{D/2} = \frac{\pi D^3}{32}(1-\alpha^4) \qquad \alpha = \frac{d}{D}$$

而型钢如工字钢、槽钢、角钢等的 W_z 可从附录 A 中的型钢表中查得。

对于由脆性材料制成的梁，由于其抗拉强度和抗压强度相差很大，所以，要对最大拉应力点和最大压应力点分别进行校核。

$$\sigma_{t,max} \leqslant [\sigma_t] \tag{6.26a}$$

$$\sigma_{c,max} \leqslant [\sigma_c] \tag{6.26b}$$

与轴向拉压杆及受扭圆轴的强度计算类似，根据梁的正应力强度条件，可以解决三类强度问题，即强度校核、截面尺寸设计和许用载荷的确定三类强度问题。

【例6.13】 如图6.37（a）所示为一螺旋压板夹紧装置，已知工件所受的压紧力$F=2\text{kN}$，$a=100\text{mm}$，压板材料的许用应力$[\sigma]=160\text{MPa}$，试校核压板的强度。

解：（1）作梁弯矩图，确定危险截面。

压板可简化为图6.37（b）所示的外伸梁，梁的弯矩图如图6.37（c）所示，C截面的弯矩最大而弯曲截面系数最小，故为危险截面，其弯矩为
$$M_{\max}=0.2\text{kN}\cdot\text{m}$$

（2）计算危险截面的抗弯截面系数，即
$$W_z=\frac{I_z}{y_{\max}}=\frac{\dfrac{30\times20^3}{12}-\dfrac{10\times20^3}{12}}{10}=1.33\times10^3\text{mm}^3$$

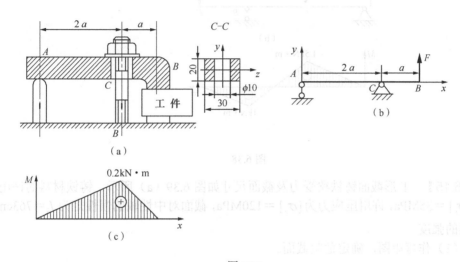

图6.37

（3）校核压板的强度：
$$\sigma_{\max}=\frac{M_{\max}}{W_z}=\frac{0.2\times10^3}{1.33\times10^{-6}}=150\text{MPa}<[\sigma]$$

所以，压板的强度足够。

【例6.14】 圆截面梁受力如图6.38（a）所示，已知材料的许用应力$[\sigma]=160\text{MPa}$，试设计截面的直径。

解：（1）作弯矩图，确定危险截面。

弯矩图如图6.38（c）所示，C截面的弯矩最大，故C为危险截面，其弯矩值为
$$M_{\max}=1.5\text{kN}\cdot\text{m}$$

（2）设计直径d。根据梁的正应力的强度条件
$$\sigma_{\max}=\frac{M_{\max}}{W_z}=\frac{32M_{\max}}{\pi d^3}\leqslant[\sigma]$$

得

$$d \geqslant \sqrt[3]{\frac{32M_{max}}{\pi[\sigma]}} = \sqrt[3]{\frac{32 \times 1.5 \times 10^3}{\pi \times 160 \times 10^6}} = 45.7 \times 10^{-3}\text{m} = 45.7\text{mm}$$

故可取 $d=46\text{mm}$。

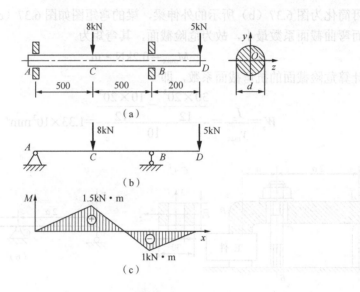

图 6.38

【例 6.15】 T 形截面铸铁梁受力及截面尺寸如图 6.39（a）所示。铸铁材料的许用拉应力为 $[\sigma_t]=35\text{MPa}$，许用压应力为 $[\sigma_c]=120\text{MPa}$，截面对中性轴的惯性矩为 $I_z=763\text{cm}^4$，试校核梁的强度。

解：(1) 作弯矩图，确定危险截面。

弯矩图如图 6.39（b）所示，由于梁为脆性材料，其抗拉和抗压强度不同，T 形截面对中性轴不对称，正弯矩所在截面 D 和负弯矩所在截面 B 都有可能是危险截面，其弯矩值分别为

$$M_D = 2.5\text{kN} \cdot \text{m}, \quad M_B = -4\text{kN} \cdot \text{m}$$

(2) 强度校核。

B 截面应力分布如图 6.39（c）所示，其最大拉应力和最大压应力分别为

$$(\sigma_{t,max})_B = \frac{M_B y_1}{I_z} = \frac{4 \times 10^3 \times (140-88) \times 10^{-3}}{763 \times 10^{-8}} = 27.2\text{MPa} < [\sigma_t]$$

$$(\sigma_{c,max})_B = \frac{M_B y_2}{I_z} = \frac{4 \times 10^3 \times 88 \times 10^{-3}}{763 \times 10^{-8}} = 46.03\text{MPa} < [\sigma_c]$$

D 截面应力分布如图 6.39（c）所示，其最大拉应力和最大压应力分别为

$$(\sigma_{t,max})_D = \frac{M_B y_1}{I_z} = \frac{2.5 \times 10^3 \times 88 \times 10^{-3}}{763 \times 10^{-8}} = 28.8\text{MPa} < [\sigma_t]$$

$$(\sigma_{c,max})_D = \frac{M_D y_2}{I_z} = \frac{2.5 \times 10^3 \times (140-88) \times 10^{-3}}{763 \times 10^{-8}} = 17.02\text{MPa} < [\sigma_c]$$

故梁的强度足够。

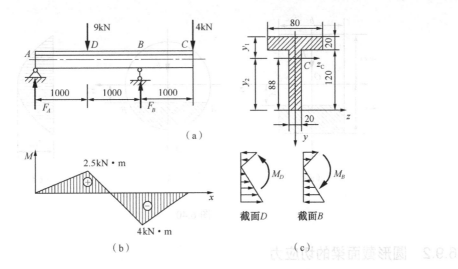

图 6.39

6.9 弯曲时的切应力

横力弯曲的梁横截面上既有弯矩又有切力，所以横截面上既有正应力又有切应力。现在只讨论矩形和圆形截面梁的切应力分布和大小。

6.9.1 矩形截面梁的切应力

关于矩形截面梁的切应力分布，作以下两个假设：
（1）横截面上各点的切应力方向都平行于切力 F_s；
（2）切应力沿截面宽度均匀分布。
依据上述假设，应用静力学平衡条件，推出横截面切应力为（推导过程略）

$$\tau = \frac{F_s S^*}{I_z b} \tag{6.27}$$

式中，F_s 为截面切力；S^* 为截面上距中性轴为 y 的横线下部分面积对中性轴的静矩；I_z 为截面对中性轴的惯性矩；b 为截面的宽度。如图 6.40（a）所示，切应力沿截面高度呈抛物线状分布，在中性轴处最大，而在截面上下边缘处为零，如图 6.40（c）所示。

计算矩形截面的静矩 S^* 和惯性矩 I_z 值，代入式（6.27），可得矩形截面最大切应力为

$$\tau_{max} = \frac{3}{2} \frac{F_s}{bh} \tag{6.28}$$

矩形截面梁的最大切应力为平均切应力 $\frac{F_s}{bh}$ 的 1.5 倍。

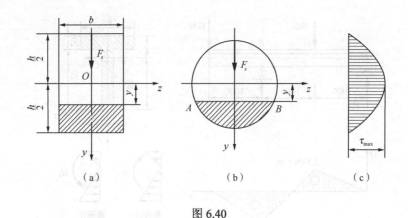

图 6.40

6.9.2 圆形截面梁的切应力

圆形截面梁的切应力仍可用式（6.27）计算，把圆形截面的 S^* 和 I_z 值代入式（6.27），得出圆形截面的最大切应力为

$$\tau_{max} = \frac{4}{3} \cdot \frac{F_s}{\pi R^2} \tag{6.29}$$

圆形截面的最大切应力是平均切应力的 $\frac{4}{3}$ 倍。

6.9.3 切应力强度条件

梁在横力弯曲时，弯曲正应力最大的截面和切应力最大的截面通常不在一个横截面，而且最大正应力和最大切应力在截面上的位置也不同。前者发生在上（下）边缘处，而后者对于矩形、圆形等截面则发生在截面的中性轴上。因此，梁不仅要满足正应力强度条件（式（6.25）和式（6.26）），也要满足切应力强度条件，即

$$\tau = \left(\frac{F_s S^*}{I_z b}\right)_{max} \leqslant [\tau] \tag{6.30}$$

对于细长梁，在截面设计中，若用矩形截面，则往往首先考虑正应力强度条件。也就是说，根据正应力强度条件确定的截面尺寸，一般都能满足切应力强度条件，因而常不需要计算切应力。而对于其他形式的梁，则要求梁既满足正应力强度条件，也满足切应力强度条件。

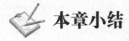 **本章小结**

1. 平面假设是研究杆件横截面上应力分布的基础，应用该假设可以推断杆件横截面上的拉（压）正应力是均匀分布的。

$$\sigma = \frac{F_N}{A}$$

外法线方位角为 α 的斜截面上不仅存在着正应力 σ_α，而且存在切应力 τ_α，它们分别为

$$\sigma_\alpha = \sigma \cos^2 \alpha, \quad \tau_\alpha = \frac{\sigma}{2} \sin 2\alpha$$

2. 材料拉（压）试验是确定材料力学性能最基本的试验。由材料的应力应变图可以验证胡克定律 $\sigma = E\varepsilon$；确定材料的弹性模量 E、比例极限 σ_p、弹性极限 σ_e、屈服应力 $\sigma_s(\sigma_{0.2})$、强度极限 σ_b、延伸率 δ、断面收缩率 ψ 等。

3. 拉（压）杆的破坏形式是断裂或出现显著塑性变形。对于脆性材料，以其强度极限 σ_b 作为极限应力 $\sigma_{\lim}$；对于塑性材料，以其屈服应力 σ_s 作为极限应力 $\sigma_{\lim}$。材料的许用 $[\sigma]$ 为

$$[\sigma] = \frac{\sigma_{\lim}}{n}$$

式中，大于 1 的系数 n 称为安全系数，安全系数是由多种因素决定的。

拉（压）杆的强度条件是杆内最大的工作应力 $\sigma_{\max}$ 不得超过材料的许用应力 $[\sigma]$，即

$$\sigma_{\max} = \left(\frac{F_N}{A}\right)_{\max} \leqslant [\sigma]$$

强度条件可以解决校核强度、设计截面、确定许用载荷三类强度问题。

4. 连接件的实用强度计算：

剪切的实用强度计算公式为

$$\tau = \frac{F_s}{A} \leqslant [\tau]$$

挤压的实用强度计算公式为

$$\sigma_{bs} = \frac{F}{A_{bs}} \leqslant [\sigma]$$

确定连接件的剪切面和挤压面是进行强度计算的关键。当挤压面为平面时，其计算面积就是实际面积，当挤压面为圆柱面时，其计算面积等于半圆柱面积的正投影面积。

5. 在平面假设下，从变形几何关系、物理关系及静力学关系得到圆轴扭转时横截面上各点的切应力，其方向垂直于该点与圆心的连线（半径），且与该截面上的扭矩转向一致，其大小为

$$\tau_\rho = \frac{M_T \rho}{I_p}$$

式中，ρ 为所求点处半径；I_p 为截面极惯性矩，对于实心圆截面，$I_p = \pi d^4/32$，对于空心圆截面，$I_p = \pi D^4(1-\alpha^4)/32$，$\alpha = d/D$。扭转切应力在圆心处为零，截面周边处为最大，即

$$\tau_{\max} = \frac{M_T \rho_{\max}}{I_p} = \frac{M_T R}{I_p} = \frac{M_T}{W_p}$$

圆轴扭转的强度条件为

$$\tau_{max} = \frac{M_T}{W_p} \leqslant [\tau]$$

6. 若在梁的某一段内，横截面上只有弯矩没有剪力，这种情况称为纯弯曲。横截面上既有弯矩又有切力的情况称为横力弯曲。显然纯弯曲时，梁横截面上只有正应力而没有剪应力。梁发生纯弯曲变形时，距离中性轴为 y 的某一点处的正应力为

$$\sigma = \frac{M}{I_z} y$$

式中，M 表示某截面的弯矩；I_z 表示整个截面对中性轴的惯性矩；y 表示所求应力点到中性轴的距离。

对于横力弯曲，平面假设并不成立，但利用上面的公式计算的结果可以满足工程上的精度要求。

7. 在梁横截面上距中性轴最远各点处，弯曲正应力最大，即

$$\sigma_{max} = \frac{M}{W_z}$$

式中，W_z 表示抗弯截面系数。

$$W_z = \frac{I_z}{y_{max}}$$

8. 弯曲梁正应力的强度条件为，其表达式为

$$\sigma_{max} = \frac{M_{max}}{W_z} \leqslant [\sigma]$$

对脆性材料，由于抗拉和抗压强度不同，其强度应分别校核

$$\sigma_{t,max} \leqslant [\sigma_t]$$
$$\sigma_{c,max} \leqslant [\sigma_c]$$

式中，$[\sigma_t]$ 和 $[\sigma_c]$ 分别为材料的许用拉应力和许用压应力；$y_{t,max}$ 和 $y_{c,max}$ 分别为受拉与受压侧外边缘距中性轴的距离。

梁的正应力强度条件可以解决强度校核、截面尺寸设计和许用载荷的确定三类强度问题。

9. 横力弯曲梁横截面上的切应力为

$$\tau = \frac{F_s S^*}{I_z b}$$

最大切应力均发生在横截面的中性轴上。矩形截面上最大切应力为

$$\tau_{max} = \frac{3}{2} \frac{F_s}{bh}$$

而圆形截面的最大切应力为

$$\tau_{max} = \frac{4}{3} \cdot \frac{F_s}{\pi R^2}$$

10. 切应力强度条件为

$$\tau = \left(\frac{F_s S^*}{I_z b} \right)_{max} \leqslant [\tau]$$

思考题

一、填空题

1．胡克定律表达式 $\sigma=E\varepsilon$ 表明了____与____之间的关系，它的应用条件是_____。

2．一铸铁直杆受轴向压缩时，其斜截面上的应力是____分布的。

3．三种材料应力应变曲线分别如思考题图 6.1 所示。强度最高的材料是____，刚度最大的材料为____，塑性最好的材料是____。

4．对螺栓连接，挤压面面积取为接触面面积在直径平面上的____，即挤压接触面的____。

5．梁在弯曲时的中性轴，就是梁的_____与横截面的交线。

6．梁弯曲时，其横截面上的弯矩是由与截面垂直的_____合成的。

7．梁的弯曲正应力大小沿横截面的____按直线规律变化，而沿横截面的____则均匀分布。

8．用抗拉强度和抗压强度不相等的材料，如铸铁等制成的梁，其横截面宜采用不对称于中性轴的形状，而使中性轴偏于受____纤维一侧。

思考题图 6.1

9．圆轴扭转时，横截面上切应力的大小沿半径呈____规律分布。

10．横截面面积相等的实心轴和空心轴相比，虽材料相同，但____轴的抗扭承载能力要强。

二、选择题

1．两根不同材料的等截面直杆，它们的横截面面积和长度都相同，承受相等的轴向拉力，在比例极限内，两杆有_____。

A．Δl、ε 和 σ 都分别相等
B．Δl、ε 分别不相等，σ 相等
C．Δl、ε 和 σ 都不相等
D．Δl 和 σ 分别相等，ε 不相等

2．轴向拉伸杆正应力最大的截面和切应力最大的截面_____。

A．分别是横截面和 45°斜截面
B．都是横截面
C．分别是 45°斜截面和横截面
D．都是 45°斜截面

3．现有钢、铸铁两种棒材，其直径相同，从承载能力和经济效益两方面考虑，思考题图 6.2 所示结构中两杆的合理选材方案是_____。

A．1 杆为钢，2 杆为铸铁
B．1 杆为铸铁，2 杆为钢
C．两杆均为钢
D．两杆均为铸铁

4．用螺栓连接两块钢板，当其他条件不变时，螺栓的直径增加一倍，挤压应力将减少_____。

A．1 倍 B．1/2 倍 C．1/4 倍 D．3/4 倍

5．如思考题图 6.3 所示，接头的挤压面积等于_____。

A. ab B. cb C. lb D. lc

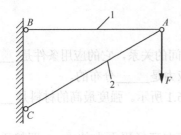

思考题图 6.2

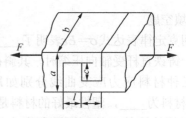

思考题图 6.3

6. 汽车传动主轴所传递的功率不变，主轴的转速降低为原来的 1/2 时，轴所受的外力偶的力偶矩较之转速降低前将_____。

A. 增大 1 倍   B. 增大 3 倍
C. 减小 1/2   D. 不改变

7. 空心圆轴受扭转力偶作用，横截面上的扭矩为 M_T，那么在横截面上沿径向的应力分布图（思考题图 6.4）为_____。

8. 对于矩形截面梁，以下结论中错误的是_____。

A. 出现最大正应力的点上，切应力必为零。
B. 出现最大切应力的点上，正应力必为零。
C. 最大正应力的点和最大切应力的点不一定在同一截面上。
D. 梁上不可能出现这样的截面，即该截面上最大正应力和最大切应力均为零。

9. 梁平面弯曲时，横截面上各点正应力的大小与该点到_____的距离成正比。

A. 截面形心   B. 纵向轴线   C. 中性轴

10. 如思考题图 6.5 所示梁的横截面，若截面面积相等，则截面如图_____所示的梁的强度好。

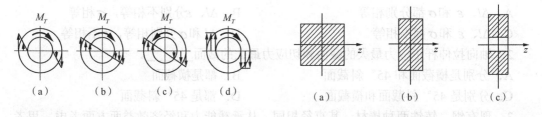

思考题图 6.4   思考题图 6.5

习题

6.1 试计算如题图 6.1 所示杆件各段横截面上的应力。

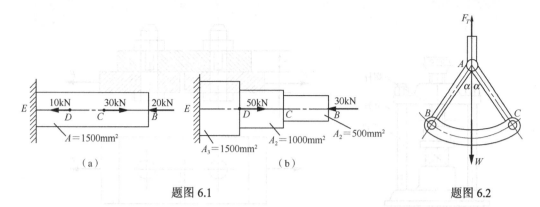

题图 6.1　　　　　　　　　　　　　　　　　　　题图 6.2

6.2　三角吊环由斜杆 AB、AC 与曲杆 BC 组成，如题图 6.2 所示。$\alpha=30°$，斜杆材料的许用应力均为 $[\sigma]=120\text{MPa}$，吊环最大起重 $W=150\text{kN}$。试求斜杆 AB 和 AC 的截面直径 d。

6.3　某铣床工作台进给油缸如题图 6.3 所示，缸内工作油压 $p=2\text{MPa}$，油缸内径 $D=75\text{mm}$，活塞杆直径 $d=18\text{mm}$。已知活塞杆材料的许用应力 $[\sigma]=50\text{MPa}$。试校核活塞杆的强度。

6.4　某悬臂吊车如题图 6.4 所示。最大起重载荷 $W=20\text{kN}$，拉杆 BC 由两根等边角钢组成，$[\sigma]=100\text{MPa}$。试按电动葫芦位于最右端位置时，确定等边角钢的型号。

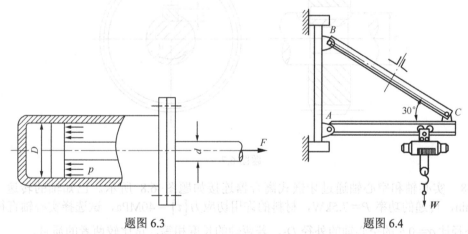

题图 6.3　　　　　　　　　　　　　　　　　　　题图 6.4

6.5　一手动压力机，如题图 6.5 所示。在工件上所加的最大压力为 150kN。已知立柱和螺栓所用材料的屈服点 $\sigma_s=240\text{MPa}$，规定的安全系数 $n=1.5$。

（1）试按强度条件选择立柱的直径 D；

（2）若螺杆的内径 $d=40\text{mm}$，试校核其强度。

6.6　如题图 6.6 所示螺栓连接，已知螺栓直径 $d=20\text{mm}$，钢板厚 $t=12\text{mm}$，钢板与螺栓材料相同，许用切应力 $[\tau]=100\text{MPa}$，许用挤压应力 $[\sigma_{bc}]=200\text{MPa}$。若拉力 $F=30\text{kN}$。试校核连接件的强度。

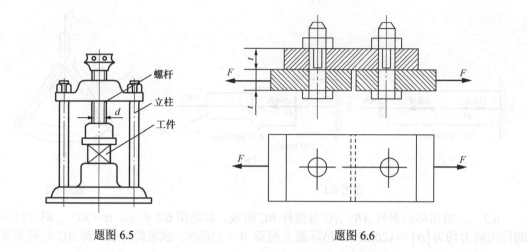

题图 6.5　　　　　　　　　　　　题图 6.6

6.7　如题图 6.7 所示齿轮用平键连接。已知轴的直径 $d=70$mm，键宽 $b=20$mm，高 $h=12$ mm，传动的扭矩 $M=2$kN·m，键材料的许用切应力 $[\tau]=80$MPa，许用挤压应力 $[\sigma_{bc}]=200$MPa。试求键的长度。

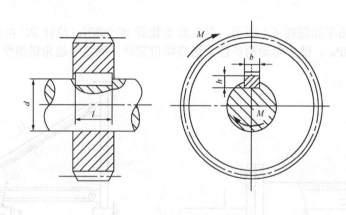

题图 6.7

6.8　实心轴和空心轴通过牙嵌式离合器连接如题图 6.8 所示。已知轴的转速 $n=100$r/min，传递的功率 $P=7.5$kW，材料的许用切应力$[\tau]=40$MPa，试选择实心轴直径 d_1 和内外径比 $\alpha=0.5$ 的空心轴的外径 D_2，若两轴的长度相等，试比较两者的质量。

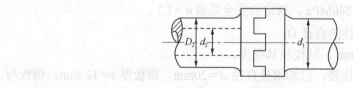

题图 6.8

6.9　如题图 6.9 所示圆轴的直径 $d=40$mm，试计算：
（1）轴的最大切应力；

（2）截面Ⅰ-Ⅰ上的最大切应力及距圆心为 15mm 处的切应力；
（3）画出危险截面上沿半径线 OA 的切应力。

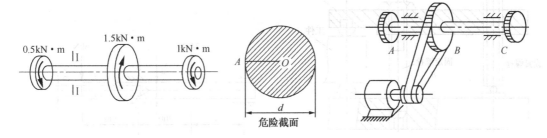

题图 6.9　　　　　　　　　　　　　　　　　题图 6.10

6.10　如题图 6.10 所示转轴的功率由皮带轮 B 输入，齿轮 A、C 输出。已知 $P_A=60\text{kW}$，$P_C=20\text{kW}$，$[\tau]=37\text{MPa}$，转速 $n=630\text{r/min}$。试设计轴的直径。

6.11　船用推进器的轴，如题图 6.11 所示。一段是实心的，直径为 280mm，另一端是空心的，其内径为外径的 1/2。在两段产生相同的最大切应力的条件下，求空心部分轴的外径 D。

6.12　手摇绞车驱动轴 AB 的直径 $d=30\text{mm}$，由两人摇动，没人加在手柄上的力 $P=250\text{kN}$，如题图 6.12 所示。若轴的许用切应力 $[\tau]=40\text{MPa}$，试校核 AB 轴的扭转强度。

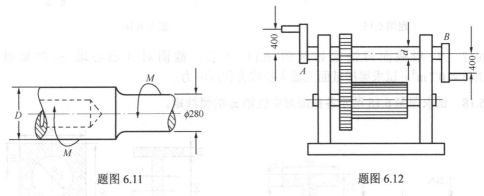

题图 6.11　　　　　　　　　　　　　　　　　题图 6.12

6.13　螺栓压紧装置如题图 6.13 所示。已知工件所受压紧力 $F=4\text{kN}$，旋紧螺栓螺纹的内径 $d_1=13.8\text{mm}$，固定螺栓内径 $d_2=17.3\text{mm}$。两根螺栓材料相同，许用应力 $[\sigma]=53\text{MPa}$。试校核各螺栓的强度。

6.14　某圆轴的外伸部分系空心圆截面，载荷情况如题图 6.14 所示。已知材料的许用应力 $[\sigma]=120\text{MPa}$，试校核轴的强度。

6.15　如题图 6.15 所示的空气泵的操纵杆，右段受力为 8.5kN，截面 I-I 和 II-II 为矩形，其高宽比均为 $h/b=3$，材料的许用应力为 $[\sigma]=50\text{MPa}$。试确定此两截面的尺寸。

6.16　横梁受力如题图 6.16 所示。已知 $P=97\text{kN}$，许用应力 $[\sigma]=32\text{MPa}$。校核其强度。

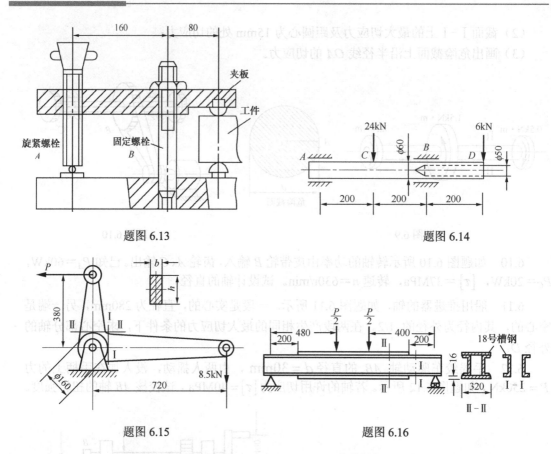

题图 6.13　　　　　　　　　题图 6.14

题图 6.15　　　　　　　　　题图 6.16

6.17 T 形截面铸铁梁如题图 6.17 所示，截面对其形心轴 z_C 的惯性矩 $I_{z_C}=7.63\times10^{-6}\ \text{m}^4$。试求梁横截面上最大拉应力和压应力。

6.18 试求题图 6.18 所示各截面对中性轴 z_C 的惯性矩。

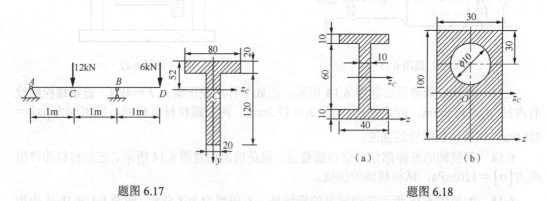

题图 6.17　　　　　　　　　题图 6.18

6.19 如题图 6.19 所示轧辊轴直径 $d=280\text{mm}$，跨长 $l=1000\text{mm}$，$a=300\text{mm}$，$b=400\text{mm}$，轧辊材料的弯曲许用应力 $[\sigma]=100\text{MPa}$。求轧辊所能承受的单位许可轧制力 $[q]$。

6.20 如题图 6.20 所示受均布载荷作用的简支梁，由两根竖向放置的普通槽钢组成，已知 $q=10$kN/m，$l=4$m，材料的许用应力 $[\sigma]=100$MPa。试确定槽钢的型号。

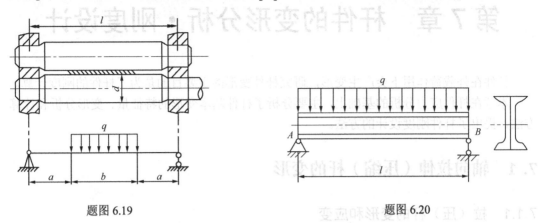

题图 6.19　　　　　　　　　　　题图 6.20

第 7 章 杆件的变形分析·刚度设计

杆件在外载荷作用下会产生变形，研究杆件变形的主要目的是为了杆件的刚度计算。本章在杆件应力分析的基础上，主要分析了杆件基本变形的特征量、变形分析和计算方法，提出了杆件刚度设计的方法。

7.1 轴向拉伸（压缩）杆的变形

7.1.1 拉（压）杆的变形和应变

等截面直杆在轴向拉力作用下，将引起轴向尺寸的伸长和横向尺寸的缩短；而在轴向压力作用下，将引起轴向尺寸的缩短和横向尺寸的伸长。把杆件轴向方向的伸长或缩短称为**轴向变形**，横向尺寸的增大或减小称为**横向变形**。

如图 7.1 所示。等直杆的原长为 l，横截面积为 A，在轴向拉力作用下，长度由 l 变为 l_1，横向尺寸由 d 变为 d_1，则杆件的轴向变形和横向变形分别为

$$\Delta l = l_1 - l, \quad \Delta d = d_1 - d$$

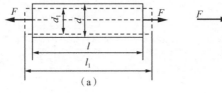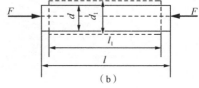

图 7.1

其轴向线应变为

$$\varepsilon = \frac{\Delta l}{l} \tag{7.1}$$

横向线应变为

$$\varepsilon' = \frac{\Delta d}{d} \tag{7.2}$$

杆件拉伸时，Δl 为正，Δd 为负；压缩时，Δl 为负，Δd 为正。杆件拉压时，轴向线应变 ε 和横向线应变 ε' 符号总是相反的。

试验表明，当应力不超过比例极限时，横向应变 ε' 和轴向应变 ε 之比的绝对值是一个常数，此值称为**横向变形系数**或**泊松比**，用 μ 表示，即 $\mu = \left| \dfrac{\varepsilon'}{\varepsilon} \right|$，

μ 是一个无量纲的量。因 ε' 和 ε 符号总是相反,上式可以写成

$$\varepsilon' = -\mu\varepsilon \tag{7.3}$$

和弹性模量 E 一样,μ 也是材料固有的常数,表 7.1 摘录了几种常用材料的 μ 值。

表 7.1 几种常用材料的 E、μ 值

材料名称	E/GPa	μ
碳 钢	196～213	0.24～0.28
合金钢	186～206	0.25～0.30
灰铸铁	78.5～157	0.23～0.27
铜及其合金	72.6～128	0.31～0.42
铝合金	70	0.33

7.1.2 胡克定律

当应力不超过材料比例极限时,应力与应变成正比,这就是胡克定律,即

$$\sigma = E\varepsilon$$

把 $\sigma = \dfrac{F_N}{A}$ 和 $\varepsilon = \dfrac{\Delta l}{l}$ 代入上式,拉压杆的变形量为

$$\Delta l = \dfrac{F_N l}{EA} \tag{7.4}$$

式(7.4)表明,杆件的轴向变形与轴力和杆长成正比,而与 EA 成反比,这是胡克定律的另外一种表达形式。当杆长和轴力不变时,EA 越大,变形越小,故 EA 称为杆件的**抗拉(压)刚度**,它反映了杆件抵抗变形的能力。

式(7.4)适用于在长度 l 内,F_N、A 皆为常量的杆件。

【例 7.1】 变截面杆如图 7.2(a)所示。已知 $A_1 = 4\text{cm}^2$,$A_2 = 8\text{cm}^2$,材料的弹性模量 $E = 200\text{GPa}$,试求杆的总伸长量 Δl 和杆内最大轴向线应变 $\varepsilon_{\max}$。

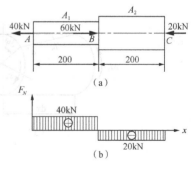

图 7.2

解:(1)作轴力图。

得出杆件各段轴力为

$$F_{N1} = F_{AB} = 40\text{kN}$$
$$F_{N2} = F_{BC} = -20\text{kN}$$

(2)求杆件的总伸长量。

因轴力和面积都沿杆轴变化,变形量应为 AB、BC 两段的代数和,即

$$\Delta l = \Delta l_1 + \Delta l_2 = \dfrac{F_{N1} l}{EA_1} + \dfrac{-F_{N2} l}{EA_2}$$

$$= \dfrac{40 \times 10^3 \times 200 \times 10^{-3}}{200 \times 10^9 \times 4 \times 10^{-4}} - \dfrac{20 \times 10^3 \times 200 \times 10^{-3}}{200 \times 10^9 \times 8 \times 10^{-4}} = 7.5 \times 10^{-5}\text{m} = 0.075\text{mm}$$

(3)最大轴向线应变。

由于 $\Delta l_1 > \Delta l_2$,$l_1 = l_2 = l$,故最大轴向线应变在 AB 段,得

$$\varepsilon_{AB} = \varepsilon_{max} = \frac{\Delta l_1}{l} = \frac{0.1}{200} = 5 \times 10^{-4}$$

7.2 受扭圆轴的变形与刚度设计

7.2.1 圆轴扭转时的变形

圆轴扭转时各横截面绕杆轴作相对转动,其变形的标志是任意两个截面间绕轴线的相对转角,此转角称为**扭转角**,用 φ 表示。在第6章已得出

$$\frac{d\varphi}{dx} = \frac{M_T}{GI_p}$$

$d\varphi$ 表示相距为 dx 的两个截面之间的相对扭转角,如图7.3(a)所示,相距 dx 的两截面的扭转角为

$$d\varphi = \frac{M_T}{GI_p} dx \tag{a}$$

由积分式(a)就可得到相距 l 的两个横截面的相对扭转角为

$$\varphi = \int_0^l d\varphi = \int_0^l \frac{M_T}{GI_p} dx \tag{b}$$

对于整个长度内扭矩不变的等直圆轴来说(图7.3(b)),式(b)中的积分为

$$\varphi = \frac{M_T l}{GI_p} \text{ rad} \tag{7.5}$$

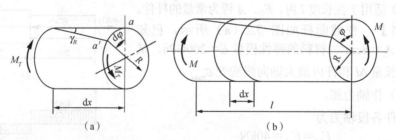

图 7.3

扭转角的正负和扭矩的符号一致。式(7.5)表明,GI_p 越大,扭转角越小,故 GI_p 称为圆轴的**抗扭刚度**。对于阶梯轴或各段扭矩不同的轴,则需按式(7.5)分段计算扭转角,然后代数相加,得两端截面的相对扭转角 φ 为

$$\varphi = \sum_{i=1}^{n} \frac{M_{Ti} l_i}{GI_{pi}} \tag{7.6}$$

【例7.2】 阶梯轴如图7.4(a)所示。已知外力偶矩 $M_1 = 0.8 \text{kN} \cdot \text{m}$,$M_2 = 2.3 \text{kN} \cdot \text{m}$,$M_3 = 1.5 \text{kN} \cdot \text{m}$,$AB$ 段的直径 $d_1 = 40 \text{mm}$,BC 段的直径 $d_2 = 70 \text{mm}$,材料的剪弹模量 $G = 80 \text{GPa}$,试计算 AC 轴的扭转角。

解: (1) 作扭矩图。

根据外力偶矩作扭矩图求得各段扭矩为

$$M_{T1}=0.8\text{ kN}\cdot\text{m}, \quad M_{T2}=-1.5\text{ kN}\cdot\text{m}$$

(2) 计算扭转角。

由于 A、C 两截面之间的扭矩和截面是变化的,应分段计算 AB、BC 段扭转角,再求代数和。即

$$\varphi_{AB}=\frac{M_{T1}l_1}{GI_{p1}}=\frac{0.8\times10^3\times0.8}{80\times10^9\times\frac{\pi}{32}\times(40\times10^{-3})^4}=0.0319\text{ rad}$$

$$\varphi_{BC}=\frac{M_{T2}l_2}{GI_{p2}}=-\frac{1.5\times10^3\times1}{80\times10^9\times\frac{\pi}{32}\times(70\times10^{-3})^4}=-0.0079\text{ rad}$$

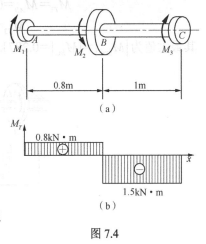

图 7.4

$$\varphi_{AC}=\varphi_{AB}+\varphi_{BC}=0.0319-0.0079=0.024\text{ rad}$$

注意: φ_{AC} 是指截面 A 端不动,C 截面相对于 A 截面的扭转角。

7.2.2 刚度设计

为保证受扭圆轴的正常工作,除满足强度要求外,还要限制它的变形量。例如,机床丝杠的扭转角过大会影响加工精度;镗床的主轴扭转角过大,会引起震动,影响加工精度和表面粗糙度。因此在轴的设计中,通常是规定其最大单位长度扭转角不超过允许值,由式 (7.5) 得扭转的刚度条件,即

$$\theta=\frac{\varphi}{l}=\frac{M_T}{GI_p}\leq[\theta] \tag{7.7}$$

式中,$[\theta]$ 是许用单位长度扭转角。

构件发生的变形均为小变形,为了便于计算,实际工程中描述扭转角的单位是 (°)/m,而不是弧度。因此,受扭圆轴的刚度条件,可以写成

$$\theta=\frac{M_T}{GI_p}\frac{180}{\pi}\leq[\theta] \tag{7.8}$$

受扭圆轴的刚度条件可以解决刚度校核、截面尺寸设计和许可载荷的确定三类刚度问题。

【例 7.3】 某传动轴如图 7.5 (a) 所示。已知主动轮 B 的输入扭矩 $M_B=0.573\text{ kN}\cdot\text{m}$,从动轮 A、C、D 的输出力偶矩 $M_A=0.286\text{ kN}\cdot\text{m}$,$M_C=0.192\text{ kN}\cdot\text{m}$,$M_D=0.095\text{ kN}\cdot\text{m}$。轴的转速 $n=500\text{r/min}$,$[\tau]=60\text{ MPa}$,$[\theta]=1.5\text{ °/m}$,$G=80\text{ GPa}$。试按强度和刚度条件选择轴的直径。

解: (1) 作扭矩图。

根据外力偶矩作出扭矩图,得出轴各段的扭矩为

$$M_{T1}=M_{AB}=0.286\text{kN}\cdot\text{m},\quad M_{T2}=M_{BC}=-0.287\text{kN}\cdot\text{m}$$
$$M_{T3}=M_{CD}=-0.095\text{kN}\cdot\text{m}$$

其最大值为 $|M_{\max}|=|M_{BC}|=0.287\text{kN}\cdot\text{m}$

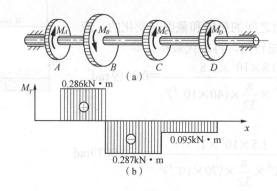

图 7.5

（2）按强度条件选择轴的直径。由强度条件得

$$W_p=\frac{\pi d^3}{16}\geqslant\frac{M_{T2}}{[\tau]}$$

$$d\geqslant\sqrt[3]{\frac{16\times0.287\times10^3}{\pi\times60\times10^6}}=29\times10^{-3}\text{m}=29\text{mm}$$

（3）按刚度条件选择轴的直径。由刚度条件得

$$I_p=\frac{\pi d^4}{32}\geqslant\frac{M_{\max}}{G[\theta]}\frac{180}{\pi}$$

$$d\geqslant\sqrt[4]{\frac{32M_{\max}\times180}{G\pi^2[\theta]}}=\sqrt[4]{\frac{32\times0.287\times10^3\times180}{80\times10^9\times\pi^2\times1.5}}=34\times10^{-3}\text{m}=34\text{mm}$$

所以轴的直径 $d=34\text{mm}$。

7.3 弯曲变形梁的变形与刚度设计

工程中，梁除了应满足强度要求外，还必须有足够的刚度，即受载后弯曲变形不能过大。例如，吊车梁变形过大，将使梁上小车行走困难，出现爬坡现象，引起振动。车床主轴变形过大，将会影响齿轮的啮合和轴承的配合，造成磨损不均，降低使用寿命，影响加工精度。但在另外的情况下，常常又利用弯曲变形达到某种要求。例如，叠板弹簧应有较大的变形才可以起到缓冲的作用。

7.3.1 挠度和转角

讨论弯曲变形时，以变形前的梁轴线为 x 轴，垂直向上的轴为 v，Axv 就为梁的纵向平面。梁弯曲变形后，轴线由直线变成一条光滑曲线，变形后的梁轴线称为挠曲线，如图 7.6 所示。

第7章 杆件的变形分析·刚度设计

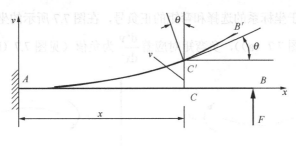

图 7.6

挠曲线方程可用 $v=f(x)$ 表示。梁弯曲变形时,梁的每个横截面有两个位移量:梁轴线上任意一点在竖直方向产生位移称为**挠度**,用 v 表示,并规定挠度向上为正,向下为负;梁的横截面相对其原来位置转过的角度称为**转角**,用 θ 表示,并规定以 x 轴为始边,逆时针转向为正,反之为负。转角就等于挠曲线切线与 x 轴的夹角或挠曲线法线与 v 轴的夹角,在小变形条件下,转角为

$$\tan\theta \approx \theta = \frac{dv}{dx} \tag{7.9}$$

由此可知,挠度和转角是弯曲变形的两个基本量,要计算挠度和转角,关键是确定挠曲线方程。

7.3.2 挠曲线近似微分方程

在第 6 章里,曾得到中性层的曲率,也就是挠曲线的曲率,即

$$\frac{1}{\rho} = \frac{M}{EI}$$

对横力弯曲的梁来讲,弯矩 M 和曲率 ρ 都是随着截面位置而变化的,上式应改写为

$$\frac{1}{\rho(x)} = \frac{M(x)}{EI} \tag{a}$$

由高等数学可知,平面光滑曲线 $v=f(x)$ 在任意一点的曲率为

$$\frac{1}{\rho(x)} = \pm \frac{\dfrac{d^2v}{dx^2}}{\left[1+\left(\dfrac{dv}{dx}\right)^2\right]^{3/2}} \tag{b}$$

在小变形条件下,$\left(\dfrac{dv}{dx}\right)^2 \ll 1$,式(b)可近似写为

$$\frac{1}{\rho(x)} = \pm \frac{d^2v}{dx^2} \tag{c}$$

将式(c)代入式(a),得

$$\pm \frac{d^2v}{dx^2} = \frac{M(x)}{EI} \tag{d}$$

式中的正负号，取决于坐标系的选择和弯矩的正负号，在图 7.7 所示的坐标系中，正弯矩对应着 $\dfrac{d^2v}{dx^2}$ 为正值（见图 7.7（a）），负弯矩对应着 $\dfrac{d^2v}{dx^2}$ 为负值（见图 7.7（b）），故式（c）为

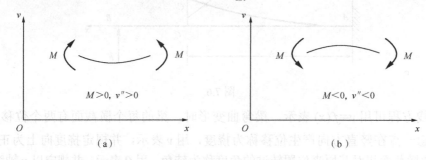

图 7.7

$$\dfrac{d^2v}{dx^2}=\dfrac{M(x)}{EI} \tag{7.10}$$

式（7.10）称为梁的**挠曲线近似微分方程**。该式只适用弹性范围内的小变形情况。

挠曲线的近似微分方程是计算梁弯曲变形的基本公式，解此微分方程，就可以得到梁的挠度和转角方程，从而可以确定梁任一截面的挠度和转角。

7.3.3 积分法求梁的变形

将挠曲线近似微分方程（7.10）等号两侧同乘 dx，积分得转角方程为

$$\theta=\dfrac{dv}{dx}=\int\dfrac{M}{EI}dx+C \tag{a}$$

再对式（a）的等号两侧同乘以 dx，再积分得挠曲线方程为

$$v=\iint\left(\dfrac{M}{EI}dx\right)dx+Cx+D \tag{b}$$

式中，C、D 为积分常数，可通过梁的边界条件和光滑连续条件来确定。一般边界条件在支座处得出，而光滑连续条件在不同弯矩方程式分段处得出。

（1）固定端约束（见图 7.8（a）），边界条件为 $x=a$，$v=0$，$\theta=0$；
（2）铰支座（见图 7.8（b）），边界条件为 $x=b$，$v=0$；

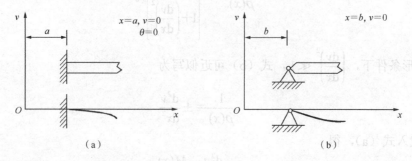

图 7.8

（3）挠曲线是一条光滑连续的曲线，不应有不连续（见图 7.9（a））和不光滑（见图 7.9（b））的情况，在挠曲线的任意点上，有唯一确定的挠度和转角。这就是连续性条件。一个条件确定一个积分常数。

图 7.9

【例 7.4】 如图 7.10 所示简支梁 AB 受均布载荷作用，EI 为常数，试求该梁的挠度和转角方程，并求梁跨度中点 C 的挠度和截面 A 的转角。

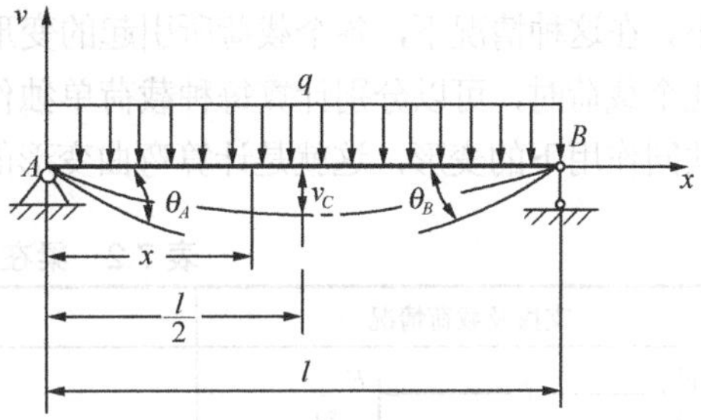

解：（1）列弯矩方程：

$$M(x)=F_A x-\frac{qx^2}{2}=\frac{ql}{2}x-\frac{qx^2}{2}$$

代入式（7.10）得挠曲线的近似微分方程为

$$EI\frac{d^2v}{dx^2}=\frac{ql}{2}x-\frac{qx^2}{2} \qquad (a)$$

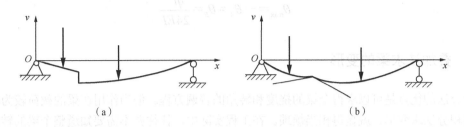

图 7.10

（2）将式（a）积分两次，得

$$EI\theta=\frac{ql}{4}x^2-\frac{q}{6}x^3+C \qquad (b)$$

$$EIv=\frac{ql}{12}x^3-\frac{q}{24}x^4+Cx+D \qquad (c)$$

（3）确定积分常数。梁的边界条件为

$$x=0，v_A=0；x=l，v_B=0$$

把 $x=0$，$v_A=0$ 代入挠度方程（c），得 $D=0$；

把 $x=l$，$v_B=0$ 代入式（c），得 $C=-\dfrac{ql^3}{24}$。

将所得积分常数 C 和 D 回代到式（b）和式（c）得到转角和挠度方程分别为

$$\theta=\frac{1}{EI}\left(\frac{ql}{4}x^2-\frac{q}{6}x^3-\frac{ql^3}{24}\right) \qquad (d)$$

$$v=\frac{1}{EI}\left(\frac{ql}{12}x^3-\frac{q}{24}x^4-\frac{ql^3}{24}x\right) \qquad (e)$$

（4）求指定截面 C 的挠度 v_C 和 A 截面的转角 θ_A 值。

把 $x=\dfrac{l}{2}$ 代入挠度方程（e），得

$$v_{\max}=v_C=-\frac{5ql^4}{384EI}$$

把 $x=0$ 代入转角方程（d），得

$$\theta_{\max}=-\theta_A=\theta_B=\frac{ql^3}{24EI}$$

7.3.4 叠加法求梁的变形

积分法的优点是可以求得全梁的挠度和转角的普遍方程。但当作用在梁的载荷较为复杂时，用积分法求变形，就显得相当烦琐。在工程实际中，往往并不需要知道整个梁的转角和挠度方程，而只需确定某些指定截面的转角和挠度，这时采用叠加法计算比积分法更为方便。

从转角和挠度方程中可以看到，梁的转角和挠度都与梁上的载荷成线性关系，且变形量很小。在这种情况下，各个载荷所引起的变形是相互独立、互不影响的。因此，当梁上同时作用几个载荷时，可以分别计算每种载荷单独作用下的变形，然后把它们代数相加，即为这些载荷共同作用下的变形，这就是计算弯曲变形的叠加法。梁在简单载荷作用下的变形可查表7.2。

表7.2 梁在简单载荷作用下的变形

支撑及载荷情况	挠曲线方程	最大挠度和梁端转角
悬臂梁，自由端集中力 F	$v=\dfrac{-Fx^2}{6EI}(3l-x)$	$v_{\max}=\dfrac{-Fl^3}{3EI}$ $\theta_B=\dfrac{-Fl^2}{2EI}$
悬臂梁，中间集中力 F（距 A 为 a）	当 $0\leq x\leq a$ $v=\dfrac{-Fx^2}{6EI}(3a-x)$ 当 $a\leq x\leq l$ $v=\dfrac{-Fa^2}{6EI}(3x-a)$	$v_{\max}=\dfrac{-Fa^2}{6EI}(3l-a)$ $\theta_B=\dfrac{-Fa^2}{2EI}$
悬臂梁，均布载荷 q	$v=-\dfrac{qx^2}{24EI}(x^2+6l^2-4lx)$	$v_{\max}=-\dfrac{ql^4}{8EI}$ $\theta_B=-\dfrac{ql^3}{6EI}$
悬臂梁，自由端力偶 M_B	$v=-\dfrac{M_B x^2}{2EI}$	$v_{\max}=-\dfrac{M_B l^2}{2EI}$ $\theta_B=-\dfrac{M_B l}{EI}$
简支梁，跨中集中力 F	$v=-\dfrac{Fx}{12EI}\left(\dfrac{3l^2}{4}-x^2\right)$ $0\leq x\leq\dfrac{l}{2}$	$v_{\max}=-\dfrac{Fl^3}{48EI}$ $\theta_A=-\theta_B=-\dfrac{Fl^2}{16EI}$

续表

支撑及载荷情况	挠曲线方程	最大挠度和梁端转角
(简支梁，均布载荷 q，跨度 l)	$v=-\dfrac{qx}{24EI}(l^3-2lx^2+x^3)$	$v_{max}=-\dfrac{5ql^4}{384EI}$ $\theta_A=-\theta_B=-\dfrac{ql^3}{24EI}$
(简支梁，集中力 F 距 A 为 a，距 B 为 b)	当 $0\leqslant x\leqslant a$ $v=-\dfrac{Fbx}{6EIl}(l^2-x^2-b^2)$ 当 $a\leqslant x\leqslant l$ $v=\dfrac{-Fb}{6EIl}\left[(l^2-b^2)x-x^3+\dfrac{l}{b}(x-a)^3\right]$	若 $a>b$ $x=\sqrt{\dfrac{l^2-b^2}{3}}$ 处 $v_{max}=\dfrac{-\sqrt{3}Fb}{27EIl}(l^2-b^2)^{3/2}$ $\theta_A=\dfrac{-Fb(l^2-b^2)}{6EIl}$ $\theta_B=\dfrac{Fab(l+a)}{6EIl}$
(简支梁，A 端力偶 M_A)	$v=-\dfrac{M_A x}{6EIl}(l-x)(2l-x)$	在 $x=\left(1-\dfrac{1}{\sqrt{3}}\right)l$ 处 $v_{max}=-\dfrac{M_A l^2}{9\sqrt{3}EI}$ $\theta_A=-\dfrac{M_A l}{3EI}$，$\theta_B=\dfrac{M_A l}{6EI}$
(简支梁，B 端力偶 M_B)	$v=-\dfrac{M_B lx}{6EI}\left(1-\dfrac{x^2}{l^2}\right)$	在 $x=\dfrac{l}{\sqrt{3}}$ 处 $v_{max}=\dfrac{M_B l^2}{9\sqrt{3}EI}$ $\theta_A=-\dfrac{M_B l}{6EI}$，$\theta_B=-\dfrac{M_B l}{3EI}$
(简支梁带外伸段，外伸段长 a，均布载荷 q)	$0\leqslant x\leqslant l$ $v=l\dfrac{qa^2}{12EI}\left(lx-\dfrac{x^2}{l}\right)$ $l\leqslant x\leqslant l+a$ $v=-\dfrac{qa^2}{12EI}\left[\dfrac{x^3}{l}-\dfrac{(2l+a)(x-l)^3}{al}-\dfrac{(x-l)^4}{2a^2}-lx\right]$	在 $x=\dfrac{1}{\sqrt{3}}$ 处 $v_{max}=\dfrac{qa^2 l^2}{18\sqrt{3}EI}$ 在 $x=l+a$ 处 $v_{max}=-\dfrac{qa^3}{24EI}(3a+4l)$ $\theta_A=\dfrac{qa^2 l}{12EI}$，$\theta_B=-\dfrac{qa^3}{6EI}$ $\theta_C=-\dfrac{qa^2}{6EI}(l+a)$

【**例 7.5**】 图 7.11 所示为一悬臂梁，试用叠加法求截面 A 的挠度和截面 B 的转角。EI 为常数。

解：（1）分别查表得出悬臂梁在集中力 F 和集中力偶 M 单独作用下截面 A 的挠度和截面 B 的转角。

在 F 作用下，查表 7.2，得

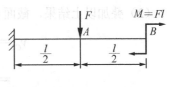

图 7.11

$$(v_A)_F = -\frac{F \times \left(\frac{l}{2}\right)^2}{6EI} \times \left(3 \times \frac{l}{2} - \frac{l}{2}\right) = -\frac{Fl^3}{24EI}$$

$$(\theta_B)_F = -\frac{F \times \left(\frac{l}{2}\right)^2}{2EI} = -\frac{Fl^2}{8EI}$$

在 M 作用下，查表 7.2，得

$$(v_A)_M = -\frac{Fl \times \left(\frac{l}{2}\right)^2}{2EI} = -\frac{Fl^3}{8EI}$$

$$(\theta_B)_M = -\frac{Fl^2}{EI}$$

（2）用叠加法求 F 和 M 共同作用下截面 A 的挠度 v_A 和截面 B 的转角 θ_B 分别为

$$v_A = (v_A)_F + (v_A)_M = -\frac{Fl^3}{24EI} - \frac{Fl^3}{8EI} = -\frac{Fl^3}{6EI}$$

$$\theta_B = (\theta_B)_F + (\theta_B)_M = -\frac{Fl^2}{8EI} - \frac{Fl^2}{EI} = -\frac{9Fl^2}{8EI}$$

【例 7.6】 悬臂梁如图 7.12（a）所示，求截面 C 的挠度。EI 为常数。

解：（1）把梁 AB 段加上等值、反向的均布载荷，变成表 7.2 中有的形式，如图 7.12（b）所示。然后把悬臂梁分解为图 7.12（c）和图 7.12（d）所示的两种情况。

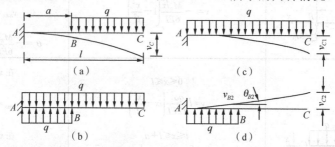

图 7.12

当均布载荷 q 沿 AC 作用时，查表 7.2，得

$$v_{C1} = -\frac{ql^4}{8EI}$$

当均布载荷 q 沿 AB 作用时，截面 C 的挠度为

$$v_{C2} = v_{B2} + \theta_{B2} \times (l-a) = \frac{qa^4}{8EI} + \frac{qa^3}{6EI} \times (l-a)$$

（2）叠加以上结果，截面 C 的挠度为

$$v_{C2} = v_{C1} + v_{C2} = -\frac{ql^4}{8EI} + \frac{qa^4}{8EI} + \frac{qa^3}{6EI} \times (l-a)$$

$$= -\frac{q}{24EI}(3l^4 - 4la^3 + a^4)$$

7.3.5 梁的刚度设计

在梁的设计中，除要求满足强度条件外，在很多情况下，还要将其变形限制在一定范围内，即梁的刚度条件为

$$|v|_{max} \leq [v]$$
$$|\theta|_{max} \leq [\theta]$$

式中，$[v]$ 和 $[\theta]$ 为许可挠度和转角。

【例 7.7】 一简支梁由 No.28b 工字钢制成，如图 7.13 所示。已知 F=20kN，l=9m，E=210 GPa，$[\sigma]$=170MPa，$[v]=\dfrac{1}{500}l$，试校核该梁的强度和刚度。

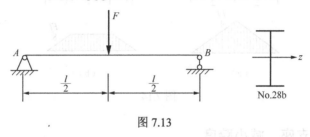

图 7.13

解：由型钢表查得 No.28b 工字钢：

$$W_z = 534 \text{cm}^3 , \quad I_z = 7480 \text{cm}^4$$

（1）强度校核：

$$M_{max} = \frac{Fl}{4} = \frac{20 \times 9}{4} = 45 \text{kN} \cdot \text{m}$$

$$\sigma_{max} = \frac{M_{max}}{W_z} = \frac{45 \times 10^6}{534 \times 10^3} = 84.2 \text{MPa} < [\sigma]$$

梁的强度足够。

（2）刚度校核。查表 7.2，截面 C 的最大挠度为

$$|v|_{max} = |v_C| = \left|-\frac{Fl^3}{48EI}\right|$$

则

$$\left|\frac{v_{max}}{l}\right| = \left|-\frac{Fl^2}{48EI}\right| = \left|-\frac{20 \times 10^3 \times 9^2}{48 \times 210 \times 10^9 \times 7480 \times 10^{-8}}\right| = \frac{1}{465} > \frac{1}{500}$$

刚度不足，需用加大截面，若改用 No.32a 工字钢，I_z=11075cm^4。则

$$\left|\frac{v_{max}}{l}\right| = \left|-\frac{Fl^2}{48EI}\right| = \left|-\frac{20 \times 10^3 \times 9^2}{48 \times 210 \times 10^9 \times 11075 \times 10^{-8}}\right| = \frac{1}{689} < \frac{1}{500}$$

因此，选用 No.32a 工字钢，梁的强度和刚度足够。

7.4 提高梁弯曲强度和刚度的一些措施

由梁的强度条件和刚度条件可以看出，采用合理安排梁上载荷，降低梁的最大弯矩值，

选用合理的截面形状等方法,能够使设计出的梁既节约材料,又安全可靠。有关提高梁的强度和刚度的措施,可从以下几个方面考虑。

7.4.1 合理安排梁的载荷

在结构允许的情况下,尽量降低梁内的最大弯矩值,以此来提高梁的承载能力,减小变形。采用的措施是将集中力分散作用改为分布载荷,如图 7.14 所示。

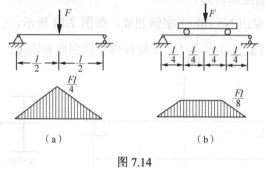

图 7.14

7.4.2 合理布置支座、减小跨度

梁的变形与其跨度的 n 次幂成正比,设法减小梁的跨度会有效地减小梁的变形,同时可以起到降低 $M_{\max}$ 的作用。

如图 7.15(a)所示均布载荷作用下的简支梁,$M_{\max}=ql^2/8=0.125ql^2$,若将两端支座各向里移动 $0.2l$,如图 7.15(b)所示,则 $M_{\max}=ql^2/40=0.025ql^2$ 只及前者的 1/5,载荷提高了 4 倍。均布载荷作用下的简支梁如图 7.16(a)所示,在跨度中点的最大挠度为 $v_{\max}=5ql^4/384EI$,如在梁中点增加一个支座,如图 7.16(b)所示,则梁的最大挠度约为原梁的 1/38,即 $v_1=v_{\max}/38$。

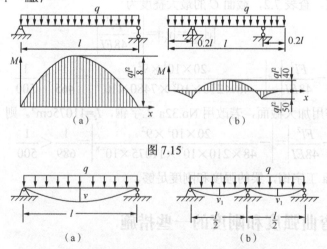

图 7.15

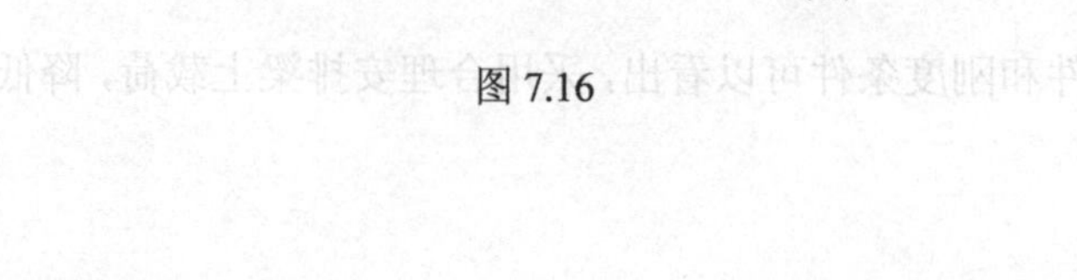

图 7.16

7.4.3 合理选择截面的形状

采用合理的截面形状,在同样大小的截面下,可提高 W_z 值,从而降低 σ_{max}。梁的合理截面形状是同样大小的面积下,抗弯截面系数 W_z 越大越好。工程中常用 W_z/A 的比值大小来衡量截面形状的合理性和经济性,比值越大,则截面形状就越为合理。几种常见截面的 W_z/A 比值如表 7.3 所示。

表 7.3 常见截面的 W_z/A

截面形状	圆形	矩形	环形	槽钢	工字钢
W_z/A	$0.125h$	$0.167h$	$0.205h$	$(0.27\sim0.31)h$	$(0.29\sim0.31)h$

从表 7.3 中所列数据看出,工字钢截面最为经济合理。这可以从正应力的分布规律来说明,离中性轴最远的截面边缘各点的正应力达到最大,而中性轴附近各点的正应力却很小,该处材料未充分发挥作用。把这些材料配置到离中性轴较远处,构件的承载能力将得到提高,如图 7.17 所示。

在研究截面的合理形状时,还要考虑材料性能。对抗拉和抗压强度相同的塑性材料,宜采用中性轴对称的截面,如矩形、圆形、工字形等。对抗拉能力远远小于抗压能力的脆性材料,宜采用中性轴偏于受拉一侧的截面,如 T 形、槽钢、箱形截面等。对这类截面,应尽量使最大拉应力和最大压应力同时接近各自的许用应力(见图 7.18),即

$$\frac{\sigma_{t,max}}{\sigma_{c,max}} = \frac{y_1}{y_2} = \frac{[\sigma_t]}{[\sigma_c]}$$

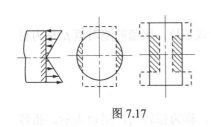

图 7.17

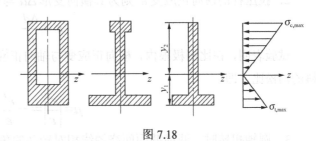

图 7.18

7.4.4 采用等强度梁

前面讨论的梁均为等截面的,即 W_z 为常量,而梁的弯矩值却随着截面位置的变化而改变。对等截面的梁来讲,除了危险截面的最大应力值接近许用应力值,其他截面的应力值均小于许用应力值,未充分发挥作用。工程中,常采用变截面梁,即在弯矩较大处采用较

大面积，而在弯矩较小处采用较小截面，这样各截面的最大应力值均接近于许用应力值，即 $\dfrac{M(x)}{W(x)}=[\sigma]$，称为**等强度梁**。如图 7.19 所示为车辆上的叠板弹簧，图 7.20（a）所示的是鱼腹梁，图 7.20（b）所示的是用阶梯轴等来替代理论上的等强度梁。

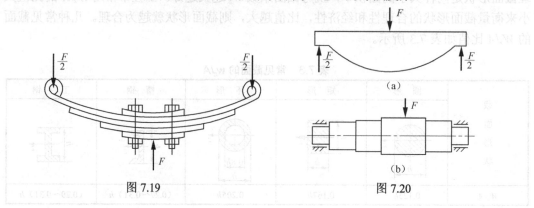

图 7.19　　　　　　　　　　　图 7.20

 本章小结

1. 单位长度杆件的变形量称为正应变。其轴向正应变为轴向变形 Δl 与杆件原长 l 之比，即

$$\varepsilon=\dfrac{\Delta l}{l}$$

拉压杆的胡克定律的另一种形式为

$$\Delta l=\dfrac{F_N l}{EA}$$

式中，EA 称为杆截面的抗拉刚度。

2. 拉压杆的横向正应变 ε' 则为其横向变形 Δd 与杆件原横向尺寸 d 之比，即

$$\varepsilon'=\dfrac{\Delta d}{d}$$

试验表明，在比例极限内，横向正应变与轴向正应变成正比，比值的绝对值 μ 称为材料的泊松比，即

$$\mu=\left|\dfrac{\varepsilon'}{\varepsilon}\right|=-\dfrac{\varepsilon'}{\varepsilon}$$

3. 圆轴扭转时，两横截面间绕轴线相对转动的角度，称为扭转角，用 φ 表示。扭转角相对于截面位置的变化率（单位长度扭转角）为

$$\dfrac{\mathrm{d}\varphi}{\mathrm{d}x}=\dfrac{M_T}{GI_p}$$

式中，GI_p 称为圆轴截面的抗扭刚度。

对于长为 l、扭矩 M_T 为常数的等直圆轴，两端面的扭转角为

$$\varphi = \frac{M_T l}{GI_p}$$

式中，扭转角单位为 rad。

4. 圆轴扭转的刚度条件：

$$\theta = \frac{M_T}{GI_p} \times \frac{180°}{\pi} \leqslant [\theta]$$

5. 梁的弯曲变形可用挠度和转角两个基本量来度量。横截面的形心沿 v 轴方向的位移称为挠度。横截面绕中性轴转过的角度 θ 称为截面转角。规定向上的挠度和逆时针的转角为正，反之为负。横截面的挠度和转角之间有下列关系：

$$\theta = \frac{\mathrm{d}v}{\mathrm{d}x}$$

6. 积分法计算梁变形的理论基础是挠曲线近似微分方程：$\dfrac{\mathrm{d}^2 v}{\mathrm{d}x^2} = \dfrac{M(x)}{EI}$。积分过程中出现的积分常数可以由变形的边界条件和连续条件确定。在求解实际问题时利用叠加法更方便。

7. 梁的刚度条件为 $|v|_{\max} \leqslant [v]$，$|\theta|_{\max} \leqslant [\theta]$。

8. 提高梁的强度和刚度的措施：（1）合理安排梁的载荷；（2）合理布置支座、减小跨度；（3）合理选择截面的形状；（4）采用等强度梁。

思考题

一、填空题

1. 胡克定律的两种表达式是_____和_____。
2. 材料的延伸率 $\delta \geqslant$ _____的材料称为塑性材料。
3. 线应变指的是_____的改变，而切应变指的是_____的改变。
4. 当 τ 不超过材料的切力____极限时，τ 与 γ 成____关系，即为剪切虎克定律。
5. GI_p 称为_____，反映了圆轴抵抗扭转变形的能力。
6. 同一材料制成的阶梯轴，最大切应力一定发生在单位长度扭转角_____的截面上。
7. 从弯曲变形的计算公式中可知，梁的变形大小与抗弯刚度成____比。
8. 减小梁的弯矩，既可以提高梁的强度，也可以_____梁的变形。
9. 当用积分法计算梁的位移时，其积分常数需通过梁的_____条件来确定。当必须进行分段积分时，其积分常数还需要用梁的_____条件来确定。
10. 在设计梁截面尺寸时，既要考虑强度条件，也要考虑刚度条件。通常由梁的_____条件选择截面，然后再进行_____校核。

二、选择题

1. 由拉压杆轴向伸长（缩短）量的计算公式 $\Delta l = \dfrac{F_N l}{EA}$ 可以看出，E 或 A 值越大，Δl 值越小，故_____。

A. E 称为杆件的抗拉（压）刚度
B. 乘积 EA 表示材料抵抗拉伸（压缩）变形的能力
C. 乘积 EA 称为杆件的抗拉（压）刚度
D. 以上说法都不正确

2. 对于公式 $\mu = -\dfrac{\varepsilon'}{\varepsilon}$，下面说法正确的是_____。

A. 泊松比与杆件的几何尺寸及材料的力学性质无关
B. 公式中的负号表明线应变 ε 与 ε' 的方向相反
C. 公式中的负号表明，杆件的轴向长度增大时，其横向尺寸减小
D. 杆件的轴向长度增大时，其横向尺寸按比例增大

3. 思考题图 7.1 所示的两拉杆，材料相同。下列结论中正确的是_____。

A. 杆 I 的伸长小于杆 II 的伸长
B. 杆 I 的伸长等于杆 II 的伸长
C. 杆 I 的伸长为杆 II 的伸长的 2.5 倍
D. 杆 I 的伸长为杆 II 的伸长的 2 倍

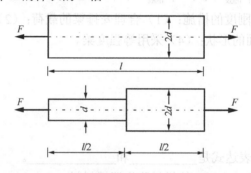

思考题图 7.1

4. 杆件受扭时，下面说法正确的是_____。

A. 圆杆的横截面仍保持为平面，而矩形截面杆的横截面不再保持为平面
B. 圆杆和矩形截面杆的横截面仍都保持为平面
C. 圆杆和矩形截面杆的横截面都不再保持为平面
D. 圆杆的横截面不再保持为平面，而矩形截面杆的横截面仍保持为平面

5. 一空心轴，内外径之比为 0.5，若将截面增加 1 倍，其抗扭刚度是原来的_____倍。

A. 2   B. 4   C. 8   D. 16

6. 在思考题图 7.2 中的圆轴，AB 段的相对扭转角 φ_1 和 BC 段的相对扭转角 φ_2 的关系是_____。

A. $\varphi_1 = \varphi_2$ B. $\varphi_2 = \dfrac{8}{3}\varphi_1$

C. $\varphi_2 = \dfrac{16}{3}\varphi_1$ D. $\varphi_2 = \dfrac{4}{3}\varphi_1$

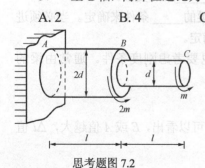

思考题图 7.2

7. 弯曲变形量是_____。
   A. 挠度   B. 转角   C. 切力和弯矩   D. 挠度和转角
8. 梁的挠曲线微分方程 $d^2v/dx^2 = M(x)/EI$，在_____条件下成立。
   A. 梁的就形属小变形
   B. 材料服从虎克定律
   C. 挠曲线在平面内
   D. 同时满足 A、B、C
9. 思考题图 7.3 中的悬臂梁，若已知截面 B 的挠度和转角分别为 v_B 和 θ_B，则 C 端挠度为_____。
   A. $v_C = 2v_B$
   B. $v_C = a\theta_B$
   C. $v_C = v_B + a\theta_B$
   D. $v_C = v_B$

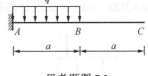

思考题图 7.3

10. 思考题图 7.4 所示简支梁，欲使 C 点挠度为零，则 P 与 q 的关系为_____。
    A. $P = ql/2$
    B. $P = 5ql/8$
    C. $P = 5ql/6$
    D. $P = 3ql/5$

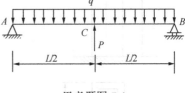

思考题图 7.4

习题

7.1 如题图 7.1 所示，一根由两种材料制成的圆杆，直径 $d = 40$ mm，杆总伸长 $\Delta l = 0.126$ mm，钢和铜的弹性模量分别为 $E_1 = 210$ GPa 和 $E_2 = 100$ GPa。试求拉力 F 及杆内的正应力。

7.2 如题图 7.2 所示结构中，梁 AB 为刚体，杆 1 和杆 2 由同一种材料制成，$[\sigma] = 160$ MPa，$P = 40$ kN，$E = 200$ GPa。

（1）求两杆所需要的面积；
（2）如刚梁 AB 只作向下平移，不作转动，此两杆的面积应为多少？

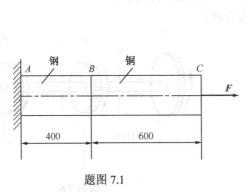

题图 7.1

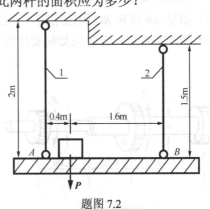

题图 7.2

7.3 截面为方形的阶梯柱，如题图 7.3 所示。上柱高 $H_1=3\text{m}$，截面面积 $A_1=240\times240\text{mm}^2$；下柱高 $H_2=4\text{m}$，截面面积 $A_2=370\times370\text{mm}^2$。载荷 $F=40\text{kN}$，材料的弹性模量 $E=3\text{GPa}$，试求：(1) 柱上、下段的应力；(2) 柱上、下段的应变；(3) 柱子的总变形 Δl。

7.4 某机器的传动轴如题图 7.4 所示。主动轮的输入功率 $P_1=367\text{kW}$，三个从动轮输出的功率分别为 $P_2=P_3=110\text{kW}$，$P_4=147\text{kW}$。已知 $[\tau]=40\text{MPa}$，$[\theta]=0.3°/\text{m}$，$G=80\text{GPa}$，$n=300\text{r}/\text{min}$。试设计轴的直径。

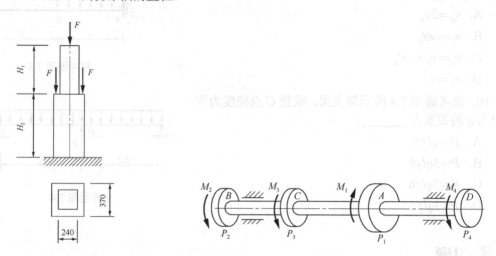

题图 7.3　　　　　　　　　　　　　　　　题图 7.4

7.5 一阶梯形圆轴如题图 7.5 所示。已知 B 轮输入的功率 $P_B=45\text{kW}$，轮 A 和 C 输出的功率分别为 $P_A=30\text{kW}$，$P_C=15\text{kW}$；轴的转速 $n=240\text{r}/\text{min}$，$d_1=60\text{mm}$，$d_2=40\text{mm}$；许用扭转角 $[\theta]=2°/\text{m}$，材料的 $[\tau]=50\text{MPa}$，$G=80\text{GPa}$。试校核轴的强度和刚度。

7.6 如题图 7.6 所示，传动轴的转速 $n=500\text{r}/\text{min}$，主动轮 1 输入功率 $P_1=368\text{kW}$，从动轮 2 和 3 的输出功率分别为 $P_2=147\text{kW}$，$P_3=221\text{kW}$。已知 $[\tau]=70\text{MPa}$，$[\theta]=1°/\text{m}$，$G=80\text{GPa}$。

(1) 试按强度条件和刚度条件求 AB 段直径 d_1 和 BC 段的直径 d_2；
(2) 如果 AB 段和 BC 段选用同一直径 d，试确定 d 的大小；
(3) 按经济观点，各轮应如何安排更为合理？

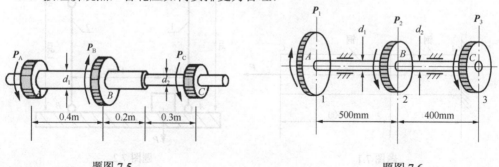

题图 7.5　　　　　　　　　　　　　　　　题图 7.6

7.7 用积分法求题图 7.7 所示各梁的挠曲线方程、端截面转角 θ_A 和 θ_B、跨度中点的挠度。设 EI 为常量。

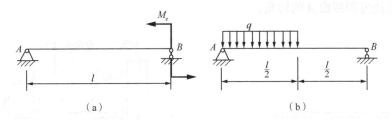

题图 7.7

7.8 写出题图 7.8 所示各梁的边界条件。其中（b）图中的 k 为弹簧的刚度（N/m）。

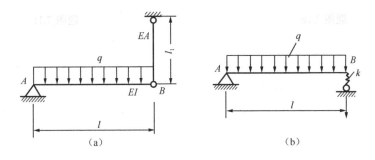

题图 7.8

7.9 如题图 7.9 所示。试用叠加法求各梁截面 A 的挠度和截面 B 的转角。EI 为常数。

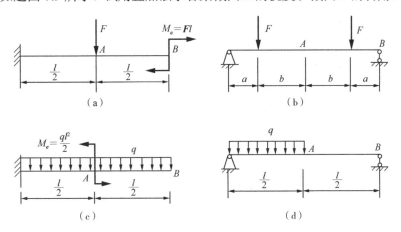

题图 7.9

7.10 如题图 7.10 所示。吊车梁由 No.32a 工字钢制成，跨度 $l=8.76\text{m}$，材料的弹性模量 $E=210\text{GPa}$。吊车的最大起重量为 $F=20\text{kN}$，许用挠度 $[v]=\dfrac{l}{500}$。试校核梁的刚度。

7.11 磨床主轴可简化为等截面的外伸梁，如题图 7.11 所示。其直径 $d=90$mm，磨削阻力 $F_1=500$N，胶带拉力 $F_2=3700$N，$E=210$GPa，$[v_C]=0.08$mm，$[\theta_A]=0.06°$/m。试校核截面 C 的挠度和截面 A 的转角。

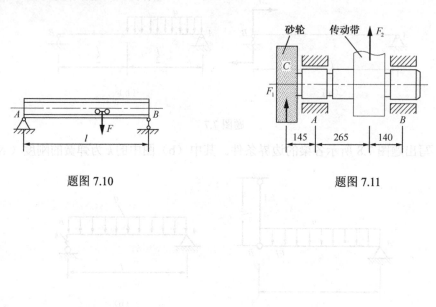

题图 7.10　　　　　　　　题图 7.11

第8章 应力状态和强度理论

对于杆件轴向拉伸（压缩）、扭转与弯曲基本变形时的时强度问题，虽然有差异，但也具有共同特点，一是危险截面上的危险点只承受正应力或切应力；二是都通过试验直接确定构件破坏时的极限应力，并以此为依据建立强度条件。

工程中还有一些受力较为复杂的构件或结构，其危险截面上危险点既有正应力，也有切应力。由于复杂受力形式繁多，不可能一一通过试验确定构件或结构破坏时的极限应力。因此，必须研究在各种不同的复杂受力形式下，确定破坏的共同因素和规律，从而在单向拉（压）试验分析结果的基础上，建立复杂受力时杆件或构件强度条件。

本章首先介绍应力状态的基本概念，在此基础上建立构件复杂受力时的强度理论。

8.1 应力状态的概念

8.1.1 一点应力状态的概念

前面研究杆件在各种基本变形的应力时，主要研究了杆件横截面上的应力。例如，轴向拉（压）的杆件横截面上只有均匀分布的正应力。还研究了轴向拉（压）杆件斜截面上的应力，其斜截面上既有正应力，也有切应力。因此，受力构件上的同一点位于不同截面上的应力是不同的。**通过受力构件内某一点处各个截面上应力大小和方向的情况，称为该点处的应力状态。**

8.1.2 研究一点应力状态的目的

在研究了杆件在轴向拉伸（压缩）、扭转和弯曲时的强度问题，这些杆件危险截面上危险点或处于单向应力状态（如图 8.1（a）所示）或处于纯剪切应力状态（如图 8.1（b）所示），相应的强度条件分别为

$$\sigma_{max} \leqslant [\sigma]$$
$$\tau_{max} \leqslant [\tau]$$

在工程实际问题中，许多构件的受力是很复杂的。通常是几种基本变形的组合，其危险点处于复杂的应力状态。例如，搅拌器上的搅拌轴，如图 8.2（a）所示，在工作时既受拉又受扭。如在轴表层用纵、横截面及圆周面切取微小正六面体，其上应力状况如图 8.2（b）所示，即处于正应力和切应力联合作用。在受力复杂的构件上，危险点往往受正应力和切应力联合作用，因此要解决这类构件的强度问题，就必须研究一点应力状态。

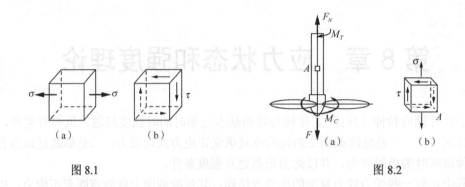

图 8.1 图 8.2

8.1.3 研究方法

若想了解受力构件内某一点应力状态，就要应用截面法。假想围绕该点切出一个微小的正六面体来研究，这种微小正六面体称为**单元体**。由于单元体的尺寸是无限小的，所以，可认为单元体各个侧面上的应力都是均匀分布的，且单元体中每一对平行面上应力的大小和性质都是相同的。单元体侧面上应力正负号规定：正应力 σ 拉应力为正，压应力为负；切应力 τ 使单元体有顺时针转动趋势为正，反之为负。

从受力构件内一点处切出的单元体，若其各侧面上的应力均为已知，则这样的单元体称为**原始单元体**。

8.1.4 主单元体、主平面和主应力

一般而言，单元体的侧面上既有正应力，也有切应力。但是可以证明，围绕该点切出的诸单元体中，总存在着一个在它相互垂直的三个侧面上只有正应力而无切应力的特殊单元体，该单元体称为**主单元体**。切应力为零的面称为**主平面**。主平面上的正应力称为**主应力**，分别用 σ_1、σ_2、σ_3 表示，并按代数值排列，即 $\sigma_1 \geq \sigma_2 \geq \sigma_3$。

8.1.5 应力状态的分类

根据主应力不为零的个数，可将一点处的应力状态分为以下三类。

1. 单向应力状态

三个主应力中只有一个不为零的应力状态称为**单向应力状态**。例如从轴向拉伸的杆上（见图 8.3）切取单元体即为单向应力状态。

2. 二向应力状态

三个主应力中，两个主应力不为零的应力状态称为**二向应力状态**，例如，从受内压的圆筒形薄壁容器上任一点切取单元体（见图 8.4）即为二向应力状态。

3. 三向应力状态

三个主应力均不为零的应力状态称为**三向应力状态**，例如钢轨和车轮的接触处，受压区域内材料的变形受到周围材料的阻碍，因而从受压处切取的单元体（见图 8.5）处于三向受压应力状态。

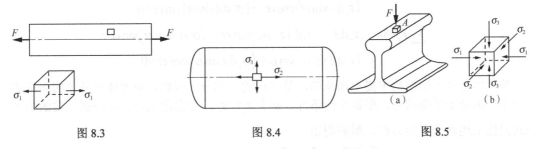

图 8.3　　　　　图 8.4　　　　　图 8.5

单向应力状态又称简单应力状态，二向和三向应力状态统称为**复杂应力状态**，本章着重介绍二向应力状态的分析。

8.2 二向应力状态分析的解析法

8.2.1 斜截面上的应力

如图 8.6（a）所示，单元体是从某一受力构件取出的二向应力状态最一般的情况。单元体前后两个面上的应力为零，其他四个侧面上分别作用已知的应力 σ_x、τ_x 和 σ_y、τ_y，且它们的作用线均平行于应力为零的平面，所以这种应力状态也称为**平面应力状态**。用平面图表示，如图 8.6（c）所示。现在研究与 z 轴平行的任一斜截面 ef 上的应力，其外法线 n 与 x 轴正向夹角为 α，此截面称为 α 截面，α 截面上的正应力和切应力分别用 σ_α 和 τ_α 表示。

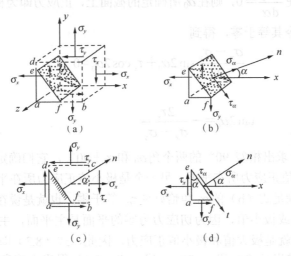

图 8.6

利用截面法，沿斜截面 ef 将单元体切成两部分，并取左下部分 aef 为研究对象，如图 8.6（b）、（d）所示，设 ef 面的面积为 dA，则 ae 和 af 面的面积分别为 $dA\cos\alpha$ 和 $dA\sin\alpha$，以斜截面法线 n 和切线 t 为参考轴，根据 aef 部分的平衡，得平衡方程

$$\sum F_n = 0, \quad \sigma_\alpha dA + (\tau_x dA\cos\alpha)\sin\alpha - (\sigma_x dA\cos\alpha)\cos\alpha + (\tau_y dA\sin\alpha)\cos\alpha - (\sigma_y dA\sin\alpha)\sin\alpha = 0$$

$$\sum F_t = 0, \quad \tau_\alpha dA - (\tau_x dA\cos\alpha)\cos\alpha - (\sigma_x dA\sin\alpha)\sin\alpha + (\tau_y dA\sin\alpha)\sin\alpha + (\sigma_y dA\sin\alpha)\cos\alpha = 0$$

单元体是从平衡结构中提取出来的，是结构的一部分。因此，单元体在各个侧面应力作用下，也处于平衡状态。根据平衡条件，必有 $\tau_x = \tau_y$。考虑此关系，再根据三角函数关系式简化上述两个平衡方程，最后得出

$$\sigma_\alpha = \frac{\sigma_x + \sigma_y}{2} + \frac{\sigma_x - \sigma_y}{2}\cos 2\alpha - \tau_x \sin 2\alpha \tag{8.1}$$

$$\tau_\alpha = \frac{\sigma_x - \sigma_y}{2}\sin 2\alpha + \tau_x \cos 2\alpha \tag{8.2}$$

即为二向应力状态下斜截面上应力的一般公式。该公式表明，斜截面上的正应力 σ_α 和切应力 τ_α 随 α 的变化而变化，即 σ_α 和 τ_α 都是 α 的连续函数。

8.2.2 主应力与主平面

将式（8.1）对 α 求导，得

$$\frac{d\sigma_\alpha}{d\alpha} = -2\left(\frac{\sigma_x - \sigma_y}{2}\sin 2\alpha + \tau_x \cos 2\alpha\right) \tag{a}$$

若 $\alpha = \alpha_0$ 时，能使 $\frac{d\sigma_\alpha}{d\alpha} = 0$，则在 α_0 所确定的截面上，正应力即为极大值或极小值，将 α_0 代入式（a），并令其等于零，得到

$$\frac{\sigma_x - \sigma_y}{2}\sin 2\alpha_0 + \tau_x \cos 2\alpha_0 = 0 \tag{b}$$

由此得出

$$\tan 2\alpha_0 = -\frac{2\tau_x}{\sigma_x - \sigma_y} \tag{8.3}$$

由式（8.3）可以求出相差 90° 的两个角 α_0 和 $\alpha_0 + 90°$，它们确定两个相互垂直的平面，其中一个是极大值正应力所在平面，另一个是极小值正应力所在平面。比较式（8.2）和式（b），可见满足式（b）的 α_0 角恰好使 $\tau_{\alpha 0}$ 等于零，也就是说在切应力为零的平面上，正应力为极大值或极小值，因为切应力为零的平面是主平面，主平面上的正应力为主应力，所以主应力就是极大值和极小值正应力。因此，式（8.3）即为主平面方位确定公式。从式（8.3）求出 $\sin 2\alpha_0$ 和 $\cos 2\alpha_0$，代入式（8.1）得极大值和极小值正应力，即二向应力状态下两个主应力计算公式：

$$\left.\begin{array}{l}\sigma_{\max}\\ \sigma_{\min}\end{array}\right\}=\frac{\sigma_x+\sigma_y}{2}\pm\sqrt{\left(\frac{\sigma_x-\sigma_y}{2}\right)^2+\tau_x^2} \tag{8.4}$$

如前所述，由式（8.3）可确定相差 90°的两个角 α_0 和 $\alpha_0+90°$，这样可以定出两个主平面方位，或者说定出两个主应力方向，至于这两个角度哪一个是 $\sigma_{\max}$ 的方向，哪一个是 $\sigma_{\min}$ 的方向，具体确定方法为：**如约定 σ_x 表示两个正应力中代数值较大的一个，即 $\sigma_x \geqslant \sigma_y$，则式（8.3）确定的两个 α_0 中，绝对值较小的一个确定 $\sigma_{\max}$ 所在的平面。否则绝对值较小的一个确定 $\sigma_{\min}$ 所在平面**。此方法可通过应力圆得到验证。

$\sigma_{\max}$、$\sigma_{\min}$ 求出后，又知二向应力状态有一个主应力为零，根据 $\sigma_1 \geqslant \sigma_2 \geqslant \sigma_3$ 的排队原则，即可得到 σ_1、σ_2、σ_3。

8.2.3 极值切应力

用完全相似的方法，可以确定极大值和极小值切应力及它们所在平面的方位。

极大值和极小值切应力计算公式为

$$\left.\begin{array}{l}\tau_{\max}\\ \tau_{\min}\end{array}\right\}=\pm\sqrt{\left(\frac{\sigma_x-\sigma_y}{2}\right)^2+\tau_x^2} \tag{8.5}$$

极大值和极小值切应力所在平面方位公式为

$$\tan 2\alpha_1=\frac{\sigma_x-\sigma_y}{2\tau_x} \tag{8.6}$$

比较式（8.3）和式（8.6），可知

$$\tan 2\alpha_0 \cdot \tan 2\alpha_1 = -1$$

则

$$2\alpha_1=2\alpha_0+90°,\quad \alpha_1=\alpha_0+45°$$

即极大和极小值切应力所在平面与主平面夹角为 45°。也就是说，**主平面逆时针旋转 45°即可得到极值切应力所对应的平面**。

必须指出，这里得到的极大和极小值切应力是指与所给主平面垂直的各斜截面中的切应力极大和极小值，对于通过一点所有各个斜截面中，最大和最小切应力，将在后面讨论。

另外，在有极值切应力的截面上，正应力不一定等于零。将式（8.6）的 α_1 代入式（8.1），可得

$$\sigma_{\alpha_1}=\frac{\sigma_x+\sigma_y}{2} \tag{8.7}$$

【例 8.1】 如图 8.7（a）所示单元体，图中应力单位为 MPa。试求 ef 斜截面上的应力及主应力和主平面方位，并图示主单元体。

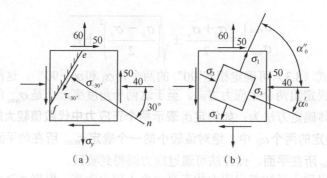

图 8.7

解：（1）求 ef 斜截面上的应力。

由图 8.7（a）得：$\sigma_x = -40\text{MPa}$，$\sigma_y = 60\text{MPa}$，$\tau_x = -50\text{MPa}$。

将应力数值和 $\alpha = -30°$ 代入式（8.1）、式（8.2），可得

$$\sigma_{-30°} = \frac{-40+60}{2} + \frac{-40-60}{2}\cos(-60°) - (-50)\sin(-60°) = -58.3\text{MPa}$$

$$\tau_{-30°} = \frac{-40-60}{2}\sin(-60°) + (-50)\cos(-60°) = 18.3\text{MPa}$$

（2）求主应力大小，由式（8.4），可得

$$\left.\begin{array}{c}\sigma_{\max}\\ \sigma_{\min}\end{array}\right\} = \frac{-40+60}{2} \pm \sqrt{\left(\frac{-40-60}{2}\right)^2 + (-50)^2} = \begin{cases}80.7\text{MPa}\\ -60.7\text{MPa}\end{cases}$$

所以，$\sigma_1 = 80.7\text{MPa}$，$\sigma_2 = 0\text{MPa}$，$\sigma_3 = -60.7\text{MPa}$。

（3）主平面方位，由式（8.3），可得

$$\tan 2\alpha_0 = -\frac{2(-50)}{-40-60} = -1$$

解得：$\alpha_0' = -22.5°$，$\alpha_0'' = -67.5°$。如前所述，$\sigma_x < \sigma_y$，所以，$\alpha_0' = -22.5°$ 与 $\sigma_3(\sigma_{\min})$ 相对应，σ_3 与 x 方向夹角为 $-22.5°$，主单元体如图 8.7（b）所示。

8.3　二向应力状态分析的图解法

8.3.1　应力圆

前面所述的二向应力状态的应力分析，也可用图解法进行。

由式（8.1）和式（8.2）可知，任一斜截面的正应力 σ_α 和切应力 τ_α 均随参变量 α 变化。消去参变量 α 后，便可得到 σ_α 与 τ_α 的关系式为

$$\left(\sigma_\alpha - \frac{\sigma_x + \sigma_y}{2}\right)^2 + (\tau_\alpha - 0)^2 = \left(\frac{\sigma_x + \sigma_y}{2}\right)^2 + \tau_x^2$$

在 τ、σ 为纵、横坐标轴的平面内，上式所表示的曲线是一个圆，其圆心坐标为

$(\frac{\sigma_x+\sigma_y}{2}, 0)$,半径 R 为 $\sqrt{\left(\frac{\sigma_x-\sigma_y}{2}\right)^2+\tau_x^2}$,而圆周上任一点的纵、横坐标分别代表所研究的单元体上某一截面的切应力和正应力,此圆称为**应力圆**或**莫尔圆**。

8.3.2 应力圆的一般画法

应力圆是通过单元体上的 σ_x、σ_y 和 τ_x 来画出的。下面结合图 8.8(a)所示单元体应力情况,说明应力圆的一般画法。其步骤如下:

(1)在 $\sigma-\tau$ 笛卡儿坐标系中,按一定比例尺在横坐标轴上量取 $OB_1=\sigma_x$,由 B_1 点引垂线并在垂线上量取 $B_1D_1=\tau_x$,得 D_1 点,D_1 点坐标为 $D_1(\sigma_x,\ \tau_x)$。

(2)在横坐标轴上量取 $OB_2=\sigma_y$,由 B_2 点引垂线并在垂线上量取 $B_2D_2=\tau_y$,得 D_2 点,D_2 点坐标为 $D_2(\sigma_y,\ \tau_y)$。

(3)连接 D_1D_2,D_1D_2 连线交横坐标轴于 C 点。

(4)以 C 点为圆心,CD_1 或 CD_2 为半径画圆,即为此单元体对应的应力圆,如图 8.8(b)所示。

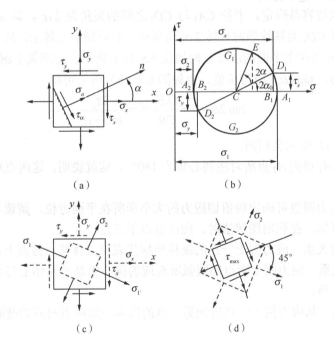

图 8.8

8.3.3 用应力圆求斜截面上的应力

如图 8.8(a)所示单元体应力圆确定后,单元体任一斜截面上的正应力和切应力均可通过其应力圆求得,具体求法如下:

若求单元体α面上应力，以 CD_1 为基线使半径 CD_1 沿逆时针方向旋转 2α 角，即转至 CE 处，如图 8.8（b）所示，所得 E 点的横坐标和纵坐标就分别代表α面上的正应力 σ_α 和切应力 τ_α（证明从略）。

8.3.4 用应力圆求主应力大小和主平面位置

由应力圆（见图 8.8（b））可以看出，A_1 和 A_2 对应的两截面上切应力为零，因此 A_1 和 A_2 两点对应的两个平面为主平面，A_1 和 A_2 两点的横坐标分别表示两个主应力，它们是如图 8.8（a）所示单元体平行于 z 轴的各个截面上正应力中的极大值和极小值。在本例中，与 z 轴垂直的两平面是已知主平面，其上主应力为零。所以求得的两个主应力分别为

$$\sigma_1 = \sigma_{max} = OA_1 = OC + CA_1 = \frac{\sigma_x + \sigma_y}{2} + \sqrt{\left(\frac{\sigma_x - \sigma_y}{2}\right)^2 + \tau_x^2}$$

$$\sigma_2 = \sigma_{min} = OA_2 = OC - CA_2 = \frac{\sigma_x + \sigma_y}{2} - \sqrt{\left(\frac{\sigma_x - \sigma_y}{2}\right)^2 + \tau_x^2}$$

上式和式（8.4）完全相同。

主平面方位也很容易确定。半径 CA_1 与 CD_1 之间的夹角为 $2\alpha_0$，即 A_1 点代表法线为 n_1 的平面相当于以 CD_1 为基线顺时针转 $2\alpha_0$ 角所得。对应到单元体上，从 x 轴顺时针转过 α_0 角的方向就是 σ_1 所在主平面的法线方向如图 8.8（c）所示。按照关于α的符号规定，顺时针的 α_0 角是负的，$\tan 2\alpha_0$ 应为负值。由如图 8.8（b）所示可得

$$\tan 2\alpha_0 = -\frac{D_1 B_1}{CB_1} = -\frac{2\tau_x}{\sigma_x - \sigma_y}$$

上式和式（8.3）也完全相同。

在应力圆上，A_1 点到 A_2 点所对应圆心角为 180°，这就说明，这两点对应的主平面相互垂直。

显然，通过应力圆也可确定极值切应力的大小和所在平面方位，请读者自行考虑。

从以上讨论可知，在利用图解法时，应注意以下三点：

（1）点面对应关系　应力圆上一点的纵横坐标代表单元体某一截面上的应力。

（2）二倍角关系　应力圆上两点间圆弧所对应的圆心角是单元体上与这两点对应的截面外法线夹角的 2 倍。

（3）转向关系　从应力圆上一点转到另一点的转向与这两点对应的截面的外法线转向相同。

8.4　三向应力状态分析简介

应力状态的一般形式是三向应力状态，本节仅讨论当三个主应力已知时（见图 8.9），任意截面上的应力计算。

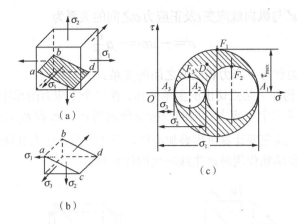

图 8.9

首先分析与 σ_3 平行的任意斜截面 $abcd$ 上的应力,如图 8.9(b) 所示。不难看出,这种斜截面上的应力 σ、τ 与 σ_3 无关,而仅取决于 σ_1 和 σ_2。所以,在 $\sigma-\tau$ 坐标平面内,与 σ_3 平行的所有截面对应的点均位于由 σ_2 和 σ_3 所确定的应力圆上,如图 8.9(c) 所示。同理可知,以 σ_2 和 σ_3 所作的应力圆代表单元体中与 σ_1 平行的各截面上的应力;以 σ_1 和 σ_3 所作应力圆代表单元体中与 σ_2 平行的各截面上的应力。因此,对如图 8.9(a) 所示的三向应力状态,可以画出三个应力圆(简称三向应力圆),如图 8.9(c) 所示。

还可以证明,对于与三个主应力均不平行的任意斜截面上的应力,也可用 $\sigma-\tau$ 平面内某一点坐标值来表示,该点必位于上述三个应力圆所围成的阴影区域内,如图 8.9(c) 所示(证明从略)。

综上所述,在 $\sigma-\tau$ 平面内,代表单元体上任意斜截面应力的点或位于应力圆上,或位于由三个应力圆所围成的阴影区域内。

由此可见,在三向应力状态下,最大和最小正应力分别为最大和最小主应力,即
$$\sigma_{\max} = \sigma_1, \quad \sigma_{\min} = \sigma_3$$

最大切应力为
$$\tau_{\max} = \frac{\sigma_1 - \sigma_3}{2} \tag{8.8}$$

$\tau_{\max}$ 所在平面与 σ_2 平行,其法线与 σ_1 成 45° 角。

单向和二向应力状态是三向应力状态的特例,因此,上述结论同样适用于单向和二向应力状态。

8.5 广义胡克定律

对于杆件的轴向拉(压)变形,当正应力不超过材料的比例极限时,建立了正应力和轴向线应变之间的关系(胡克定律),即
$$\sigma = E\varepsilon$$

同时横向线应变 ε' 与纵向线应变 ε 及正应力 σ 之间的关系为

$$\varepsilon' = -\mu\varepsilon = -\mu\frac{\sigma}{E}$$

现在研究复杂应力状态下应力和应变之间的关系。

图 8.10 是从受力构件中某点切出的主单元体，在三个主应力的作用下，它的各个方向尺寸都要发生改变，沿三个主应力方向的线应变分别用 ε_1、ε_2 和 ε_3 表示。产生对线弹性范围内的小变形问题，线应变计算可用叠加原理，即在三个主应力共同作用下产生的线应变等于三个主应力分别单独作用时产生线应变的代数和。

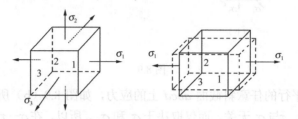

图 8.10

在 σ_1 单独作用下主单元体沿 σ_1、σ_2 和 σ_3 方向的线应变分别为

$$\varepsilon_1' = \frac{\sigma_1}{E}, \qquad \varepsilon_2' = -\mu\frac{\sigma_1}{E}, \qquad \varepsilon_3' = -\mu\frac{\sigma_1}{E}$$

同理，在 σ_2 和 σ_3 单独作用下，沿 σ_1、σ_2 和 σ_3 方向的线应变分别为

$$\varepsilon_1'' = -\mu\frac{\sigma_2}{E}, \qquad \varepsilon_2'' = \frac{\sigma_2}{E}, \qquad \varepsilon_3'' = -\mu\frac{\sigma_2}{E}$$

$$\varepsilon_1''' = -\mu\frac{\sigma_3}{E}, \qquad \varepsilon_2''' = -\mu\frac{\sigma_3}{E}, \qquad \varepsilon_3''' = \frac{\sigma_3}{E}$$

应用叠加原理可知，在三个主应力共同作用下，沿三个主应力方向的线应变为

$$\begin{cases} \varepsilon_1 = \frac{1}{E}[\sigma_1 - \mu(\sigma_2 + \sigma_3)] \\ \varepsilon_2 = \frac{1}{E}[\sigma_2 - \mu(\sigma_1 + \sigma_3)] \\ \varepsilon_3 = \frac{1}{E}[\sigma_3 - \mu(\sigma_1 + \sigma_2)] \end{cases} \tag{8.9}$$

式（8.9）称为**广义胡克定律**，显然只有当材料是各向同性时，而且处于线弹性范围内时，式（8.9）才成立。

8.6 工程设计中常用的强度理论

前面已经指出，杆件发生基本变形时，其危险截面、危险点的应力状态，要么是单向应力状态，要么是特殊应力状态（纯剪切），所以其强度条件是直接通过试验建立的。

但是，在工程实际中，许多构件的危险点往往处于复杂应力状态，复杂应力状态下的强度问题，难以类似于单向应力状态直接通过试验来确定。因为复杂应力状态是存在两个或三个主应力，材料的破坏与每个主应力都有关，而破坏时各主应力方向有无穷多组合。如果通过试验来求主应力的各危险值，就需按主应力的不同比值进行无穷多次试验，实际上是难以实现的，因而需要另寻办法。

实践表明，尽管各类材料的破坏现象是比较复杂的，但就其破坏形式来说，大体可分为两类，一类为**脆性断裂**；另一类为**屈服**或**塑性流动**。断裂破坏时，材料没有明显的塑性变形。许多试验表明，断裂破坏常常是由于拉应力或拉应变过大而引起的。例如，铸铁试件拉伸时沿横截面断裂，扭转时沿与轴线约成 45°倾角的螺旋面断裂，即与最大拉应力或最大拉应变有关。屈服流动破坏时，材料出现屈服现象或显著塑性变形。许多试验表明，屈服流动或显著塑性变形常常是由于切应力过大所引起的。例如，低碳钢试件拉伸屈服时在与轴线约成 45°角的方向出现滑移线，与切应力有关。

上述情况表明，材料破坏是有规律的，人们根据对材料破坏现象的分析和研究，提出了关于材料在复杂应力状态下发生破坏的种种假说或学说。大多数假说认为，材料在各种不同应力状态下导致某种类型破坏的原因是由于某种主要因素引起的，即无论材料出于何种应力状态，某种类型的破坏都是同一因素引起的，这样便可以利用简单的应力状态的试验结果，去建立复杂应力状态下的强度条件，这样的一些假说称为**强度理论**。至于某种强度理论是否成立，在什么条件下能够成立，还必须经过科学试验和生产实践的检验。

如上所述，材料破坏主要有两种形式。因此，强度理论也可分为两类，一类是解释材料脆性断裂的强度理论，其中有最大拉应力理论和最大拉应变理论；另一类是解释材料屈服流动破坏的强度理论，它主要包括最大剪应力理论和形状改变比能理论。

8.6.1 最大拉应力理论（第一强度理论）

这一理论认为最大拉应力 σ_1 是引起材料脆性断裂破坏的主要因素。也就是说，**不论材料处于何种应力状态，只要最大拉应力 σ_1 达到材料单向拉伸断裂时的极限应力 $\sigma_{\lim}$，材料就要发生脆性断裂破坏**。按此理论，材料发生脆性断裂破坏的条件为

$$\sigma_1 = \sigma_{\lim} = \sigma_b$$

将上述理论用于构件强度计算，得相应的强度条件为

$$\sigma_1 \leqslant [\sigma] = \frac{\sigma_b}{n} \tag{8.10}$$

试验证明，脆性材料在二向或三向受拉断裂时，最大拉应力理论与试验结果基本一致。而当存在有压应力的情况下，只要最大压应力值不超过最大拉应力值，最大拉应力理论也是正确的。但是这一理论没有考虑其余两个主应力的影响。

8.6.2 最大拉应变理论（第二强度理论）

这一理论认为最大伸长线应变 ε_1 是引起材料脆性断裂破坏的主要因素。也就是说，**不论材料处于何种应力状态，只要最大拉应变 ε_1 达到材料单向拉伸断裂时的伸长线应变极限**

值 $\varepsilon_{\lim}$，材料就要发生脆性断裂破坏。按此理论，材料发生脆性断裂破坏的条件为

$$\varepsilon_1 = \varepsilon_{\lim} = \varepsilon_b$$

对于铸铁等脆性材料，从受力直到断裂，其应力、应变关系基本符合胡克定律，所以

$$\varepsilon_1 = \frac{1}{E}[\sigma_1 - \mu(\sigma_2 + \sigma_3)] \quad \left(\varepsilon_b = \frac{\sigma_b}{E}\right)$$

将式（8.9）和（8.10）代入破坏条件表达式，得到用主应力形式表示的破坏条件为

$$\sigma_1 - \mu(\sigma_2 + \sigma_3) = \sigma_b$$

由此得到第二强度理论的强度条件为

$$\sigma_1 - \mu(\sigma_2 + \sigma_3) \leqslant [\sigma] \tag{8.11}$$

试验表明，这一理论仅仅与少数脆性材料在某些情况下的破坏符合。如脆性材料在二向拉（压）应力状态，且压应力值超过拉应力值时，最大拉应变理论与试验结果比较接近，并不能用它描述脆性材料破坏的一般规律，所以目前在强度计算中已很少应用第二强度理论。

8.6.3 最大切应力理论（第三强度理论）

这一理论认为最大切应力 τ_{max} 是引起材料屈服破坏的主要因素。也就是说，**不论材料处于何种应力状态，只要最大切应力 τ_{max} 达到材料单向拉伸发生塑性屈服破坏时的极限应力值 $\tau_{\lim}$，材料就要发生塑性屈服破坏**。按此理论，材料的塑性屈服条件为

$$\tau_{max} = \tau_s$$

由最大切应力公式

$$\tau_{max} = \frac{\sigma_1 - \sigma_3}{2}, \quad \left(\tau_s = \frac{\sigma_s}{2}\right)$$

将式（8.10）和式（8.11）代入屈服条件表达式，得到用主应力形式表示的破坏条件为

$$\sigma_1 - \sigma_3 = \sigma_s$$

由此得到按第三强度理论建立的强度条件为

$$\sigma_1 - \sigma_3 \leqslant [\sigma] \tag{8.12}$$

试验表明，此理论能够较为满意地解释材料出现的塑性屈服现象，但缺点是未考虑 σ_2 的影响。而试验表明，主应力 σ_2 对材料的屈服是有影响的。基于上述原因，在最大切应力理论提出后不久，又有所谓的形状改变比能理论产生，形状改变比能理论也称第四强度理论。

8.6.4 形状改变比能理论（第四强度理论）

弹性体在外力作用下发生变形，载荷作用点随之产生位移。因此在变形过程中，载荷在相应位移上要做功。如果所加的外力是静载荷，根据能量守恒定律可知，则载荷所做的功全部转化为储存于弹性体的能量，即所谓变形能。在外力作用下，物体的形状和体积一般均发生改变，故变形能又可分解为形状改变能和体积改变能。单位体积内的形状改变能称**形状改变比能**。在复杂应力状态下，可导出形状改变比能的表达式为（推导从略）

$$u_x = \frac{1+\mu}{6E}\left[(\sigma_1-\sigma_2)^2 + (\sigma_2-\sigma_3)^2 + (\sigma_3-\sigma_1)^2\right] \tag{8.13}$$

形状改变比能理论认为形状改变比能是引起材料屈服的主要因素，也就是说，不论材料处于何种应力状态，只要形状改变比能 u_x 达到材料单向拉伸屈服时的极限破坏时形状改变比能 u_{lim}，材料即发生屈服。按此理论，材料的屈服条件为

$$u_x = u_{lim}$$

由式（8.13）可知，材料在单向拉伸屈服时形状改变比能为

$$u_{lim} = \frac{1+\mu}{6E}\left[(\sigma_s - 0)^2 + (0-0)^2 + (0-\sigma_s)^2\right] = \frac{1+\mu}{3E}\sigma_s^2$$

可得主应力表示的屈服条件

$$\frac{1}{\sqrt{2}}\sqrt{(\sigma_1-\sigma_2)^2 + (\sigma_2-\sigma_3)^2 + (\sigma_3-\sigma_1)^2} = \sigma_s$$

由此得到按第四强度理论建立的强度条件为

$$\frac{1}{\sqrt{2}}\sqrt{(\sigma_1-\sigma_2)^2 + (\sigma_2-\sigma_3)^2 + (\sigma_3-\sigma_1)^2} \leqslant [\sigma] \tag{8.14}$$

试验表明，对于塑性材料，第四强度理论比第三强度理论更符合试验结果，这两个理论都在工程中得到广泛应用。

由上所述可见，当根据强度理论建立强度条件时，形式上是将构件危险点处的几个主应力按一定形式组合后与材料在单向拉伸的许用应力相比较。主应力不同形式的组合称为**相当应力**，用 σ_r 表示，各强度条件中的相当应力分别为

$$\sigma_{r1} = \sigma_1 \tag{8.15a}$$

$$\sigma_{r2} = \sigma_1 - \mu(\sigma_2+\sigma_3) \tag{8.15b}$$

$$\sigma_{r3} = \sigma_1 - \sigma_3 \tag{8.15c}$$

$$\sigma_{r4} = \sqrt{\frac{1}{2}\left[(\sigma_1-\sigma_2)^2 + (\sigma_2-\sigma_3)^2 + (\sigma_3-\sigma_1)^2\right]} \tag{8.15d}$$

【例 8.2】 如图 8.11（a）所示，受内压的薄壁圆筒。设圆筒的平均直径为 D，壁厚为 $t=D$，内压的压强为 p，试分析其强度计算。

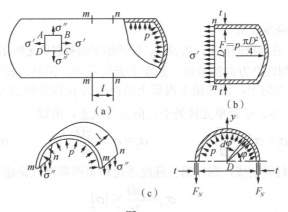

图 8.11

解：若不考虑所装流体的质量，则容器由于内压作用只是对外扩张，而无其他变形，筒壁纵横截面上都只有正应力而无切应力。

（1）圆筒横截面上的正应力——轴向应力 σ'。

假设用一横截面将圆筒截开，任取截面一边，例如取右边部分来研究，如图 8.10（b）所示。由圆筒及受力对称性可知：作用在封头上压力的合力 F 必沿圆筒轴线方向，其大小为

$$F = p \frac{\pi D^2}{4}$$

σ' 的计算属于轴向拉伸问题，因薄壁圆筒的横截面面积 $A = \pi D t$，故有

$$\sigma' = \frac{F}{A} = \frac{p \dfrac{\pi D^2}{4}}{\pi D t} = \frac{pD}{4t} \qquad (a)$$

此应力常称为圆筒形薄壁容器的轴向应力。

（2）圆筒纵截面上的应力——环向（周向）应力 σ''。

用相距 l 的两个横截面和包含直径的纵向平面假想从筒中取出一部分（如图 8.10（c）所示）作为研究对象，在筒壁的纵向截面上的内力为

$$F_N = \sigma'' t l$$

在这一部分圆筒内壁的微分面积 $l\dfrac{D}{2}\mathrm{d}\varphi$ 上的压力为 $pl\dfrac{D}{2}\mathrm{d}\varphi$，它在 y 方向投影为 $pl\dfrac{D}{2}\mathrm{d}\varphi\sin\varphi$。通过积分上述投影的总和为

$$\int_0^\pi pl\frac{D}{2}\sin\varphi\,\mathrm{d}\varphi = plD$$

由平衡条件 $\sum y = 0$，得

$$2\sigma'' t l - plD = 0$$

$$\sigma'' = \frac{pD}{2t} \qquad (b)$$

此应力常称为圆筒形薄壁容器的环向应力，从式（a）和（b）看出，环向应力 σ'' 是轴向应力 σ' 的两倍。

（3）薄壁圆筒的强度计算。

由上述分析可见，在薄壁圆筒上，若以纵、横两组平面截取单元体 $ABCD$，如图 8.11（a）所示。则该单元体受到两个方向的拉伸，截面上无切应力。因此，σ' 和 σ'' 皆为主应力，此外在单元体第三个方向上，因作用于内壁上的内压力 p 和外壁的大气压都远小于 σ' 和 σ''，可近似认为等于零。于是单元体处于二向应力状态，所以

$$\sigma_1 = \sigma'' = \frac{pD}{2t}, \qquad \sigma_2 = \sigma' = \frac{pD}{4t}, \qquad \sigma_3 = 0$$

如果筒是用塑性材料制成，则按第三强度理论和第四强度理论建立的强度条件为

$$\sigma_{r3} = \frac{pD}{2t} \leqslant [\sigma]$$

$$\sigma_{r4} = \frac{\sqrt{3}pD}{4t} \leqslant [\sigma]$$

本章小结

1. 一点的应力状态是受力构件内一点处不同截面上的应力变化情况。只有知道一点处的应力状态才能进一步确定哪个方位截面上的应力最大，从而解决复杂应力状态下危险点的强度问题。

2. 平面应力状态分析的方法——解析法，是利用截面法求得平行 z 轴且与 x 轴成 α 倾角的斜截面上应力表达式：

$$\sigma_\alpha = \frac{\sigma_x + \sigma_y}{2} + \frac{\sigma_x - \sigma_y}{2}\cos 2\alpha - \tau_x \sin 2\alpha$$

$$\tau_\alpha = \frac{\sigma_x - \sigma_y}{2}\sin 2\alpha + \tau_x \cos 2\alpha$$

应用该公式时，要注意正应力、切应力及 α 角的正负号。

3. 主应力即正应力极值，或切应力为零的侧面上的正应力，平面一般应力状态一般有两个非零主应力：

$$\left.\begin{array}{c}\sigma_{\max}\\ \sigma_{\min}\end{array}\right\} = \frac{\sigma_x + \sigma_y}{2} \pm \sqrt{\left(\frac{\sigma_x - \sigma_y}{2}\right)^2 + \tau_x^2}$$

分别位于与 x 轴成 α_0、$\alpha_0 + 90°$ 倾角的两个主平面上，即

$$\tan 2\alpha_0 = -\frac{2\tau_x}{\sigma_x - \sigma_y}$$

极值切应力的计算公式为

$$\left.\begin{array}{c}\tau_{\max}\\ \tau_{\min}\end{array}\right\} = \pm\sqrt{\left(\frac{\sigma_x - \sigma_y}{2}\right)^2 + \tau_x^2}$$

其作用面与主平面成 $\pm 45°$。

4. 空间一般应力状态具有三个非零主应力 $\sigma_1 \geqslant \sigma_2 \geqslant \sigma_3$。在平行其中一个主应力方向并与其余两个主方向成 $\pm 45°$ 的面上存在切应力极值，故有

$$\tau_{12} = \frac{\sigma_1 - \sigma_2}{2}, \quad \tau_{13} = \frac{\sigma_1 - \sigma_3}{2}, \quad \tau_{23} = \frac{\sigma_2 - \sigma_3}{2}$$

其中 $\tau_{\max} = \tau_{13}$。

5. 二向应力状态的图解法

应力圆与单元体对应关系是应力圆上的一点对应于单元体内某一斜截面，即点的坐标 (σ, τ) 对应于斜截面上的应力 (σ_α, τ_α)；应力圆上的两点沿圆弧所对应的圆心角是单元体上这两点所对应的两个截面的外法线所夹角度的两倍，这两个角度的转向相同。

6. 广义胡克定律描述了线弹性材料在弹性范围内，小变形条件下的复杂应力状态下应力与应变的关系。在实际工程中，可通过应变测量得到结构内部的应力分布规律和大小，

是试验力学的理论基础。

7. 相当应力为

$$\sigma_{r1}=\sigma_1$$
$$\sigma_{r2}=\sigma_1-\mu(\sigma_2+\sigma_3)$$
$$\sigma_{r3}=\sigma_1-\sigma_3$$
$$\sigma_{r4}=\sqrt{\frac{1}{2}\left[(\sigma_1-\sigma_2)^2+(\sigma_2-\sigma_3)^2+(\sigma_3-\sigma_1)^2\right]}$$

思考题

一、填空题

1. 一点的应力状态可分为＿＿＿＿状态和＿＿＿＿状态。
2. 一圆杆受力如思考题图 8.1 所示，圆杆表面任一点的应力状态是＿＿＿＿＿＿状态。

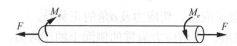

思考题图 8.1

3. 各个面上只有＿＿＿应力的单元体称为主单元体。
4. 主平面与极值切应力平面之间的夹角为＿＿＿＿。
5. 在平面应力状态中，任一点的两个主应力值，一个是该点的第＿＿＿＿主应力值，另一个是该点的第＿＿＿＿＿主应力值。
6. 已知一点处的主应力 $\sigma_1,\sigma_2,\sigma_3$，则该点的最大切应力 $\tau_{max}=$＿＿＿＿＿＿＿＿。
7. 应力圆代表一点的＿＿＿＿＿＿。
8. 应力圆与横轴交点的横坐标就是一点的＿＿＿＿值。
9. 强度理论的任务是用来建立＿＿＿＿＿＿＿应力状态下强度条件的。
10. 第一和第二强度理论适用于＿＿＿＿＿材料，而第三和第四强度理论适用于＿＿＿＿＿材料。

二、选择题

1. 复杂应力状态是指＿＿＿＿＿＿＿＿＿＿。
   A. 空间应力状态　　　　　　　　　　B. 平面应力状态
   C. 二向应力状态　　　　　　　　　　D. 除单向应力状态外的其余应力状态
2. 极值切应力面上，＿＿＿＿＿＿＿＿＿＿。
   A. 没有正应力　　　　　　　　　　　B. 有正应力，而且是主应力
   C. 可能有正应力，也可能没有　　　　D. 其主应力比极值切应力的值小
3. 思考题图 8.2 所示悬臂梁，得出 A，B，C，D 点的应力状态，其中＿＿＿＿解答是错误的。
   A. A 点　　　　　　　　　　　　　B. B 点
   C. C 点　　　　　　　　　　　　　D. D 点

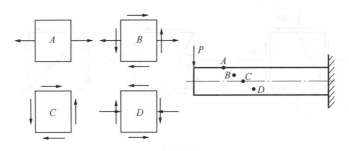

思考题图 8.2

4. 对于一个单元体，下列结论中错误的是_____。
   A. 正应力最大的面上切应力必为零
   B. 切应力最大的面上正应力必为零
   C. 正应力最大的面与切应力最大的面相交成 45°角
   D. 正应力最大的面与正应力最小的面相互垂直

5. 关于应力圆，下面说法正确的是_____。
   A. 应力圆代表一点的应力状态
   B. 应力圆上的一个点代表一点的应力状态
   C. 应力圆与横轴的两个交点，至少有一个在横轴的正半轴上
   D. 应力圆一定与纵轴相交

6. 设三向应力状态下的三个主应力为 σ_1，σ_2，σ_3，则_____。
   A. 一定有 $\sigma_1 > \sigma_2$
   B. 一定有 $\sigma_2 > \sigma_3$
   C. 一定有 $\sigma_3 < 0$
   D. 一定有 $\tau_{max} = \dfrac{\sigma_1 - \sigma_3}{2}$

7. 纯剪切单元体，按第三强度理论计算相当应力 σ_{r3} 为_____。
   A. $\sigma_{r3} = \sqrt{\tau}$
   B. $\sigma_{r3} = \tau$
   C. $\sigma_{r3} = \sqrt{3}\tau$
   D. $\sigma_{r3} = 2\tau$

8. 关于四种强度理论，下面说法正确的是_____。
   A. 第一种强度理论的强度条件 $\sigma_1 \leq [\sigma]$，其形式过于简单，因此用此理论进行强度计算，其结果最不精确
   B. 按第二强度理论的强度条件 $\sigma_1 - \mu(\sigma_2 + \sigma_3) \leq \delta[\sigma]$ 可以知道，材料发生破坏的原因是由于它在受拉的同时还受压
   C. 第三强度理论只适用于塑性材料，对脆性材料不适用
   D. 第四强度理论的强度条件，其形式最为复杂，故用它来计算，其结果最准确

 习题

8.1 试求题图 8.1 所示各单元体指定截面上的正应力和切应力，其中应力单位为 MPa。

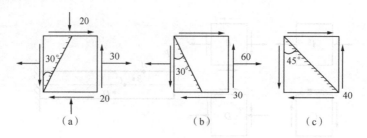

题图 8.1

8.2 试求题 8.1 中各点的主应力和极值切应力。

8.3 题图 8.2 所示梁中,已知 $q=5\text{kN/m}$,$l=4\text{m}$,$b=200\text{mm}$,$h=300\text{mm}$。试求:(1) Ⅰ-Ⅰ 截面 A 点处沿 30°方向斜截面上的正应力和切应力;(2) A 点的主应力和极值切应力。

8.4 某点的应力情况如题图 8.3 所示,应力单位为 MPa。已知材料的弹性模量 $E=200\text{GPa}$,泊松比 $\mu=0.3$,试求此点处的线应变 ε_x、ε_y 和 ε_z。

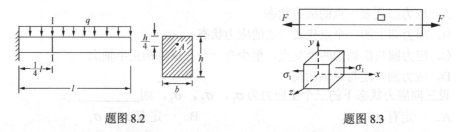

题图 8.2　　　　　　　　　　　　题图 8.3

8.5 从某铸铁构件内危险点处取出的单元体,其各面上的应力如题图 8.4 所示,应力单位为 MPa。已知材料的泊松比 $\mu=0.2$,容许应力 $[\sigma]=30\text{MPa}$,试按第一、第二强度理论校核其强度。

8.6 边长为 $a=0.1\text{m}$ 的铜立方块,无间隙地放入刚性槽内,如题图 8.5 所示。已知铜的弹性模量 $E=100\text{GPa}$,泊松比 $\mu=0.34$,力 $F=300\text{kN}$ 均匀地压在铜块的顶部。试求铜块的主应力和最大切应力。

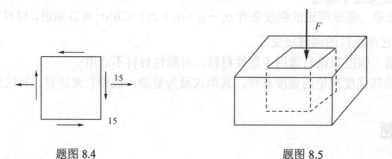

题图 8.4　　　　　　　　　　　　题图 8.5

8.7 一空心受扭圆轴，其外径 $D=120\text{mm}$，内径 $d=80\text{mm}$，在轴的中部表面 A 点处，测得如题图 8.6 所示沿 $45°$ 方向的线应变为 $\varepsilon_{45°}=2.6\times10^{-4}$。已知材料的弹性模量 $E=200\text{GPa}$，泊松比 $\mu=0.3$，试求力偶矩 M_e。

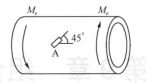

题图 8.6

8.8 某塑性材料制成的构件中，有题图 8.7（a）和（b）所示的两种应力状态。试按第三强度理论比较两者的危险程度（σ 与 τ 的数值相等）。

8.9 承受内压的铝合金制圆筒形薄壁容器如题图 8.8 所示。已知内压 $p=3.5\text{MPa}$，材料的 $E=75\text{GPa}$，$\mu=0.33$。试求圆筒的半径改变量。

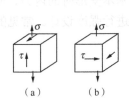 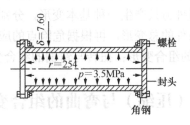

题图 8.7　　　　　题图 8.8

第9章 组合变形的强度设计

由两种或两种以上基本变形组合的情况,称为**组合变形**。

应用叠加法对组合变形进行应力分析时,首先将作用在构件上的外力进行简化或分解,使每一组外力只产生一种基本变形,分别计算各基本变形时的内力、应力,然后进行叠加,得出构件的总变形,再根据危险点的应力状态进行强度设计。常见的组合变形是拉(压)与弯曲的组合变形;扭转与弯曲的组合变形。

9.1 拉伸(压缩)与弯曲的组合变形

当杆件同时受到轴向载荷和横向载荷作用,或受到平行于杆件轴线偏心载荷作用时,杆件将产生拉伸或压缩与弯曲的组合变形。

下面通过例题来说明组合变形的强度设计方法。

【例9.1】 如图9.1(a)所示起重机,最大起重量$W=15\text{kN}$,横梁AB为工字钢,许用应力$[\sigma]=160\text{MPa}$,试选择工字钢的型号。

解:(1)外力分析。

取横梁AB为研究对象,横梁受到F_{Ax}、F_{Ay}、F_B和W的作用,F_{Ax}和F_{Bx}引起梁压缩变形,而横向力F_{Ay}、W、F_{By}引起梁弯曲变形,故横梁是压缩与弯曲的组合变形。

(2)求内力。

当起吊重物W移到横梁AB中点时,梁的变形最大,由平衡方程求得

$$F_{Ay}=F_{By}=\frac{W}{2}=7.5\text{kN}$$

$$F_{Ax}=F_{Bx}=F_{By}\cot\alpha=7.5\times\frac{3.4}{1.5}=17\text{kN}$$

作梁的轴力图和弯矩图,如图9.1(c)、(d)所示。由内力图可知,横梁中点为危险截面,其轴力和弯矩值分别为

$$F_N=F_{Ax}=17\text{kN}$$

$$M_{\max}=F_{Ay}\times\frac{l}{2}=\frac{7.5\times3.4}{2}=12.75\text{kN}\cdot\text{m}$$

(3) 选择工字钢型号。

对塑性材料来讲，其抗拉、压强度相等，所以只对危险截面上应力绝对值最大的点作强度校核，最大压应力在危险截面的上边缘处，即

$$\sigma_{\max}=\left|-\frac{F_N}{A}-\frac{M_{\max}}{W_z}\right|\leqslant[\sigma]$$

式中有 A、W_z 两个未知量，对这类组合变形在设计截面时，可先用弯曲正应力的强度条件来试选工字钢的型号，然后再代入上式进行校核。由弯曲强度条件

$$\sigma_{\max}=\frac{M_{\max}}{W_z}\leqslant[\sigma]$$

解得

$$W_z\geqslant\frac{M_{\max}}{[\sigma]}=\frac{12.75\times10^3}{160\times10^6}=79.68\times10^{-6}\,\mathrm{m}^3=79.68\,\mathrm{cm}^3$$

查型钢表，选 No.14 工字钢，其 $W_z=102\,\mathrm{cm}^3$，$A=21.5\,\mathrm{cm}^2$，根据初选的工字钢型号，计算最大压应力为

$$\sigma_{\max}=\left|-\frac{F_N}{A}-\frac{M_{\max}}{W_z}\right|=\left|-\frac{17\times10^3}{21.5\times10^{-4}}-\frac{12.75\times10^3}{102\times10^{-6}}\right|=132.9\,\mathrm{MPa}<[\sigma]$$

选择 No.14 工字钢梁的强度满足要求。

【例 9.2】 材料为灰口铸铁的压力机框架如图 9.2（a）所示，许用拉应力 $[\sigma_t]=35\,\mathrm{MPa}$，许用压应力 $[\sigma_c]=140\,\mathrm{MPa}$，已知最大压力 $F=1400\,\mathrm{kN}$，立柱横截面的几何性质为 $y_C=200\,\mathrm{mm}$，$h=700\,\mathrm{mm}$，$A=1.8\times10^5\,\mathrm{mm}^2$，$I_{z_C}=8.0\times10^9\,\mathrm{mm}^4$。试校核立柱的强度。

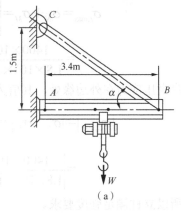
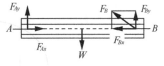
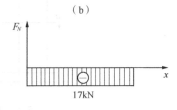
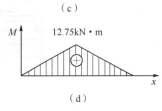

图 9.1

解：（1）内力分析。

用 n-n 截面将立柱截开，取上部分为研究对象，在截面上既有轴力，又有弯矩，其值为

$$F_N=1400\,\mathrm{kN}$$
$$M=F(500+y_C)=1400(500+200)=980\,\mathrm{kN}\cdot\mathrm{m}$$

立柱为拉伸与弯曲的组合变形。

（2）校核强度。

横截面上应力 σ_N 是均布的，σ_M 是线性分布的，叠加后，最大拉应力在截面内侧边缘处，其值为

$$\sigma_{t,\max} = \sigma_N + \sigma_M = \left| \frac{F_N}{A} + \frac{My_C}{I_{z_C}} \right|$$

$$= \frac{1400 \times 10^3}{1.8 \times 10^5 \times 10^{-6}} + \frac{980 \times 10^3 \times 200 \times 10^{-3}}{8 \times 10^9 \times 10^{-12}} = 32.3 \text{MPa} < [\sigma_t]$$

最大压应力在外边缘处，其值为

$$\left| \sigma_{C,\max} \right| = \left| \sigma_N + \sigma_M \right| = \left| \frac{F_N}{A} - \frac{M(h - y_C)}{I_{z_C}} \right|$$

$$= \left| \frac{1400 \times 10^3}{1.8 \times 10^5 \times 10^{-6}} - \frac{980 \times 10^3 \times (700 - 200) \times 10^{-3}}{8 \times 10^9 \times 10^{-12}} \right| = 53.5 \text{MPa} < [\sigma_C]$$

所以立柱满足强度要求。

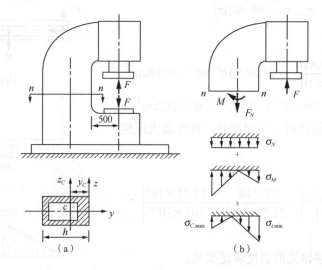

图 9.2

9.2 扭转与弯曲的组合变形

扭转与弯曲的组合变形是机械工程中最常见的情况。现以图 9.3 所示传动轴为例，来说明扭弯组合变形的强度计算。

1. 外力分析

为得到 AC 轴的受力图，将圆周力 F 向轴线简化，得到作用于轴线上的横向力 F 和力偶矩 M_e，由平衡方程 $\Sigma M_x = 0$，求得

$$M_e = \frac{FD}{2}$$

传动轴的计算简图如图 9.3（c）所示。力偶矩 M_e 和 $\frac{FD}{2}$ 引起轴的扭转变形，而横向力 F 和 F_y 分别引起轴在水平面 (Axy) 和垂直面 (Axz) 内的弯曲变形。

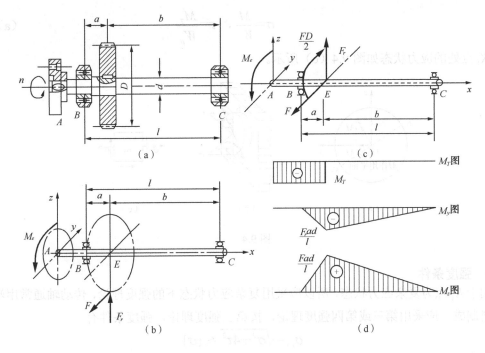

图 9.3

2．内力分析

分别作出传动轴 AC 的扭矩图、水平面内的弯矩图 M_z 和垂直平面内的弯矩图 M_y，如图 9.3（d）所示。从内力图看出，截面 E 为危险截面。危险截面的内力如下：

扭矩为
$$M_T = M_e = \frac{FD}{2}$$

垂直面内的弯矩，由 $\Sigma M_y = 0$ 求得
$$M_{y\max} = \frac{F_r ab}{l}$$

水平面内的弯矩，由 $\Sigma M_z = 0$ 求得
$$M_{z\max} = \frac{Fab}{l}$$

对截面为圆形的轴，包含轴线的任一平面均为纵向对称面。所以，把两个相互垂直平面内的弯矩直接按矢量合成，合成后的弯矩为

$$M = M_E = \sqrt{M_{z\max}^2 + M_{y\max}^2} = \frac{ab}{l}\sqrt{F^2 + F_r^2}$$

合成弯矩 M 作用平面仍然是纵向对称平面如图 9.4（a）所示。

3．应力分析

作出危险截面 E 的正应力和切应力分布图，如图 9.4（b）所示。圆轴外边缘上各点的切应力相等，但 K_1 和 K_2 两点的正应力最大。故 K_1、K_2 两点为危险点，其应力的大小分别为

$$\sigma = \frac{M}{W_z}, \quad \tau = \frac{M_T}{W_p} \qquad (a)$$

K_1 点处的应力状态如图 9.4（c）所示。

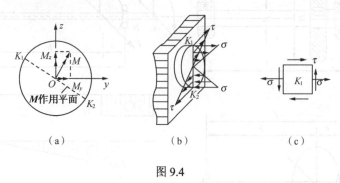

图 9.4

4．强度条件

由于 K_1 点为复杂应力状态，所以应采用复杂应力状态下的强度理论，传动轴通常用塑性材料制成，应采用第三或第四强度理论，按第三强度理论，强度条件有

$$\sigma_{r3} = \sqrt{\sigma^2 + 4\tau^2} \leqslant [\sigma]$$

把式（a）和圆截面轴 $W_p = 2W_z$ 代入上式，弯扭组合的强度条件为

$$\sigma_{r3} = \frac{1}{W_z}\sqrt{M^2 + M_T^2} \leqslant [\sigma] \qquad (9.1)$$

按第四强度理论，强度条件有

$$\sigma_{r4} = \sqrt{\sigma^2 + 3\tau^2} \leqslant [\sigma]$$

把式（a）和圆截面轴 $W_p = 2W_z$ 代入上式，弯扭组合的强度条件为

$$\sigma_{r4} = \frac{1}{W_z}\sqrt{M^2 + 0.75 M_T^2} \leqslant [\sigma] \qquad (9.2)$$

需用注意的是，式（9.1）和式（9.2）只适用圆截面或空心圆截面的弯扭组合，对非圆截面不适用。

本章小结

1．由两种或两种以上基本变形组合的变形，称为组合变形。

2．对发生组合变形的构件进行强度或刚度计算时，可以采用叠加法。即先分别计算每一种基本变形所对应的内力、应力、应变或位移，把这些结果叠加就得到组合变形时的内力、应力、应变或位移的结果。使用叠加法的前提是材料服从胡克定律，且构件为小变形。

3．组合变形强度计算的第一类是拉（压）弯组合变形。这种组合变形的特点是每一种基本变形中的应力性质完全相同的情况。由于叠加以后危险点处的应力状态与单一变形时的应力状态相同,所以不需要借助于复杂应力状态的强度理论建立强度条件。强度条件仍然为 $\sigma_{max} \leq [\sigma]$。

组合变形强度计算的第二类是弯扭组合变形。这种组合变形的特点是每一种基本变形中的应力性质不相同的情况。由于叠加以后危险点处的应力状态一般是两向应力状态,所以必须借助于复杂应力状态的强度理论建立强度条件。设危险点处的正应力和切应力分别是 σ 和 τ,根据第三和第四强度理论的强度条件分别为

$$\sigma_{r3} = \sqrt{\sigma^2 + 4\tau^2} \leq [\sigma]$$

$$\sigma_{r4} = \sqrt{\sigma^2 + 3\tau^2} \leq [\sigma]$$

如果是圆截面构件发生弯扭组合变形,考虑到 $W_P = 2W_z$,以上二式可以进一步简化为

$$\sigma_{r3} = \sqrt{\sigma^2 + 4\tau^2} = \frac{\sqrt{M^2 + M_T^2}}{W_z} \leq [\sigma]$$

$$\sigma_{r4} = \sqrt{\sigma^2 + 3\tau^2} = \frac{\sqrt{M^2 + 0.75 M_T^2}}{W_z} \leq [\sigma]$$

式中,M 和 M_T 分别是危险截面上的弯矩和扭矩。

 思考题

一、填空题

1. 构件在外力作用下,同时产生_____基本变形,称为组合变形。
2. 拉(压)弯组合变形是指杆件在产生_____变形的同时,还发生_____变形。
3. 弯扭组合变形是指杆在产生_____变形的同时,还产生_____变形。
4. 叠加原理必须在_____,_____的前提下方能应用。
5. 直齿圆柱齿轮轴在轮齿受径向力时产生_____变形,在轮齿受周向力时产生_____变形,所以齿轮传动中其轴产生_____变形。
6. 对于拉弯组合变形的等截面梁,其危险截面应是_____最大的平面,其危险点应是_____点。
7. 当作用于构件对称平面内的外力与构件轴线平行而不_____,或相交成某一角度而不_____时,构件将产生拉伸或压缩与弯曲的组合变形。
8. 用手柄转动鼓轮提升重物时,支撑鼓轮的轴将会产生_____和_____变形。

二、选择题

1. 如思考题图 9.1 所示,当折杆 ABCD 右端受力时,AB 段产生的是_____的组合变形。
   A. 拉伸与扭转　　　　　　B. 扭转与弯曲
   C. 拉伸与弯曲　　　　　　D. 拉伸、扭转与弯曲
2. 如思考题图 9.2 所示两种起重机构中,物体匀速上升,则 AB 杆、CD 轴的变形_____。

A. 分别为扭转和弯曲　　B. 分别为扭转和弯扭组合
C. 分别为弯曲和弯扭组合　　D. 均为弯扭组合

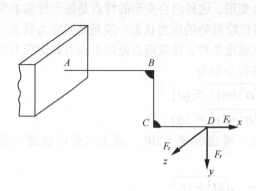

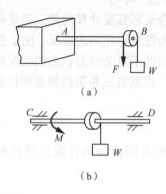

思考题图 9.1　　　　　　　　　　思考题图 9.2

3. 如思考题图 9.3 所示，简支梁 ABC 在 C 处承受铅垂力 F 的作用，该梁的_____。

A. AC 段发生弯曲变形，CB 段为拉弯组合变形
B. AC 段为压弯组合变形，CB 段为弯曲变形
C. AC 段为压弯组合变形，CB 段为拉弯组合变形
D. AC、CB 段均为弯曲变形

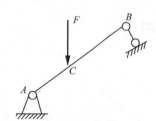

思考题图 9.3

4. 如思考题图 9.4 所示的三根压杆，杆 1、2、3 中的最大压应力分别表示为 $\sigma_{\max 1}, \sigma_{\max 2}, \sigma_{\max 3}$，它们之间的关系为_____。

A. $\sigma_{\max 1} = \sigma_{\max 2} = \sigma_{\max 3}$　　B. $\sigma_{\max 1} > \sigma_{\max 2} = \sigma_{\max 3}$
C. $\sigma_{\max 2} > \sigma_{\max 1} = \sigma_{\max 3}$　　D. $\sigma_{\max 2} < \sigma_{\max 1} = \sigma_{\max 3}$

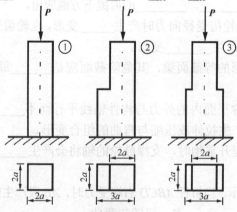

思考题图 9.4

5. 如思考题图 9.5 所示矩形截面拉杆中间开一深度为 $h/2$ 的缺口，与不开口的拉杆相比，开口处的最大应力的增大倍数为_____。

A. 2 倍　　　　　　　　　　B. 4 倍

C. 8 倍　　　　　　　D. 16 倍

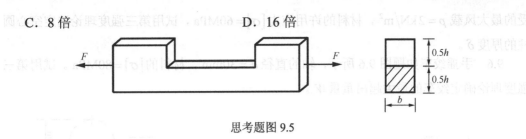

思考题图 9.5

习题

9.1 如题图 9.1 所示起重构件，梁 ACD 由两根槽钢组成。已知 $a=3\text{m}$，$b=1\text{m}$，$F=30\text{kN}$，梁材料的许用应力 $[\sigma]=170\text{MPa}$，试选择槽钢的型号。

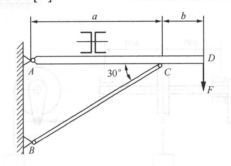

题图 9.1

9.2 小型压力机的铸铁框架如题图 9.2 所示。已知材料的许用拉应力 $[\sigma_t]=30\text{MPa}$，许用压应力 $[\sigma_c]=160\text{MPa}$。已知 $m-m$ 截面的面积 $A=15\times10^3\text{mm}^2$，$C$ 为截面形心，$z=75\text{mm}$，$I_{y_C}=5310\times10^4\text{mm}^4$。试按立柱的强度确定压力机的最大许可压力 $[F]$。

9.3 如题图 9.3 所示起吊装置，滑轮 B 安装在矩形截面的端部。已知 $F_P=40\text{kN}$，$[\sigma]=140\text{MPa}$。当 $h=2b$ 时，试计算截面的尺寸。

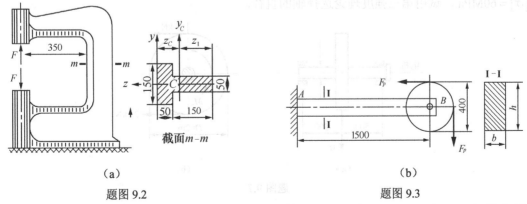

（a）　　　　　　　　　　　　　　　　　（b）

题图 9.2　　　　　　　　　　　　　　题图 9.3

9.4 如题图 9.4 所示，折杆的 AB 段为圆截面，AB 垂直于 BC。已知 AB 杆的直径 $d=100\text{mm}$，材料的许用应力 $[\sigma]=80\text{MPa}$。试按第三强度理论确定许用载荷 $[F]$。

9.5 路标信号圆牌，装在外径 $D=60\text{mm}$ 的空心圆柱上，如题图 9.5 所示。信号板所

受的最大风载 $p=2\text{kN/m}^2$，材料的许用应力 $[\sigma]=60\text{MPa}$，试用第三强度理论选定空心圆柱的厚度 δ。

9.6 手摇绞车如题图9.6所示，轴的直径 $d=30\text{mm}$，材料的 $[\sigma]=80\text{MPa}$。试用第三强度理论确定绞车的最大起吊重量 W。

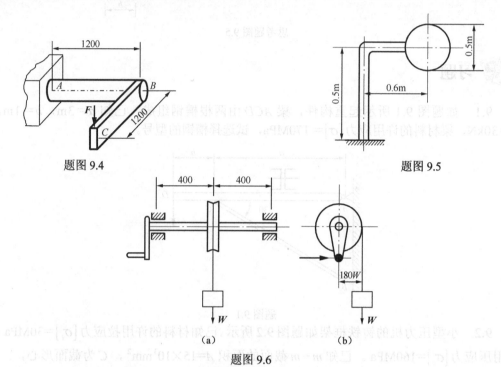

题图 9.4

题图 9.5

题图 9.6

9.7 皮带传动轴由电机带动，受力如题图 9.7 所示。皮带轮自重 $W=10\text{kN}$，轴的 $[\sigma]=80\text{MPa}$，试用第四强度理论选择轴的直径 d。

9.8 轮轴系统如题图 9.8 所示，作用有 $F_1(3\text{kN})$ 和 F_2，处于平衡状态。已知轴的 $[\sigma]=60\text{MPa}$，试用第三强度理论选择轴的直径。

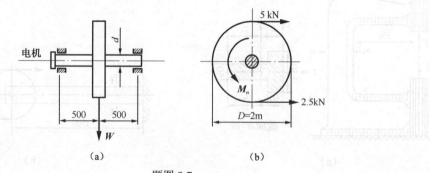

题图 9.7

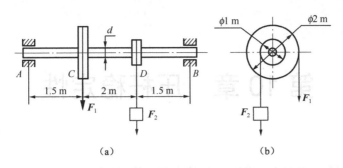

题图 9.8

9.9 如题图 9.9 所示传动轴 AB，在联轴器上作用外力偶矩 M，已知带轮直径 D=0.5m，带紧边拉力 F_T=8kN，松边拉力 F_t=4kN，轴的直径 d=90mm，a=500mm，轴用钢制成，其许用应力 $[\sigma]$=50MPa。试按第三强度理论校核轴的强度。

9.10 如题图 9.10 所示传动轴传递功率为 7kW，转速 n=100r/min，A 轮平带沿铅垂方向，B 轮平带沿水平方向，两轮直径均为 D=600mm，带松边拉力 F_{T2}=1.5kN，已知轴直径 d=60mm，轴的许用应力 $[\sigma]$=90MPa，试按第三强度理论校核轴的强度。

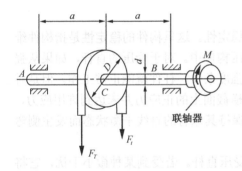

题图 9.9

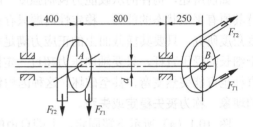

题图 9.10

第 10 章 压杆稳定性

与刚体平衡类似，弹性体平衡也存在稳定与不稳定问题。

细长杆件承受轴向压缩载荷作用时，当压力超过一定数值之后，在任意微小的外扰动下，将失去原有的直线平衡形式而变弯，以致彻底丧失承载能力。这种现象称为"失稳"。失稳是区别于强度、刚度失效的另一种失效形式，即稳定失效。

本章首先介绍关于弹性压杆平衡稳定性的基本概念，然后给出了压杆临界力的计算方法，最后介绍工程中常用的压杆稳定设计方法和提高压杆的稳定性措施。

10.1 压杆稳定性的概念

如前所述，构件的承载能力包括强度、刚度及稳定性。这里构件的**稳定性**是指构件维持其原有平衡状态的能力，稳定性问题只存在于受压构件中。对于受压的直杆，如果从强度角度研究，只要其横截面上的正应力满足相应的强度条件，杆件就能正常工作。但是对于细长的受压直杆，只要轴向压力超过一定限度，横截面上的正应力并未达到许用应力，直杆也可能突然变弯，甚至破坏。这种因构件不能保持其原有的直线平衡状态而发生侧弯的现象，称为**丧失稳定**或**失稳**。

图 10.1（a）所示下端固定、上端自由的轴心受压直杆。若受到某种微小干扰，它将偏离直线平衡位置，产生微弯，如图 10.1（b）所示。若当干扰撤除后，杆件能够回到原来的直线平衡位置，如图 10.1（c）所示，则称杆件的直线平衡状态为**稳定性平衡**；若撤除干扰后，杆件不能回到原来的直线平衡位置，如图 10.1（d）所示，则称杆件直线平衡状态为**不稳定性平衡**。受压直杆在由稳定平衡过渡为不稳定平衡的过程中，保持直线平衡状态的最大轴向压力或保持微弯平衡状态的最小轴向压力，称为**临界载荷**，或称为**临界力**，用 F_{cr} 表示。

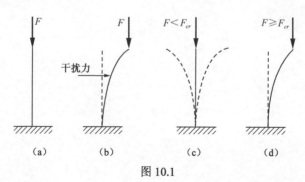

图 10.1

承受轴向压缩的压杆在工程实际中是很常见的，例如自卸载重车的液压活塞杆、螺旋千斤顶的螺柱等。为了保证机构安全可靠地工作，必须使压杆处于直线平衡状态。如果将压杆的工作压力控制在临界载荷的许用范围之内，则压杆就不会失稳。可见，临界载荷的确定是非常重要的。

在工程实际中，还有许多形式的构件都存在稳定性问题。例如圆柱形薄壁筒在均匀外压作用下，当压力超过一定数值时，圆环将不能保持圆对称的平衡形式，而突然变为非圆对称的平衡形式，如图 10.2（a）所示。狭长矩形截面梁在横向载荷作用下，将发生平面弯曲，但当载荷超过一定数值时，将同时伴随发生扭转，如图 10.2（b）所示。

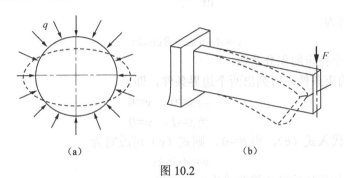

图 10.2

10.2 细长压杆的临界载荷·欧拉公式

假设受压杆件均限于理想压杆，即材料是均匀的；杆件在几何上是等直的；加载是绝对轴线受压。现以两端铰支的理想细长压杆为例，根据压杆临界载荷的概念，说明确定临界载荷的方法。

10.2.1 两端铰支细长压杆的临界载荷

两端铰支的细长压杆如图 10.3（a）所示，为了便于研究临界载荷，假设其处于微弯的平衡状态，如图 10.3（b）所示。建立 v-x 坐标系，如图 10.3（b）所示，任意截面处的内力为

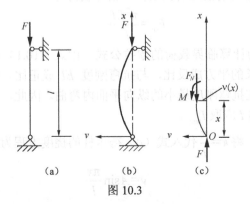

图 10.3

$$F_N(x) = -F, \quad M(x) = -Fv$$

则挠曲线近似微分方程为

$$EI\frac{d^2v}{dx^2} = -Fv$$

令

$$k^2 = \frac{F}{EI} \tag{a}$$

得微分方程

$$\frac{d^2v}{dx^2} + k^2 v = 0 \tag{b}$$

此方程的通解为

$$v = A\sin kx + B\cos kx \tag{c}$$

式中，A、B 为两个待定的积分常数。

利用杆端的约束条件，可列出两个边界条件，即

$$\text{当 } x=0, \quad v=0$$
$$\text{当 } x=l, \quad v=0$$

将 $x=0, v=0$ 代入式（c），得 $B=0$，则式（c）可改写为

$$v = A\sin kx \tag{d}$$

由式（d）可知压杆的微弯挠曲线为正弦曲线。

将 $x=l, v=0$ 代入式（d），得

$$A\sin kl = 0$$

解得 $A=0$ 或 $\sin kl = 0$。若 $A=0$，即 $v=0$ 压杆保持直线平衡状态，这与假设（压杆处于微弯状态平衡）相矛盾。因此，其解应为

$$\sin kl = 0$$

满足此条件的 kl 值为

$$kl = n\pi \quad (n=0、1、2、\cdots) \tag{e}$$

将式（e）代入式（a），得

$$F_{cr} = \frac{n^2 \pi^2 EI}{l^2} \quad (n=0、1、2、\cdots)$$

若要确定压杆的临界载荷值，须使 F 最小，若取 $n=0$，则 $F_{cr}=0$，与讨论的情况不符。所以应取 $n=1$，由此得出两端铰支细长压杆的临界载荷为

$$F_{cr} = \frac{\pi^2 EI}{l^2} \tag{10.1}$$

式（10.1）通常称为计算临界载荷的**欧拉公式**。由式（10.1）可以看出，两端铰支细长压杆的临界载荷与杆长的平方成反比，与抗弯刚度 EI 成正比。即杆件越细长越容易失稳；压杆失稳时，总是在抗弯刚度最小的纵向平面内弯曲。因此，对于各个方向约束相同的情形，式（10.1）中的 I 应取 $I_{\min}$。

在临界载荷作用下，将 $k=\dfrac{\pi}{l}$ 代入式（d）得压杆的挠度方程为

$$v = A\sin\frac{\pi x}{l}$$

在 $x=l/2$ 处，有最大挠度 $v_{max}=A$。这表明两端铰支细长压杆在临界状态时的挠曲线为半个正弦波，其最大挠度取决于压杆的微弯程度。

10.2.2 其他约束情况下细长压杆的临界载荷

上面导出的式（10.1）是两端铰支细长压杆的临界力计算公式。当压杆的约束情况改变时，压杆的挠曲线近似微分方程和边界条件也随之改变，因此临界力的数值也不相同。若采用与前述同样的方法，也可导出其他约束条件下细长压杆的临界载荷计算公式。各公式可以统一写成

$$F_{cr}=\frac{\pi^2 EI}{(\mu l)^2} \tag{10.2}$$

式中，μl 称为**相当长度**；μ 称为**长度系数**。

式（10.2）称为**欧拉公式的普遍形式**，它反映了约束情况对临界载荷的影响，两端约束越强，μ 值越小，临界力越大。为方便理解，几种常见细长压杆的长度系数与两端约束的关系如表 10.1 所示。

表 10.1 几种常见细长压杆的长度系数与两端约束的关系

杆端支撑情况	一端自由，一端固定	两端铰支	一端铰支，一端固定	两端固定	一端固定，一端可移动，但不能转动
挠曲线图形					
长度系数 μ	2	1	0.7	0.5	1

【例 10.1】 细长柱由两个 No.10 的槽钢组成。柱长 $l=6\mathrm{m}$，下端固定上端铰支，如图 10.4（a）所示。材料的弹性模量为 $E=210\mathrm{GPa}$。(1) 两个槽钢紧靠在一起（连接为一整体），如图 10.4（b）所示；(2) 两槽钢拉开距离 a，如图 10.4（c）所示，使 $I_y=I_z$。分别求两种情况下柱的临界载荷。

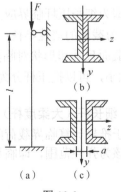

图 10.4

解：(1) 两槽钢紧靠的情况

由型钢表查得

$$I_{min}=I_y=2\times 54.9\times 10^4 = 1.1\times 10^6 \mathrm{mm}^4$$

由于 $\mu=0.7$，$l=6\mathrm{m}$，$E=210\mathrm{GPa}$，所以根据欧拉公式，得

$$F_{cr}=\frac{\pi^2 EI}{(\mu L)^2}=\frac{3.14^2\times 210\times 10^9\times 1.1\times 10^{-6}}{(0.7\times 6)^2}=129\text{kN}$$

（2）$I_y=I_z$ 的情况。

此时 $I_y=I_z=2\times 198\times 10^4=3.96\times 10^6\text{mm}^4$，故

$$F_{cr}=\frac{\pi^2 EI}{(\mu l)^2}=\frac{3.14^2\times 210\times 10^9\times 3.96\times 10^{-6}}{(0.7\times 6)^2}=464\text{kN}$$

10.3 临界应力·临界应力总图

10.3.1 临界应力

为了研究欧拉公式的适用范围，以及超出适用范围后临界载荷的计算问题，现引入临界应力及柔度的概念。

压杆在临界载荷作用下，其在直线平衡位置时横截面上的平均应力称为**临界应力**，用 σ_{cr} 表示。由公式（10.2）可知，压杆在弹性范围内失稳时，临界应力为

$$\sigma_{cr}=\frac{F_{cr}}{A}=\frac{\pi^2 EI}{(\mu l)^2 A}$$

令

$$i^2=\frac{I}{A} \quad \text{或} \quad i=\sqrt{\frac{I}{A}}$$

则得

$$\sigma_{cr}=\frac{\pi^2 E i^2}{(\mu l)^2}=\frac{\pi^2 E}{\left(\dfrac{\mu l}{i}\right)^2}$$

令

$$\lambda=\frac{\mu l}{i} \tag{10.3}$$

则得

$$\sigma_{cr}=\frac{\pi^2 E}{\lambda^2} \tag{10.4}$$

此即为细长压杆临界应力的计算公式，是欧拉公式的另一种表述形式。
式中，i 为截面的惯性半径；λ 称为**柔度**，又称为压杆的**长细比**，它反映了压杆长度、约束条件、截面尺寸和形状对临界应力的影响。柔度 λ 在稳定计算中是一个非常重要的量，根据 λ 的大小，可以把压杆分为以下三类。

1. 细长杆（大柔度杆）

由于推导计算临界载荷的欧拉公式时用了挠曲线近似微分方程，所以欧拉公式的适用范围应该为弹性范围，即临界应力小于或等于材料的比例极限 σ_p，即

$$\sigma_{cr}=\frac{\pi^2 E}{\lambda^2}\leqslant \sigma_p$$

若令
$$\lambda_p = \sqrt{\frac{\pi^2 E}{\sigma_p}} \tag{10.5}$$

显然，当压杆的实际柔度 $\lambda \geqslant \lambda_p$ 时，欧拉公式才适用。而满足条件 $\lambda \geqslant \lambda_p$ 的压杆称为**细长杆**，或**大柔度杆**。对于不同的材料，因弹性模量 E 和比例极限 σ_p 的不同，λ_p 的数值也各不相同。而对于同一种材料，λ_p 为一个常数。

2. 中长杆（中柔度杆）

当柔度 $\lambda < \lambda_p$ 时，欧拉公式已不再适用。计算其临界应力常应用建立在试验基础上的经验公式，如直线公式和抛物线公式。其中直线公式比较简单，其形式为

$$\sigma_{cr} = a - b\lambda \tag{10.6}$$

式中，a、b 为与材料性能有关的常数，单位为 MPa。

几种常用材料的 a 和 b 的数值如表 10.2 所示。

表 10.2 几种常用材料的 a、b、λ_p、λ_s 的数值

材 料	a（MPa）	b（MPa）	λ_p	λ_s
Q235（A3）钢 σ_s=235MPa	304	1.12	100	61.6
优质碳钢（45）σ_s=306MPa	460	2.57	100	60
硅钢 σ_s=353MPa	577	3.74	100	60
铬钼钢	980	5.29	55	
硬铝	372	2.14	50	
铸铁	332.2	1.453		
松木	39.2	0.199	59	

上述经验公式也有一定的适用范围。对于塑性材料制成的压杆，当临界应力并未达到材料的屈服极限 σ_{cr} 时，经验公式是适用的。即

$$\sigma_{cr} = a - b\lambda \leqslant \sigma_s$$

对应的屈服极限下的柔度为

$$\lambda_s = \frac{a - \sigma_s}{b} \tag{10.7}$$

显然当压杆满足 $\lambda_s < \lambda < \lambda_p$ 时，压杆称为**中长杆**或**中柔度杆**，经验公式可以适用。仍以 Q235 钢为例，σ_s=235MPa，由表 10.2 查出 a=304MPa，b=1.12MPa，将其代入式（10.7），得

$$\lambda_s = \frac{a - \sigma_s}{b} = \frac{304 - 235}{1.12} = 61.6$$

3. 短粗杆（小柔度杆）

柔度小于λ_s的压杆，称为**短粗杆**或**小柔度杆**。这类压杆由前述试验可知受压时不会出现弯曲变形，而将发生强度失效，所以应按强度问题进行计算，即

$$\sigma_{cr}=\sigma_s \tag{10.8}$$

10.3.2 临界应力总图

综上所述，根据三类压杆临界应力与λ的关系，可画出$\sigma_{cr}-\lambda$曲线，如图10.5所示。该图称为压杆的**临界应力总图**。从图中可以看出，短粗杆的临界应力与λ无关，而中长杆和细长杆的临界应力随λ的增加而减小。

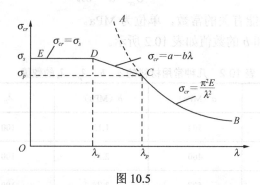

图 10.5

【**例 10.2**】 空气压缩机活塞杆的材料是 45 号钢，已知$E=210\text{GPa}$，长度$l=703\text{mm}$，直径$d=45\text{mm}$，试确定其临界载荷。

解：活塞杆两端可以简化为铰支座约束，故长度系数为$\mu=1$。对圆形截面，惯性半径$i=\sqrt{\dfrac{I}{A}}=\dfrac{d}{4}$，所以活塞杆的实际柔度为

$$\lambda=\frac{\mu l}{I}=\frac{1\times 703\times 10^{-3}}{45\times 10^{-3}/4}=62.5$$

对于 45 号钢，查表得：$\lambda_p=100$。因为$\lambda<\lambda_p$，所以不能应用欧拉公式计算临界载荷。如使用直线型经验公式，查表可知 45 号钢的$a=460\text{MPa}$，$b=2.57\text{MPa}$，$\lambda_s=60$。可见活塞杆的柔度$\lambda_s<\lambda<\lambda_p$，是中柔度杆。故由经验公式得

$$\sigma_{cr}=a-b\lambda=460\times 10^6-2.57\times 10^6\times 62.5=299.38\text{MPa}$$

$$F_{cr}=\sigma_{cr}A=\frac{\pi}{4}\times(45\times 10^{-3})^2\times 299.38\times 10^6=476.13\text{kN}$$

【**例 10.3**】 Q235 钢制成的矩形截面杆受到压力$F=200\text{kN}$作用。杆两端为柱形铰，约束情况如图10.6所示，其中图10.6（a）为主视图，图10.6（b）为俯视图。在A、B两处用螺栓夹紧。已知$l=2.0\text{m}$，$b=40\text{mm}$，$h=60\text{mm}$，材料的弹性模量$E=212\text{GPa}$，求此杆的临界力。

第 10 章 压杆稳定性

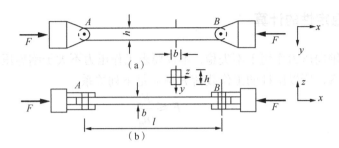

图 10.6

解：压杆 AB 在主视图 x–y 平面内失稳时，A、B 两处可以自由转动，相当于铰链约束。在俯视图 x–z 平面内失稳时，A、B 两处不能自由转动，可简化为固定端约束。

（1）在 x–y 平面内。

由于两端铰支，所以 $\mu=1$，又有

$$I_z=\frac{1}{12}bh^3=7.2\times 10^5 \text{ mm}^4$$

$$i_z=\sqrt{\frac{I_z}{A}}=\sqrt{\frac{7.2\times 10^5}{40\times 60}}=17.32 \text{ mm}$$

故

$$\lambda_z=\frac{\mu l}{i_z}=\frac{1\times 2000}{17.32}=115$$

Q235 钢的 $\lambda_p=100$，即 $\lambda_z > \lambda_p$，所以此杆为大柔度压杆，则

$$F_{cr}=\frac{\pi^2 E I_z}{(\mu l)^2}=\frac{\pi^2 \times 2.1\times 10^5 \times 7.2\times 10^5}{(2\times 10^3)^2}=373 \text{ kN}$$

（2）在 x–z 平面内。

由于两端固支，所以 $\mu=0.5$，又有

$$I_y=\frac{1}{12}hb^3=3.2\times 10^5 \text{ mm}^4,\quad i_y=\sqrt{\frac{I_y}{A}}=\sqrt{\frac{3.2\times 10^5}{40\times 60}}=11.55 \text{ mm}$$

$$\lambda_y=\frac{\mu l}{i_y}=\frac{0.5\times 2000}{11.55}=86.6$$

查表 Q235 钢的 $a=304$ MPa，$b=1.12$ MPa，$\lambda_s=61.6$。因为 $\lambda_s < \lambda_y < \lambda_p$，所以属于中柔度杆，则

$$\sigma_{cr}=a-b\lambda=304-1.12\times 86.6=207 \text{ MPa}$$

$$F_{cr}=\sigma_{cr}A=207\times 40\times 60=496.8 \text{ kN}$$

综合两种结果，故此杆的临界载荷为 373 kN。

10.4 压杆稳定性的计算·提高压杆稳定性的措施

10.4.1 压杆稳定性的计算

要使压杆在轴向压力作用下不失稳，不仅要求工作压力不大于临界压力，而且还应具有一定的安全储备，所以压杆的工作载荷 F 应满足下列关系

$$F \leqslant \frac{F_{cr}}{n_{st}}$$

或

$$n = \frac{F_{cr}}{F} \geqslant n_{st} \tag{10.9}$$

式 10.9 即为**压杆的稳定性条件**。其中 n_{st} 是稳定安全系数。由于压杆存在初曲率和载荷偏心等不利因素的影响，n_{st} 值一般比强度安全系数要大些，并且 λ 越大，n_{st} 值也越大。具体取值可从有关设计手册中查到。该计算方法称为**安全系数法**。在机械、动力、冶金等工业部门，由于载荷情况复杂，一般都采用安全系数法进行稳定计算。

【**例10.4**】 千斤顶如图 10.7 所示，丝杠长度 $l=375\text{mm}$，内径 $d=40\text{mm}$，材料是 A3 钢，最大起重量 $F=80\text{kN}$，规定稳定安全系数 $n_{st}=3$。试校核丝杠的稳定性。

解：(1) 计算丝杠的实际柔度。

丝杠可简化为下端固定上端自由的压杆，如图 10.7 (b) 所示。故长度系数 $\mu=2$。$i=\sqrt{\dfrac{I}{A}}=\dfrac{d}{4}$，所以

$$\lambda = \frac{\mu l}{i} = \frac{2 \times 375}{\frac{40}{4}} = 75$$

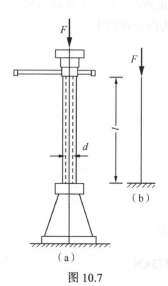

图 10.7

(2) 计算临界力并校核稳定性。

A3 钢 $\lambda_p=100$，$\lambda_s=61.6$，而 $\lambda_s<\lambda<\lambda_p$，可知丝杠是中柔度压杆，采用直线经验公式计算其临界载荷。查表得 $a=304\text{MPa}$，$b=1.12\text{MPa}$，故丝杠的临界载荷为

$$F_{cr} = \sigma_{cr} A = (a-b\lambda)\frac{\pi}{4}d^2 = (304-1.12\times75)\times\frac{\pi}{4}\times40^2$$
$$=277\text{kN}$$

由式 (10.9) 校核丝杠的稳定性，得

$$n = \frac{F_{cr}}{F} = \frac{277}{80} = 3.46 > n_{st} = 3$$

所以此千斤顶丝杠是稳定的。

10.4.2 提高压杆稳定性的措施

压杆的稳定性取决于临界载荷的大小。由压杆的临界应力公式（10.4）和式（10.6）可知，要增大临界应力，就必须减小柔度λ，又由式（10.3）知，柔度与μ、l成正比，而与i成反比。所以提高压杆承载能力主要有以下措施。

1．减小压杆的长度

减小压杆的长度，可使λ降低，从而提高压杆的临界载荷。工程中，在条件允许的情况下，可以尽量减小压杆的长度；或者在压杆的中间增加支座或支撑。

2．改善杆端约束情况

对于细长压杆，杆端约束不同，长度系数μ值就不同。从表10.1可以看出，对细长压杆，杆端约束越强，长度系数μ值就越小，相应的临界力就越大。因此，尽可能加强杆端约束的刚性，以提高压杆的稳定性。

3．选择合理的截面形状

增大惯性半径可以增大临界应力，从而提高压杆的稳定性。若截面形状选择合理，可以在增大惯性矩的同时，而不增加截面的面积。因此，应尽量使截面材料远离中性轴。当压杆各个方向的约束条件相同时，应使截面对两个形心主轴的惯性矩尽可能大且相等。

4．合理选用材料

对于细长压杆，临界应力与材料的弹性模量E成正比，但各种钢材的E相差不大，所以选用优质钢材与低碳钢并无多大差别。对中长杆，由临界应力总图可以看到，材料的屈服极限σ_s和比例极限σ_p越高，则临界应力就越大。这时选用优质钢材会有效提高压杆的承载能力。至于小柔度杆，本来就是强度问题，优质钢材的强度高，其承载能力的提高是显然的。

本章小结

1．压杆稳定性问题是材料力学研究的三个基本问题之一。压杆在轴向压力作用下，若干扰力消除后，仍能恢复原来的直线形式，则压杆直线形式的平衡是稳定的。反之，若干扰力消除后不能恢复原来的直线形式，而变成另一种平衡形式（微弯状态），则压杆直线形式的平衡是不稳定的。这种平衡形式的突变，是区别于强度、刚度问题的重要标志。

2．临界载荷或临界应力的计算是解决压杆稳定性问题的关键。临界载荷是压杆从稳定平衡状态过渡到不稳定平衡状态的临界值。对于大柔度杆$\lambda \geqslant \lambda_p$，可用欧拉公式计算$F_{cr}$和$\sigma_{cr}$分别为

$$F_{cr}=\frac{\pi^2 EI}{(\mu l)^2}, \quad \sigma_{cr}=\frac{\pi^2 E}{\lambda^2}$$

对于中柔度杆，$\lambda_s \leq \lambda < \lambda_p$，可用经验公式计算其临界应力为

$$\sigma_{cr} = a - b\lambda$$

对小柔度杆，即当 $\lambda < \lambda_s$ 时，其临界应力就是材料的极限应力 σ_s。

3．校核稳定性的步骤。

（1）根据压杆的实际尺寸和支撑情况，分别算出在各个弯曲平面内弯曲时的柔度 λ，确定压杆在哪个平面内失稳，计算公式为

$$i = \sqrt{\frac{I}{A}}, \quad \lambda = \frac{\mu l}{i}$$

计算时，代入 $\lambda_{\max}$ 进行稳定计算。

（2）选择公式计算临界载荷或临界应力，校核稳定性。

4．压杆的合理设计，可以从压杆的材料、截面形状、长度、约束形式等方面考虑，以提高压杆的稳定性。

思考题

一、填空题

1．压杆直线形式的平衡是否是稳定的，决定于_____的大小。

2．长度系数 μ 反映了压杆的_____情况。

3．若压杆一端固定，一端铰支，它的长度系数 $\mu =$ _____。

4．压杆的杆端约束越强，其计算长度越_____。

5．计算细长杆临界压力的欧拉公式为_____，式中，λ 称为压杆的_____。

6．压杆柔度 λ 与压杆长度 l、截面惯性半径 i 及_____有关。

7．两端铰支的细长压杆，长为 l，直径为 d，其柔度 $\lambda =$ _____。

8．当 λ _____ λ_p 时，压杆为细长杆，其 $\sigma_{cr} =$ _____；当 λ_s _____ λ _____ λ_p 时，压杆为中长杆，其 $\sigma_{cr} =$ _____；当 λ_s _____ λ 时，压杆为短粗杆，该杆不存在稳定性问题。

9．对于不同柔度的塑性材料压杆，其最大临界应力将不超过材料的_____。

10．压杆稳定的条件 $n =$ _____ $\geq n_{st}$，其中 n_{st} 称为_____。

二、选择题

1．压杆的临界力_____。

A．是对压杆施加的一定大小的压力

B．其实不是力，而是压杆丧失稳定与否的一个界定值

C．对于长度相同、横截面面积相等的两个压杆，它们的值是相同的

D．对于长度相同、横截面面积相等且横截面形状也相同的两个压杆，它们的值是相同的

2．一细长压杆在轴向压力 $F = F_{cr}$ 时产生失稳而处于微弯平衡状态。此时若解除压力 F，则压杆的微弯变形_____。

A．完全消失　　　　　　　　　　B．有所缓和
C．保持不变　　　　　　　　　　D．继续增大

3．两个压杆，它们的长度相同，杆端约束相同，但其横截面积不相等，它们的柔度_____。

A．也不相等　　　　　　　　　　B．也可能相等
C．应该还与杆件所用材料有关　　D．横截面积大的杆件，其柔度要小

4．同一压杆，在 Oxy 平面和 Oxz 平面内的约束情况不同，则_____。

A．在约束较弱的平面内容易失稳　　B．在截面惯性矩较小的平面内容易失稳
C．在柔度较小的平面内容易失稳　　D．在柔度较大的平面内容易失稳

5．压杆的柔度集中地反映了压杆的_____对临界力的影响。

A．长度、约束条件、截面尺寸和形状

B．材料、长度和约束条件

C．材料、约束条件、截面尺寸和形状

D．材料、长度、截面尺寸和形状

6．两根材料和柔度都相同的压杆，_____。

A．临界应力一定相等，临界力不一定相等

B．临界应力不一定相等，临界力一定相等

C．临界应力和临界力一定相等

D．临界应力和临界力不一定都相等

7．对于不同柔度的塑性材料压杆，其最大临界应力不超过材料的_____。

A．比例极限　　　　　　　　　　B．弹性极限
C．屈服极限　　　　　　　　　　D．强度极限

8．采取_____措施，并不能提高细长压杆的稳定性。

A．增大压杆的横截面面积　　　　B．降低压杆的表面粗糙度
C．减小压杆的柔度　　　　　　　D．选用弹性模量 E 值较大的材料

习题

10.1　直径 d=25mm 的钢制细长压杆，长为 l，材料为 Q235，试求其临界载荷。已知弹性模量 E=206MPa。（1）两端铰支，l=900mm；（2）两端固定，l=1000mm；（3）一端固定，另一端铰支，l=1200mm。

10.2　题图 10.1 所示一细长压杆，两端为球形铰支，弹性模量 E=200GPa，试用欧拉公式计算其临界载荷。

（1）圆形截面，d=25mm，l=1.0m；

（2）矩形截面，h=2b=40mm，l=1.0m；

（3）No.16 工字钢，l=2.0m。

10.3　题图 10.2 所示一立柱，l=6.0m，由两根 No.10 槽钢组成，立柱顶部为球形铰

支，根部为固定端，试问当 a 为多大时立柱之临界载荷 F_{cr} 最高？其值为何？已知材料的弹性模量 $E=200\text{GPa}$，比例极限 $\sigma_p=200\text{MPa}$。

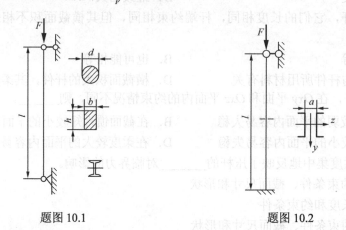

题图 10.1　　　　　　　　　　题图 10.2

10.4　如题图 10.3 所示一压杆，$l=300\text{mm}$，$b=20\text{mm}$，$h=12\text{mm}$，材料为 Q235 钢，$E=200\text{GPa}$，$\sigma_s=235\text{MPa}$，$a=304\text{MPa}$，$b=1.12\text{MPa}$，$\lambda_p=100$，$\lambda_s=61.6$，有三种支持方式，试计算它们的临界载荷。

10.5　如题图 10.4 所示一压杆，材料为 Q235 钢，横截面有四种形式，但其面积均为 $3.2\times10^3\text{mm}^2$，试计算它们的临界载荷，并进行比较。已知：$E=200\text{GPa}$，$\sigma_s=235\text{MPa}$，$\sigma_{cr}=304-1.122\lambda$，$\lambda_p=100$，$\lambda_s=61.6$。

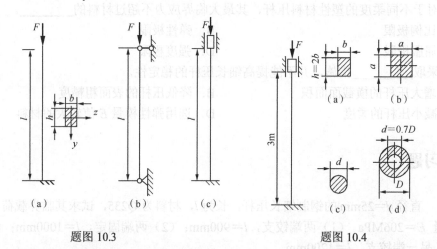

题图 10.3　　　　　　　　　　题图 10.4

10.6　如题图 10.5 所示，压杆两端为柱铰约束，横截面为矩形。在 x-y 平面弯曲时可视为两端铰支；在 x-z 平面弯曲时可视为两端固定。已知材料的比例极限为 $\sigma_p=200\text{MPa}$，弹性模量为 $E=200\text{GPa}$。试求：(1) 当 $b=30\text{mm}$，$h=50\text{mm}$ 时压杆的临界载荷；(2) 从稳定性考虑，b/h 为何值时最佳？

10.7　题图 10.6 结构中，BD 杆为空心圆截面，$D=45\text{mm}$，$d=36\text{mm}$，材料为 Q235 钢。$\lambda_p=100$，$\lambda_s=61.6$，计算临界应力的经验公式中 $a=304\text{MPa}$，$b=1.12\text{MPa}$。若稳定

安全系数为 $n_{st}=3$,试确定许用载荷 $[F]$。

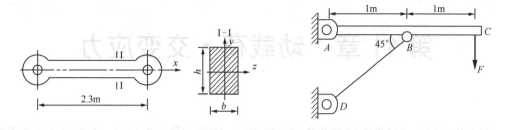

题图 10.5　　　　　　　　　题图 10.6

10.8 有一根 30mm×50mm 的矩形截面压杆,两端为球铰。试问压杆多长时可开始用欧拉公式计算临界力？已知材料的比例极限为 $\sigma_p=200\text{MPa}$,弹性模量为 $E=200\text{GPa}$。

第 11 章　动载荷·交变应力

前面各章讨论了杆件在静载荷作用下的强度、刚度和稳定性问题。在工程上还会遇到许多在动载荷与交变应力作用下工作的构件。以工程实例为背景，本章首先介绍构件受动载荷作用的强度计算问题，其次简要介绍交变应力的基本概念。

11.1　动载荷概述

构件在静载荷作用下，体内各点没有加速度，或加速度很小可略去不计。也就是说，构件的各部分处于平衡状态。相反，如果构件内各点有明显的加速度时，则构件除受静载荷作用外，还将有因加速度而产生的附加载荷。这类静载荷与附加载荷对构件共同作用的问题称为**动载荷问题**。在动载荷作用下，构件截面上产生的应力称为**动应力**。

工程实际中常见的动载荷一般产生于以下几个原因。

（1）加速度引起的动载荷　例如起重机加速起吊重物时，吊索受到因加速度而产生的附加载荷作用；飞轮作匀速转动时，由法向加速度而使轮缘受到附加载荷作用。

（2）冲击载荷或突加载荷　这种载荷的特点是在极短的时间内将载荷加在被冲击的构件上，例如锤对桩的冲击力、炸药对物体的爆破力等。冲击载荷对构件的作用力远远大于静载荷。

（3）振动载荷　这种载荷的特点是其大小和力向都随时间作周期性变化，例如，机器中具有偏心质量的转动部分在运转时对厂房及其基础的作用力。

试验表明，在动载荷的作用下，只要动应力不超过材料的比例极限，胡克定律仍然适用，而且弹性模量也与静载荷下的数值相同，故胡克定律能被直接用于动应力的计算。

11.2　构件作变速运动时的应力

11.2.1　构件在等加速直线运动时的动应力计算

下面以矿井升降机为例，说明此种情况下动应力的计算方法。

设矿井升降机启动时，以等加速度 a 起吊重为 W 的吊笼，如图 11.1（a）所示。当吊笼加速上升时，设钢丝绳横截面上的轴力为 F_{Nd}，由牛顿第二定律可得

$$F_{Nd} - W = ma = \frac{W}{g}a$$

或 $$F_{Nd}=W+\frac{W}{g}a \quad (11.1)$$

由式（11.1）的钢丝绳横截面上的轴力为

$$F_{Nd}=W+\frac{W}{g}a=W\left(1+\frac{a}{g}\right)=K_d W$$

式中

$$K_d=1+\frac{a}{g} \quad (11.2)$$

称为构件在加速垂直向上时的**动荷因数**。设钢丝绳的横截面面积为 A，则其上动应力为

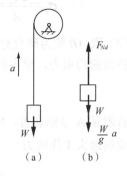

图 11.1

$$\sigma_d=\frac{F_{Nd}}{A}=\frac{W}{A}\left(1+\frac{a}{g}\right)=K_d \sigma_j \quad (11.3)$$

式中，$\sigma_j=\frac{W}{A}$ 为系统静止时钢丝绳横截面上的静应力。

这表明动应力等于静应力乘以动荷因数。强度条件可写成

$$\sigma_d=K_d \sigma_j \leq [\sigma] \quad (11.4)$$

式中，$[\sigma]$ 为材料在静载荷作用下的许用应力。

【**例 11.1**】 桥式起重机的重量为 $W_2=20\text{kN}$，起重机大梁为 No.20a 工字钢，如图 11.2（a）所示，现用直径为 $d=20\text{mm}$ 的钢索起吊重物 $W_1=10\text{kN}$，在启动后第 1s 内以等加速度 $a=3\text{m/s}^2$ 上升，若钢索与梁的许用应力均为 $[\sigma]=45\text{MPa}$，钢索质量不计。试校核钢索与梁的强度。

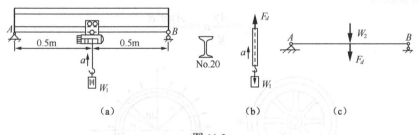

图 11.2

解：（1）现取重物 W_1 和钢索为研究对象，受力图如图 11.2（b）所示。根据牛顿第二定律，得到动力学方程

$$F_{Nd}-W_1=m_1 a=\frac{W_1}{g}a$$

解得

$$F_{Nd}=W_1\left(1+\frac{a}{g}\right)=10\left(1+\frac{3}{9.81}\right)=13.1\text{kN}$$

钢索内的最大动应力为

$$\sigma_{d1}=\frac{F_{Nd}}{A}=\frac{W_1}{A}\left(1+\frac{a}{g}\right)=\frac{4\times10^3}{\pi\times(0.02)^2}\times\left(1+\frac{3}{9.81}\right)=41.7\text{MPa}<[\sigma]$$

（2）取 AB 梁为研究对象，其受力图如图 11.2（c）所示。作用在梁上的载荷包括梁自重和钢索的约束力，梁内的最大弯矩为

$$M_{\max}=\frac{1}{4}(W_2+F_{Nd})l$$

查附录 A 型钢表得，No.20a 工字钢的 $W_z=237\text{cm}^3$。

梁的最大工作应力

$$\sigma_{\max}=\frac{M_{\max}}{W_z}=\frac{(20+13.1)\times10^3}{4\times237\times10^{-6}}=36\text{MPa}<[\sigma]$$

故钢索与梁均安全。

11.2.2 构件匀速转动时的动应力计算

以作匀速转动的飞轮为例，说明构件匀速转动时的动应力计算。

设飞轮的横截面面积为 A，平均半径为 R，单位体积的质量为 γ，飞轮以匀角速度 ω 绕通过圆心且垂直环平面的轴转动。

若不计轮辐对轮缘的影响，可将飞轮简化为一个中心旋转的圆环。由于此圆环作匀速转动，因而圆环内各点只有向心加速度，又因为轮缘的厚度远远小于飞轮的平均半径，所以可认为环内各点的加速度与圆环轴线上各点的加速度相等，即 $a_n=R\omega^2$。此种情形下的动载荷，可以看成是施加在圆环轴线上的均布载荷 q_d，方向与 a_n 相反，如图 11.3（b）所示。其载荷集度为

$$q_d=\frac{A\gamma}{g}a_n=\frac{A\gamma\omega^2R}{g}$$

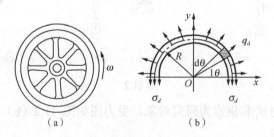

图 11.3

应用截面法将圆环对称截开，以上半部分为研究对象。据前所述，可推断截面上 1 均匀分布着拉应力，用 σ_d 表示。由刚体静力学的平衡方程

$$\sum F_y=0,\quad \int_0^\pi q_dR\sin\theta\,d\theta-2A\sigma_d=0$$

得

$$\sigma_d = \frac{q_d R}{A} = \frac{\gamma}{g}\omega^2 R^2$$

根据强度条件，为了保证飞轮的安全，必须使

$$\sigma_d = \frac{\gamma}{g}\omega^2 R^2 \leqslant [\sigma]$$

或

$$\omega \leqslant \sqrt{\frac{[\sigma]g}{\gamma R^2}}$$

由此可见，工程实际中的飞轮转速是有一定限制的，其临界转速取决于材料的强度、密度和飞轮的半径，而与飞轮的横截面尺寸无关。

11.3 杆件受冲击时的应力和变形

由杆件的轴向拉伸或压缩变形、梁的平面弯曲变形可知，在弹性范围内，杆件的弹性变形与载荷成正比，因此常常把构件看做弹簧。如图 11.4（a）所示的弹簧是代表受冲击的构件。实际问题中，一根受冲击的杆，如图 11.4（b）所示，或受冲击的梁，如图 11.4（c）所示，或其他任一构件都可以看做一个弹簧，只是各种情况下的弹簧参数不同而已。

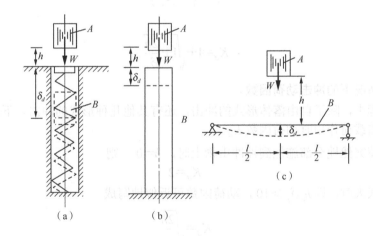

图 11.4

11.3.1 动荷因数的确定

为了简化计算，可作下述假设：
（1）冲击物的变形很小，可将它视为刚体；
（2）被冲击物的质量可以忽略不计，被冲击物在冲击力作用下的变形是线弹性的；
（3）冲击物与被冲击物一经接触就相互附着作共同运动。略去冲击过程中的能量损耗。

在上述假设的基础上，依据能量守恒定律可知，冲击物在冲击过程中所减少的动能 T 和势能 V 应等于被冲击物内所增加的变形能 U，即

$$T+V=U \tag{a}$$

取被冲击物达到最大位移处为零势能面。当被冲击物达到最大位移 δ_d 时，被冲击物受力由零增加到 F_d，冲击物所减少的势能为 $V=W(h+\delta_d)$。又由于冲击物的初速度和终速度均为零，则在动能上并无改变，即 $T=0$。

被冲击物内部所增加的变形能，可通过冲击载荷 F_d 对相应位移 δ_d 所做的功来计算。由于材料服从胡克定律，于是有

$$U=\frac{1}{2}F_d\delta_d \tag{b}$$

若重物以静载的方式作用在构件上，其相应的静变形为 δ_j。根据上述假设2，则

$$\frac{F_d}{W}=\frac{\delta_d}{\delta_j}=\frac{\sigma_d}{\sigma_j} \tag{c}$$

将所求得的 T、V 和 U 代入式（a），并利用式（c），整理得

$$\delta_d^2 - 2\delta_j\delta_d - 2\delta_j h = 0 \tag{d}$$

解上述一元二次方程，并考虑 $\delta_d > 0$，得

$$\delta_d = \delta_j\left(1+\sqrt{1+\frac{2h}{\delta_j}}\right) = \delta_j K_d$$

其中

$$K_d = 1+\sqrt{1+\frac{2h}{\delta_j}} \tag{11.5}$$

称为自由落体情况下的**冲击动荷因数**。

在实际工程中，除了自由落体形式的冲击，还有其他几种形式的冲击。下面进一步讨论其他几种冲击载荷作用时动荷因数 K_d。

（1）当载荷突然地全部施加到被冲击物上时，$h=0$，则

$$K_d = 2$$

（2）当 h 很大时，即 $h/\delta_j > 10$，动荷因数可近似地写成

$$K_d = \sqrt{\frac{2h}{\delta_j}}$$

（3）对于水平冲击的情况，若在冲击前，冲击物的速度物为 v，根据能量守恒，可得到动荷因数为

$$K_d = \sqrt{\frac{v^2}{g\delta_j}}$$

随着动荷因数确定，构件受冲击作用时的动应力和动变形也随之确定，其表达式为

$$\delta_d = K_d\delta_j, \quad \sigma_d = K_d\sigma_j \tag{11.6}$$

【例 11.2】 图 11.5 所示为一弹簧拉杆装置。若已知弹簧的刚度为 k，拉杆的弹性模

量为 E，横截面积为 A。有质量为 W 的重物在距离底盘高为 h 处自由落下，试求拉杆的冲击应力。

解：（1）若重物 W 以静载方式作用在底盘 A（冲击点）时，其静伸长为弹簧的静伸长与拉杆的静伸长之和，即

$$\delta_j = \frac{W}{k} + \frac{Wl}{EA}$$

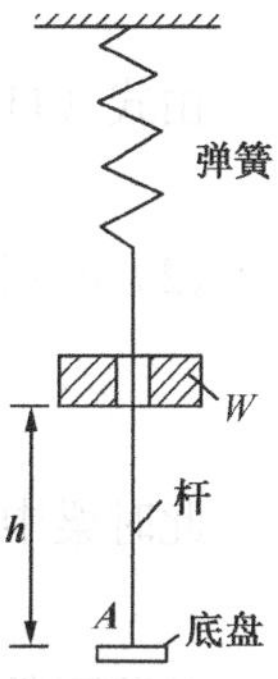

代入到式（11.5），得动荷因数为

$$K_d = 1 + \sqrt{1 + \frac{2h}{\delta_j}} = 1 + \sqrt{1 + \frac{2h}{\left(\dfrac{W}{k} + \dfrac{Wl}{EA}\right)}}$$

（2）拉杆在静载作用下的静应力为

$$\sigma_j = \frac{W}{A}$$

所以，拉杆在冲击作用下的最大拉应力为

$$\delta_d = K_d \delta_j = \left[1 + \sqrt{1 + \frac{2h}{\left(\dfrac{W}{k} + \dfrac{Wl}{EA}\right)}}\right]\frac{W}{A}$$

图 11.5

【**例 11.3**】 图 11.6（a）所示长 $l=1\text{m}$ 的 No.20a 号工字钢。设在其跨中 C 点处有一重物 $W=10\text{kN}$，自高度 $H=10\text{mm}$ 处落下。已知材料的弹性模量 $E=200\text{GPa}$，试求下列两种情况下系统的冲击动荷因数和梁内的最大弯曲正应力。（1）梁两端为刚性铰支座；（2）梁两端用刚度系数为 $k=100\text{N/m}$ 的弹簧支撑。

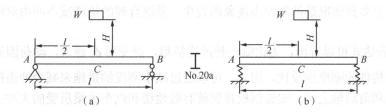

图 11.6

解：由型钢表查得 No.20a 号工字钢的惯性矩和抗弯截面系数分别为 $I_z=2370\text{cm}^4$，$W_z=237\text{cm}^3$。

（1）两端刚性铰支时，重物 W 静止地作用在梁中点时，梁跨中的静位移为

$$\delta_j' = \frac{Wl^3}{48EI} = \frac{10\times10^3\times1^3}{48\times200\times10^9\times2370\times10^{-8}} = 0.044\text{mm}$$

由式（11.5）可得此时的动荷因数为

$$K_d = 1 + \sqrt{1 + \frac{2H}{\delta_j'}} = 1 + \sqrt{1 + \frac{2\times10}{0.044}} = 22.34$$

静载作用时，梁内最大弯曲正应力为

$$\sigma_j = \frac{M_{max}}{W_z} = \frac{\frac{Wl}{4}}{W_z} = \frac{10\times10^3\times1}{4\times237\times10^{-6}} = 10.55\text{MPa}$$

由式（11.6）得到梁内最大动应力为

$$\sigma_d' = K_d\sigma_j = 22.34\times10.55 = 235.7\text{MPa}$$

（2）两端为弹簧支撑时，弹簧在 $W/2$ 作用下的静变形为

$$\delta = \frac{W}{2k} = \frac{10\times10^3}{2\times100} = 50\text{mm}$$

此时梁中点 C 处的静变形为

$$\delta_j'' = \delta_j' + \delta = 0.044 + 50 = 50.044\text{mm}$$

动荷因数为

$$K_d'' = 1+\sqrt{1+\frac{2H}{\delta_j''}} = 1+\sqrt{1+\frac{2\times10}{50.044}} = 2.18$$

此时，梁内最大动应力为

$$\sigma_d'' = K_d''\sigma_j = 2.18\times10.55 = 23\text{MPa}$$

上述结果表明，当梁两端改为弹性支撑后，梁内最大动应力显著降低，由原来的 235.5MPa 降为 23MPa，约为原来的 1/10。

11.3.2 提高杆件抗冲击能力的措施

在工程实际中，有时需要利用冲击造成的巨大动载荷，例如进行冲压、锻造、凿岩、粉碎矿料等。但多数情况是抑制冲击现象的发生，采取合理的措施减小冲击对机器设备的破坏。

从 K_d 的表达式可以看出，无论哪一种冲击情形，静变形 δ_j 越大，动荷因数就越小。由于静变形与构件的刚度成反比，因此，可以通过减小刚度的措施来减少冲击的作用。例如在汽车大梁和前后轴之间，安装钢板弹簧就有效地缓和汽车大梁所受的大冲击，延长使用寿命。

另一种有效的方法为安装缓冲装置。其主要形式是各种各样的弹簧，此时系统的总静变形包括构件的静变形和弹簧的静变形。

由于构件的变形与弹性模量 E 成反比，所以 K_d 与 $\sqrt{E}$ 成正比。因此，受冲击构件应尽可能选用弹性模量较小的材料，或在冲击点处垫上弹性模量较小的材料。如橡胶、软塑料等。

除此之外，构件的几何形状，加工质量等也对其承受冲击载荷的能力有一定的影响。

11.4 交变应力简介

11.4.1 交变应力的概念

在工程实际中,有些构件在工作时,横截面上的应力随时间作周期性的变化。如图11.7所示的齿轮,在齿轮啮合过程中,齿轮每旋转一周,轮齿啮合一次,齿所受到的啮合力是由零迅速增加到最大值。因而在齿内部各点处所产生的应力也随时间作交替变化。此外,在实际工程中,还有一些构件,虽然载荷没发生变化,但由于构件自身的转动,引起内部各点的应力也随时间变化而作交替变化。例如火车轮轴内某点的应力情况,如图11.8所示。

在上两类情况下,构件内部一点处的应力随着时间的改变而变化,这种应力称为**交变应力**。材料和构件在交变应力作用下的强度性能不同于静载时的强度性能。

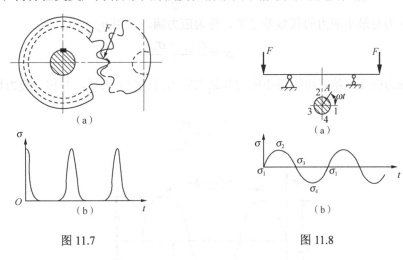

图 11.7　　　　　　　　　　　图 11.8

11.4.2 交变应力作用下的疲劳破坏

构件在交变应力作用下的破坏称为**疲劳破坏**,疲劳破坏与静载荷作用下的破坏有很大不同,其特点如下:

(1) 疲劳破坏时的最大应力值,一般低于静载荷作用下材料的强度极限或屈服极限。

(2) 不管是脆性材料还是塑性材料,疲劳破坏时,构件没有明显的塑性变形,而表现为脆性断裂。

(3) 疲劳破坏时,断面明显地分成两个区域:光滑区和粗糙区,如图11.9所示。

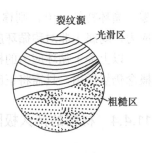

图 11.9

以上特点可作如下解释:交变应力中的最大应力达到某一数值时,经过多次循环后,在构件中的最大应力或材料缺陷处,首先出现极细微的裂纹。随着应力循环次数的增加,裂纹逐渐扩大。在裂纹扩大的过程中,由于应力交替变化,致使裂纹两边的材料时而压紧，时而张开。在时而压紧的过程中，断口表面发生相互压研而形成光滑区域；在时而张开的过程中，裂纹不断扩展致使有效面积减小，当截面面积减小到一定程度时，由于突然的振动或冲击，使构件发生突然断裂，断面上形成粗糙区。

11.4.3 交变应力的循环特征

在交变应力作用下，构件内部各点的应力是随时间而交替变化的，如图 11.10（b）所示。当应力从最大值变到最小值，然后再变到最大值时的过程，称交变应力中的**一个应力循环**。应力的极大值与极小值分别称为最大应力 σ_{max} 和最小应力 σ_{min}。最大应力与最小应力的代数平均值，称为**平均应力**，用 σ_m 表示，即

$$\sigma_m = \frac{\sigma_{max} + \sigma_{min}}{2}$$

最大应力与最小应力的代数差之半，称为**应力幅**，并用 σ_a 表示，即

$$\sigma_a = \frac{\sigma_{max} - \sigma_{min}}{2}$$

交变应力的变化特点可用最小应力与最大应力的比值 r 表示，并称为**应力比**或**循环特征**，即

$$r = \frac{\sigma_{min}}{\sigma_{max}}$$

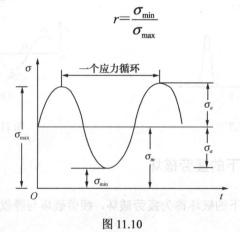

图 11.10

在交变应力中，如果 $\sigma_{max} = -\sigma_{min}$，循环特征 $r = -1$，则称为**对称循环应力**；若 σ_{min} 为零，循环特征 $r = 0$，则称为**脉动循环应力**。除对称循环外，所有循环特征 $r \neq -1$ 的循环应力，均属于**非对称循环应力**。

以上关于循环应力的概念，都是采用正应力 σ 表示。当构件承受交变切应力时，上述概念仍然适用，只需将正应力 σ 改为切应力 τ 即可。

11.4.4 材料的持久极限

在交变应力的作用下，材料经无数次循环而不发生疲劳破坏的最大应力值称为材料的**持久极限**或**疲劳极限**，用 σ_r 表示。角标 r 表明是在何种循环特征下的持久极限。例如，σ_{-1}

表示是对称循环下的持久极限；σ_0 表示脉动循环下的持久极限。

材料的持久极限是通过疲劳试验来测定的。在试验中，通常是用 10^7 次循环替代"无数次循环"。

工程实践表明，由于几何尺寸、外形、加工表面质量等因素，实际构件与疲劳试验所用的试件之间存在着一定的差异，在应用持久极限对构件进行交变应力的强度计算时，还须根据构件的具体情况，对试验测得材料的持久极限进行修正。

构件的持久极限是决定交变应力作用下构件强度的直接依据，因而提高构件的持久极限，对于增加构件抗疲劳破坏的能力是非常重要的。由于裂纹一般都是从构件的表层和应力集中的地方开始。因此，若提高构件抵抗疲劳破坏的能力，必须从以下几个方面考虑。

（1）结构设计合理，减小应力集中系数。

（2）提高构件表面光洁度，以减少切削伤痕所造成的应力集中的影响。

（3）通过工艺措施来提高表层材料的强度。

11.4.5　疲劳强度条件

考虑构件与试件之间的差异情况，因此将试件的持久极限 σ_r 除以安全系数 n，可得构件在交变应力作用下的许用应力，即

$$[\sigma_r] = \frac{\sigma_r}{n}$$

在交变应力作用下，构件截面上的最大工作应力 σ_{max} 必须小于等于构件的许用应力，即

$$\sigma_{max} \leqslant [\sigma_r] \tag{11.7}$$

式（11.7）为交变应力作用下构件的疲劳强度条件。

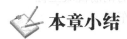

本章小结

1．动荷因数及冲击动荷因数 K_d。

（1）构件作等加速度直线运动时：$K_d = 1 + \dfrac{a}{g}$；

（2）构件作等角速转动时：$\sigma_d = \rho v^2 \leqslant [\sigma]$；

（3）冲击动荷因数：对于自由落体冲击：$K_d = 1 + \sqrt{1 + \dfrac{2h}{\delta_j}}$。

2．构件受周期性或随机变化的交变应力作用，由于疲劳裂纹的产生和扩展，在交变应力远低于静载荷的极限应力时，会发生疲劳破坏。

3．应力循环特征 r 是表示应力变化规律的重要参数。工程中常见的应力循环特征有以下几种。

（1）对称循环应力，$r = -1$，特点是 $\sigma_{max} = -\sigma_{min}$。

(2) 脉动循环应力，$r=0$，特点是 $\sigma_{min}=0$。
(3) 非对称循环的交变应力，$-1<r<1$。
(4) 静应力视为交变应力的特例，$r=1$。
4. 提高构件疲劳强度的途径有以下几种。
(1) 结构设计合理，减小应力集中系数。
(2) 提高构件表面光洁度，以减少切削伤痕所造成应力集中的影响。
(3) 通过工艺措施来提高表层材料的强度。

思考题

一、填空题

1. 用绳索拉着的小球在竖直平面上绕 O 点作匀速转动，如思考题图 11.1 所示，若绳索长度为 l，横截面面积为 A，小球的质量为 W，转动时角速度为 ω，则小球在最低点位置时绳索所受的拉力为_____，其横截面上的正应力为_____。

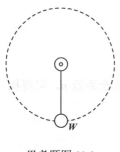

思考题图 11.1

2. 杆件受自由落体冲击时，杆件将受到动载荷作用，其动荷因数为 $K_d=1+\sqrt{1+\dfrac{2H}{\delta_j}}$，式中的 δ_j 是杆件被冲击处的_____。

3. 杆件在_____应力作用下的破坏称为疲劳破坏。即使是塑性较好的材料，在疲劳破坏时也不产生明显的_____变形而发生骤然的断裂。

二、选择题

1. 下列构件中，在其内部产生交变应力的是_____。
   A. 受机器振动的楼板　　　　　B. 受汽锤打击的钢筋混凝土桩
   C. 以匀加速起吊重物的绳索　　D. 行驶中的火车轴

2. 杆件受自由落体冲击时，其动荷系数的大小_____。
   A. 主要决定于落体的高度　　　B. 主要决定于落体的刚度
   C. 主要决定于杆件的刚度　　　D. 主要决定于杆件的刚度及其长度

3. 如思考题图 11.2 所示简支梁，质量为 W 的重物从高度为 h 处自由落到 C 点，其动荷因数 $K_d=1+\sqrt{1+\dfrac{2H}{\delta_j}}$ 中的 δ_j 是_____。
   A. 重物冲击 C 点时 C 点的挠度
   B. 重物静止放在 C 点时 C 点的挠度
   C. 重物冲击 C 点时梁的最大挠度
   D. 重物静止放在 C 点时梁的最大挠度

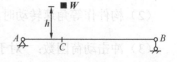

思考题图 11.2

4. 疲劳破坏的主要原因是_____。
   A. 材料由于疲劳而引起材质变化，从而导致杆件突然断裂
   B. 由于杆件内微小裂纹的不断扩展，到一定程度后导致杆件突然断裂
   C. 由于杆件受到过大的冲击，从而导致杆件突然断裂
   D. 由于杆件受到不断振动，最后导致杆件突然断裂
5. 构件在临近疲劳断裂时，其内部_____。
   A. 无应力集中现象
   B. 无明显的塑性变形
   C. 不存在裂纹
   D. 不存在应力
6. 塑性较好的材料在交变应力作用下，当危险点的最大应力低于屈服极限时，_____。
   A. 既不可能有明显塑性变形，也不可能发生断裂
   B. 虽可能有明显塑性变形，但不可能发生断裂
   C. 不仅可能有明显塑性变形，而且可能发生断裂
   D. 虽不可能有明显塑性变形，但可能发生断裂
7. 对称循环交变应力的循环特征 $r=$_____。
   A. -1　　　　B. 0　　　　C. 0.5　　　　D. 1
8. 脉动循环交变应力的循环特征 $r=$_____。
   A. -1　　　　B. 0　　　　C. 0.5　　　　D. 1
9. 静应力的循环特征 $r=$_____。
   A. -1　　　　B. 0　　　　C. 0.5　　　　D. 1

习题

11.1　用绳索起吊钢筋混凝土管，如题图 11.1 所示，管子以 $a=4\text{m/s}^2$ 的匀加速度向上提升，已知管子重 $W=10\text{kN}$，绳索的直径 $d=40\text{mm}$，许用应力 $[\sigma]=10\text{MPa}$，试校核绳索的强度。

11.2　一起重机重 $W_1=5\text{kN}$，装在两根 No.20a 号工字梁上，用钢索起吊 $W_2=50\text{kN}$ 的重物，该重物以匀加速度 $a=2\text{m/s}^2$ 上升，如题图 11.2 所示。已知 $l=4\text{m}$，材料的许用应力 $[\sigma]=170\text{MPa}$，试校核梁的强度。

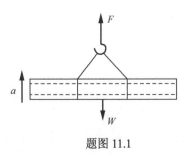

题图 11.1

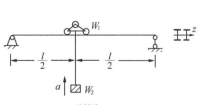

题图 11.2

11.3　重量 W=5kN 的重物，自高度 h=15mm 处自由下落到外伸梁的 C 点处，如题图 11.3 所示。已知梁为 No.20b 号工字钢，其弹性模量 E=210GPa，试求两截面上的最大正应力。

11.4　如题图 11.4 所示，重量 W=1kN 的重物从高度为 h=0.1m 处自由下落在图示圆截面柱的顶端。已知材料的弹性模量 E=20GPa，l_1=2m，l_2=3m，d_1=50mm，d_2=80mm，试求柱截面上的最大正应力。

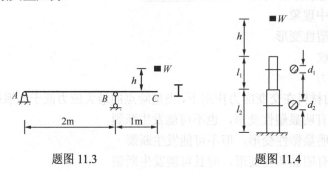

题图 11.3　　　　　　　题图 11.4

11.5　直径 d=300mm，长 l=6m 的圆木柱，重量 W=5kN 的重锤从高度为 h=1m 处自由下落在柱顶，如题图 11.5（a）所示。木材的弹性模量 E=10GPa，（1）试求木柱横截面上的最大正应力；（2）若在柱顶放置一块橡胶垫，如图 11.5（b）所示。橡胶垫的直径为 d=150mm，厚为 b=20mm，其弹性模量 E=80MPa，问此时木柱横截面的最大正应力是不放置橡胶垫的百分之几？

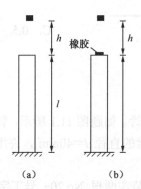

题图 11.5

第 12 章 Maple 在工程力学中的应用

本章首先介绍 Maple 科学计算软件，其次，结合工程力学的教学内容，重点介绍力学问题的建模和程序编写。

12.1 Maple 系统简介

Maple 是产自加拿大的一个计算机数学软件。1980 年 9 月，加拿大 Waterloo 大学的符号计算研究小组成立，开始了用计算机实现符号计算的项目研究，数学软件 Maple 就是这个项目的产品。Maple 是一个对大众公开的计算机代数系统，它具有以下特征：

（1）功能齐全。它由 2000 多个子程序组成，其功能覆盖了代数、几何、微积分、矩阵、数论、组合数学、统计、运筹、集合论、图形等。

（2）操作方便。安装在 Windows 系统下运行，命令的格式符合 Windows 统一风格。

（3）程序设计命令规范。其基本语句和子程序命名都基本符合专业的习惯，容易被使用者接受。

（4）输出结果内容丰富，格式多样。它可以输出符合数学习惯的结果，便于分析和保存。

Maple 主要由三个部分组成：用户界面（Iris），代数运算器（Kernel），外部函数库（External library）。用户界面和代数运算器用较低层的 C 语言写成，只占整个软件的一小部分，当系统启动时，即被装入。Iris 负责输入数学表示的初步处理，显示结果，函数图像的显示等。Kernel 在负责内存管理的同时，还进行一些基本的代数运算，如有理运算、初等代数运算等。Maple 的大部分数学函数和过程是用 Maple 自身的语言写成的，存于外部函数库中。用户可以查看 Maple 的非内部函数的源程序，从而方便用户的学习借鉴。用户也可将自己编的函数，过程加到 Maple 的函数库中，或建立自己的专用函数库，从而使不同专业领域的用户均可方便地对 Maple 加以扩展。实践证明，Maple 不失是数学、力学计算的有效工具之一。

12.2 算例

【例 12.1】 图 12.1（a）所示的组合梁由 AC 和 CD 在 C 处铰接而成。梁的 A 端插入墙内，B 处为滚动支座。已知 $F=20$kN，均布载荷 $q=10$kN/m，$M=20$kN·m，$L=1$m。试求插入端 A 及滚动支座 B 的约束力。

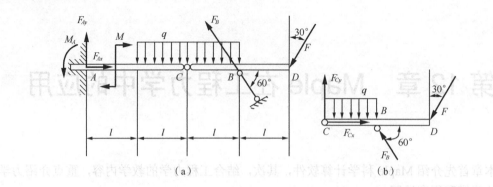

图 12.1

已知：$F=20$kN，$q=10$kN/m，$M=20$kN·m，$L=1$m，$\alpha=15°$，$\beta=30°$

求：F_{Ax}，F_{Ay}，M_A，F_B。

解：(1) 建模。

梁 CD 受力图如图 12.1（b）所示；组合梁整体受力如图 12.1（a）所示。

(2) Maple 程序（符号#的文字为该语句的注释）：

```
> restart;                                                      #清零。
> eq1:= F[B]* sin(alpha) *L- q* L^2/2-f* cos(beta) *L*2=0:       #梁CD, ΣM_C(F)=0。
> solve( {eq1}, { F[B] } ):                                     #解方程。
> F[B]:= 1/2*(q*L+4*f*cos(beta))/sin(alpha):                    #F_B 的大小。
> eq2:= F[Ax] - F[B] *cos(alpha) - f*sin (beta) =0:             #整体，ΣF_x=0。
> eq3:= F[Ay] + F[B] * sin(alpha) - 2 * q*L -f * cos(beta) = 0: #整体，ΣF_y=0。
> eq4:= M[A]-m- 2 * q *L* 2 * L + F[B] * sin(alpha) * 3 *L- f*cos(beta) * 4 *L=0:  #整体，ΣM_A(F)=0。
> solve( { eq2, eq3, eq4}, { F[Ax], F[Ay], M[A]} ):             #解方程组。
>F[Ax]:=1/2*(cos(alpha)*q*L+4*cos(alpha)*f*cos(beta)+2*f*sin(beta)*sin(alpha))/sin(alpha):  # F_Ax 的大小。
> F[Ay]:= 3/2*q*L-f*cos(beta):                                  # F_Ay 的大小。
> M[A]:= m+5/2*q*L^2-2*f*cos(beta)*L:                           # M_A 的大小。
> alpha:= Pi/3; beta:= Pi/6; L:= 1; q:= 10 * 10^3; f:= 20 * 10^3; m:= 20 * 10^3;  #已知条件。
> F[B]:= evalf(F[B] ,4);                                        # F_B 大小的数值。
                        F_B := 456760.
> F[Ax]:= evalf(F[Ax],4);                                       # F_Ax 大小的数值。
                        F_Ax := 32880.
> F[Ay]:= evalf(F[Ay],4);                                       # F_Ay 大小的数值。
                        F_Ay := -2320.
> M[A]:= evalf(M[A],4);                                         # M_A 大小的数值。
                        M_A := 10360.
```

计算结果：A 端的约束力矩为 $M_A=10.36$kN·m，$F_{Ax}=32.88$kN，$F_{Ay}=-2.32$kN；支座 B 的约束力为 $F_B=45.77$kN。

第 12 章　Maple 在工程力学中的应用

【例 12.2】　试绘图 12.2（a）所示梁的切力图、弯矩图。
已知：$M=80\text{kN·m}$，$F=15\text{kN}$，$q=5\text{kN/m}$，$L=5\text{m}$。
求作：切力图、弯矩图
解：（1）绘图步骤：
① 计算支座约束力；② 建立内力方程；③ 绘切力图、弯矩图。
（2）Maple 程序：

```
> restart:                                          #清零。
> eq1:=FAx=0:                                       #整体 ∑Fx = 0。
> eq2:=FB*L-m-F*L/2-q*L/2*3*L/4=0:                  #整体 ∑MA = 0。
> eq3:=FAy+FB-F-q*L/2=0:                            #整体 ∑Fy = 0。
> solve({eq1,eq2,eq3},{FAx,FAy,FB}):                #解方程组。
> FAx:=0:                                           #支座约束力。
> FAy:=1/8/L*(-8*m+4*F*L+q*L^2):                    #支座约束力。
> FB:=1/8*(8*m+4*F*L+3*q*L^2)/L:                    #支座约束力。
> Fs:=x->piecewise(x<L/2,FAy,x<L,FAy-F-q*(x-L/2)):  #剪力方程。
> Fs:=normal(Fs(x)):                                #有理式的标准化。
> M:=x->piecewise(x<L/2,m+FAy*x,
>    x<L,m+FAy*x-F*(x-L/2)-q/2*(x-L/2)^2):          #弯矩方程。
> M:=normal(M(x)):                                  #有理式的标准化。
> Fs1:=1/8/L*(-8*m+4*F*L+q*L^2):                    #第一段剪力方程。
> Fs2:=1/8*(-8*m-4*F*L+5*q*L^2-8*q*L*x)/L:          #第二段剪力方程。
> Fsmax:=subs(x=L,Fs2):                             #最大剪力。
> M1:=1/8*(8*m*L-8*x*m+4*x*F*L+x*q*L^2)/L:          #第一段弯矩方程。
> M2:=-1/8*(-8*m*L+8*x*m+4*x*F*L-5*x*q*L^2-4*F*L^2+4*q*L*x^2
>        +q*L^3)/L:                                 #第二段弯矩方程。
> Mmax:=subs(x=L/2,M1):                             #最大弯矩。
> m:=80:  F:=15:  q:=5:  L:=10:                     #已知条件。
> Fs:=eval(Fs);                                     #剪力方程的数值。
```

$$P_s := \begin{cases} \dfrac{23}{4} & (x<5) \\ \dfrac{63}{4} - 5x & (x<10) \end{cases}$$

```
> M:=eval(M);                                       #弯矩方程的数值。
```

$$M := \begin{cases} 80 + \dfrac{23}{4}x & (x<5) \\ \dfrac{185}{2} + \dfrac{63}{4}x - \dfrac{5}{2}x^2 & (x<10) \end{cases}$$

```
> Fsmax:=eval(Fsmax);                               #最大剪力的数值。
```

$$F_{s\max} := \dfrac{-137}{4}$$

```
> Mmax:=eval(Mmax);                                 #最大弯矩的数值。
```

$$M_{\max} := \dfrac{435}{4}$$

```
> plot(Fs,x=0..L);                    #绘剪力图。
> plot(M,x=0..L);                     #绘弯矩图。
```

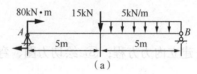

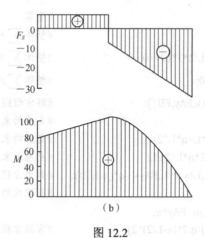

图 12.2

计算结果：$|F_S|_{max}=\dfrac{137}{4}$ kN，$|M|_{max}=\dfrac{435}{4}$ kN·m。

【例 12.3】 承受均布载荷的工字钢两端外伸梁，如图 12.3 所示。已知工字钢号为 No.22B，材料的许用应力 $[\sigma]=170$MPa。试确定其许用载荷 $[q]$。

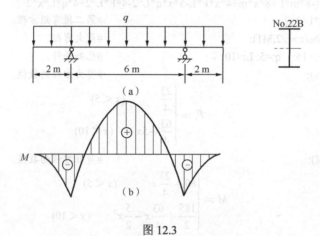

图 12.3

已知：$L=6$m，$c_1=2$m，$c_2=2$m，$W=325$cm^3，$[\sigma]=170$MPa。

求： $[q]$。

解：(1) 建模。

梁受力图如图 12.3（a）所示。

（2）计算步骤。

①计算支座约束力；②建立弯矩方程；③绘弯矩图；④找出最大弯矩；⑤计算最大正应力；⑥根据强度条件建立不等式；⑦解不等式，确定许可载荷。

（3）Maple 程序：

```
> restart:                                          #清零。
> alias([sigma]=sigma[xy]):                         #变量命名。
> eq1:=FA[x]=0:                                     #梁，∑F_x=0。
> eq2:=FB*L-q*(L+2*c)*L/2=0:                        #梁，∑M_A=0。
> eq3:=FA[y]+FB-q*(L+2*c)=0:                        #梁，∑F_y=0。
> solve({eq1,eq2,eq3},{FA[x],FA[y],FB}):            #解方程组。
> FA[x]:=0: FA[y]:=1/2*q*L+q*c: FB:=1/2*q*L+q*c:    #支座约束力。
> M:=x->piecewise(x<c,-q*x*x/2,
>           x<c+L,-q*x*x/2+FA[y]*(x-c),
>           x<2*c+L,-q*x*x/2+FA[y]*(x-c)+FB*(x-L-c)):  #弯矩方程。
> M:=normal(M(x)):                                  #有理式的标准化。
> M1:=-1/2*q*x^2:                                   #第一段弯矩方程。
> M2:=-1/2*q*x^2+1/2*q*L*x-1/2*q*L*c+q*c*x-q*c^2:   #第二段弯矩方程。
> M3:=-1/2*q*x^2+q*L*x-2*q*L*c+2*q*c*x-2*q*c^2-1/2*q*L^2:
>                                                   #第三段弯矩方程。
> Mzmax:=subs(x=c+L/2,M2):                          #最大正弯矩。
> Mfmax:=-subs(x=c,M1):                             #最大负弯矩。
> Mmax:=max(Mzmax,Mfmax):                           #最大弯矩。
> sigma[max]:=Mmax/W:                               #梁的最大正应力。
> ineq4:=sigma[max]<=sigma[xy]:                     #强度条件。
> L:=6: c:=2:  sigma[xy]:=170*10^6:  W:=325*10^(-6):#已知条件。
> plot(subs(q=1,M),x=0..L+2*c,tickmarks=[0,0]);     #绘弯矩图。
> solve({ineq4},{q});                               #解不等式。
                    {q ≤ 22100}
```

答：许可载荷 $[q]=22.1$ kN/m。

【例 12.4】 一圆截面连杆，两端铰支，杆长 $l=200$ mm，承受轴向压力 $F=25$ kN 的材料为锻铝合金 LD10，许用应力 $[\sigma]=193.1$ MPa，$\lambda_p=55$，$\lambda_0=12$，稳定许用应力为

$$[\sigma_{st}]=211.7-1.586\lambda \text{ MPa} \quad (\lambda_0 \leqslant \lambda < \lambda_p)$$

$$[\sigma_{st}]=\frac{372\times 10^3}{\lambda^2} \text{ MPa} \quad (\lambda \geqslant \lambda_p)$$

试确定杆径 d。

已知：$l=200$ mm，$F=25$ kN，$[\sigma]=193.1$ MPa，$\lambda_p=55$，$\lambda_0=12$，$\mu=1$

求：$d=?$

解：（1）建模。

根据稳定条件，要求 $d \geqslant \sqrt{\dfrac{4F}{\pi[\sigma_{st}]}}$，由于稳定许用应力 $[\sigma_{st}]$ 与横截面尺寸 d 也有关，

所以，需采用迭代法进行设计。

在进行第 i 次试算时，可取柔度的初始值为 $\lambda_{i+1}=\dfrac{\lambda_i+\lambda_i'}{2}$。式中，$\lambda_i$ 代表进行第 i 次试算时的柔度初始值，而 λ_i' 则代表根据 λ_i 进行计算所得的柔度值。作为第一次试算，可任取 $\lambda_1>0$。于是，由所设 λ_i 求出相应的稳定许用应力 $[\sigma_{st}]_i$，杆径 d_i 及相应的柔度 λ_i'。

（2）Maple 程序：

```
> restart:                                          #清零。
> alias([sigma]=sigma[XY]):                         #变量命名。
> F:=25*10^3: l:=0.2:  mu:=1:                       #已知条件。
>###############################################################
> #Diameter.mws,  > diameter:=proc(F,l,mu)          #设计圆截面连杆直径子程序。
> local lambda,d,sigma,k,lambda1:                   #局部变量。
> lambda[p]:=55:   lambda[0]:=12: sigma[XY]:=193.1*10^6:  #已知条件。
> lambda[1]:=10:                                    #给定柔度初始值。
> if lambda[1]<lambda[0] then                       #如果柔度初始值是小柔度杆，那么
> sigma[st][1]:=sigma[XY]:                          #稳定许用应力等于强度许用应力。
> elif lambda[1]<lambda[p] and lambda[1]>lambda[0] then
>                                                   #如果柔度初始值是中柔度杆，那么
> sigma[st][1]:=(211.7-1.586*lambda[1])*10^6:
>                                                   #稳定许用应力采用直线经验公式。
> elif lambda[1]>=lambda[p] then                    #如果柔度初始值是大柔度杆，那么
> sigma[st][1]:=372*10^3/lambda[1]^2*10^6:          #稳定许用应力采用欧拉公式。
> fi:                                               #判断柔度初始值类型结束。
> sigma[st][1]:=sigma[XY]:                          #计算稳定许用应力初始值。
> d[1]:=evalf(sqrt(4*F/(Pi*sigma[st][1])),4):       #计算直径初始值。
> for k from 1 to 100 do                            #设计圆截面连杆直径循环开始。
> lambda1[k]:=4*l/d[k]:                             #第 $k$ 次循环计算所得柔度值。
> lambda[k+1]:=(lambda[k]+lambda1[k])/2:            #第 $k+1$ 次循环计算所得柔度值。
> if lambda[k+1]<lambda[0] then                     #如果是小柔度杆，那么
> sigma[st][k+1]:=sigma[XY]:                        #稳定许用应力等于强度许用应力。
> elif lambda[k+1]<lambda[p] and lambda[k+1]>lambda[0] then
>                                                   #如果是中柔度杆，那么
> sigma[st][k+1]:=(211.7-1.586*lambda[k+1])*10^6:
>                                                   #稳定许用应力采用直线经验公式。
> elif lambda[k+1]>=lambda[p] then                  #如果是大柔度杆，那么
> sigma[st][k+1]:=372*10^3/lambda[k+1]^2*10^6:
>                                                   #稳定许用应力采用欧拉公式。
> fi:                                               #判断连杆柔度类型结束。
> d[k+1]:=evalf(sqrt(4*F/(Pi*sigma[st][k+1])),4):
>                                                   #根据稳定条件设计圆截面连杆直径。
> if abs(lambda[k+1]-lambda[k])=0                   #如果两次柔度设计值满足精度要求。
> then break                                        #那么，中止循环。
```

```
> fi:                                              #判断连杆相邻两次直径值是否相
                                                    同结束。
> od:                                              #设计圆截面连杆直径循环结束。
>    d[k+1],"lambda=", evalf(lambda[k+1],4),"k=",k:
>                                                  #圆截面连杆直径设计值，连杆柔度值，
                                                    循环次数。
> end:                                             #设计圆截面连杆直径子程序结束。
> d:=diameter (F,l,mu);                            #圆截面连杆直径，连杆柔度值。
```

$$d := 0.01562，\text{"lambda="}，51.21，\text{"}k=\text{"}，9$$

计算结果：选取直径 d=16mm。 λ=51，属中柔度压杆。

附录 A 型钢规格表

表 A.1 热轧等边角钢（GB 9787—88）

符号意义：
b ——边宽度；
r ——内圆弧半径；
I ——惯性矩；
W ——截面系数；
d ——边厚度；
r_1 ——边端内圆弧半径；
i ——惯性半径；
z_0 ——重心距离。

角钢号数	尺寸 (mm) b	d	r	截面面积 (cm²)	理论质量 (kg/m)	外表面积 (m²/m)	x-x I_x (cm⁴)	i_x (cm)	W_x (cm³)	x_0-x_0 I_{x0} (cm⁴)	i_{x0} (cm)	W_{x0} (cm³)	y_0-y_0 I_{y0} (cm⁴)	i_{y0} (cm)	W_{y0} (cm³)	x_1-x_1 I_{x1} (cm⁴)	z_0 (cm)
2	20	3	3.5	1.132	0.889	0.078	0.40	0.59	0.29	0.63	0.75	0.45	0.17	0.39	0.20	0.81	0.60
		4		1.459	1.145	0.077	0.50	0.58	0.36	0.78	0.73	0.55	0.22	0.38	0.24	1.09	0.64
2.5	25	3	3.5	1.432	1.124	0.098	0.82	0.76	0.46	1.29	0.95	0.73	0.34	0.49	0.33	1.57	0.73
		4		1.859	1.459	0.097	1.03	0.74	0.59	1.62	0.93	0.92	0.43	0.48	0.40	2.11	0.76
3.0	30	3	4.5	1.749	1.373	0.117	1.46	0.91	0.68	2.31	1.15	1.09	0.61	0.59	0.51	2.71	0.85
		4		2.276	1.786	0.117	1.84	0.90	0.87	2.92	1.13	1.37	0.77	0.58	0.62	3.63	0.89
3.6	36	3	4.5	2.109	1.656	0.141	2.58	1.11	0.99	4.09	1.39	1.61	1.07	0.71	0.76	4.68	1.00
		4		2.756	2.163	0.141	3.29	1.09	1.28	5.22	1.38	2.05	1.37	0.70	0.93	6.25	1.04
		5		3.382	2.654	0.141	3.95	1.08	1.56	6.24	1.36	2.45	1.65	0.70	1.09	7.84	1.07
4.0	40	3	5	2.359	1.852	0.157	3.59	1.23	1.23	5.69	1.55	2.01	1.49	0.79	0.96	6.41	1.09
		4		3.086	2.422	0.157	4.60	1.22	1.60	7.29	1.54	2.58	1.91	0.79	1.19	8.56	1.13
		5		3.791	2.976	0.156	5.53	1.21	1.96	8.76	1.52	3.01	2.30	0.78	1.39	10.74	1.17

续表

角钢号数	尺寸 (mm) b	d	r	截面面积 (cm²)	理论质量 (kg/m)	外表面积 (m²/m)	参 考 数 值									
							$x-x$			x_0-x_0			y_0-y_0			x_1-x_1	z_0
							I_x (cm⁴)	i_x (cm)	W_x (cm³)	I_{x0} (cm⁴)	i_{x0} (cm)	W_{x0} (cm³)	I_{y0} (cm⁴)	i_{y0} (cm)	W_{y0} (cm³)	I_{x1} (cm⁴)	(cm)
4.5	45	3	5	2.659	2.088	0.177	5.17	1.40	1.58	8.20	1.76	2.58	2.14	0.90	1.24	9.12	1.22
		4		3.486	2.736	0.177	6.65	1.38	2.05	10.56	1.74	3.32	2.75	0.89	1.54	12.18	1.26
		5		4.292	3.369	0.176	8.04	1.37	2.51	12.74	1.72	4.00	3.33	0.88	1.81	15.25	1.30
		6		5.076	3.985	0.176	9.33	1.36	2.95	14.76	1.70	4.64	3.89	0.88	2.06	18.36	1.33
5	50	3	5.5	2.971	2.332	0.197	7.18	1.55	1.96	11.37	1.96	3.22	2.98	1.00	1.57	12.50	1.34
		4		3.897	3.059	0.197	9.26	1.54	2.56	14.70	1.94	4.16	3.82	0.99	1.96	16.69	1.38
		5		4.803	3.770	0.196	11.21	1.53	3.13	17.79	1.92	5.03	4.64	0.98	2.31	20.90	1.42
		6		5.688	4.465	0.196	13.05	1.52	3.68	20.68	1.91	5.85	5.42	0.98	2.63	25.14	1.46
5.6	56	3	6	3.343	2.624	0.221	10.19	1.75	2.48	16.14	2.20	4.08	4.24	1.13	2.02	17.56	1.48
		4		4.390	3.446	0.220	13.18	1.73	3.24	20.92	2.18	5.28	5.46	1.11	2.52	23.43	1.53
5.6	56	5	6	5.415	4.251	0.220	16.02	1.72	3.97	25.42	2.17	6.42	6.61	1.10	2.98	29.33	1.57
		8	7	8.367	6.568	0.219	23.63	1.68	6.03	37.37	2.11	9.44	9.89	1.09	4.16	47.24	1.68
6.3	63	4	7	4.978	3.907	0.248	19.03	1.96	4.13	30.17	2.46	6.78	7.89	1.26	3.29	33.35	1.70
		5		6.143	4.822	0.248	23.17	1.94	5.08	36.77	2.45	8.25	9.57	1.25	3.90	41.73	1.74
		6		7.288	5.721	0.247	27.12	1.93	6.00	43.03	2.43	9.66	11.20	1.24	4.46	50.14	1.78
		8		9.515	7.469	0.247	34.46	1.90	7.75	54.56	2.40	12.25	14.33	1.23	5.47	67.11	1.85
		10		11.657	9.151	0.246	41.09	1.88	9.39	64.85	2.36	14.56	17.33	1.22	6.36	84.31	1.93
7	70	4	8	5.570	4.372	0.275	26.39	2.18	5.14	41.80	2.74	8.44	10.99	1.40	4.17	45.74	1.86
		5		6.875	5.397	0.275	32.21	2.16	6.32	51.08	2.73	10.32	13.34	1.39	4.95	57.21	1.91
		6		8.160	6.406	0.275	37.77	2.15	7.48	59.93	2.71	12.11	15.61	1.38	5.67	68.73	1.95
		7		9.424	7.398	0.275	43.09	2.14	8.59	68.35	2.69	13.81	17.82	1.38	6.34	80.29	1.99
		8		10.667	8.373	0.274	48.17	2.12	9.68	76.37	2.68	15.43	19.98	1.37	6.98	91.92	2.03
7.5	75	5	9	7.367	5.818	0.295	39.97	2.33	7.32	63.30	2.92	11.94	16.63	1.50	5.77	70.56	2.04
		6		8.797	6.905	0.294	46.95	2.31	8.64	74.38	2.90	14.02	19.51	1.49	6.67	84.55	2.07
		7		10.160	7.976	0.294	53.57	2.30	9.93	84.96	2.89	16.02	22.18	1.48	7.44	98.71	2.11
		8		11.503	9.030	0.294	59.96	2.28	11.20	95.07	2.88	17.93	24.86	1.47	8.19	112.97	2.15
		10		14.126	11.089	0.293	71.98	2.26	13.64	113.92	2.84	21.48	30.05	1.46	9.56	141.71	2.22

续表

角钢号数	尺寸 (mm) b	尺寸 (mm) d	尺寸 (mm) r	截面面积 (cm²)	理论质量 (kg/m)	外表面积 (m²/m)	参考数值											
							$x-x$			x_0-x_0			y_0-y_0			x_1-x_1		z_0 (cm)
							I_x (cm⁴)	i_x (cm)	W_x (cm³)	I_{x0} (cm⁴)	i_{x0} (cm)	W_{x0} (cm³)	I_{y0} (cm⁴)	i_{y0} (cm)	W_{y0} (cm³)	I_{x1} (cm⁴)	
8	80	5	9	7.912	6.211	0.315	48.79	2.48	8.34	77.33	3.13	13.67	20.25	1.60	6.66	85.36	2.15
		6		9.397	7.376	0.314	57.35	2.47	9.87	90.98	3.11	16.08	23.72	1.59	7.65	102.50	2.19
		7		10.860	8.525	0.314	65.58	2.46	11.37	104.07	3.10	18.40	27.09	1.58	8.58	119.70	2.23
		8		12.303	9.658	0.314	73.49	2.44	12.83	116.60	3.08	20.61	30.39	1.57	9.46	136.97	2.27
		10		15.126	11.874	0.313	88.43	2.42	15.64	140.09	3.04	24.76	36.77	1.56	11.08	171.74	2.35
9	90	6	10	10.637	8.350	0.354	82.77	2.79	12.61	131.26	3.51	20.63	34.28	1.80	9.95	145.87	2.44
		7		12.301	9.656	0.354	94.83	2.78	14.54	150.47	3.50	23.64	39.18	1.78	11.19	170.30	2.48
		8		13.944	10.946	0.353	106.47	2.76	16.42	168.97	3.48	26.55	43.97	1.78	12.35	194.80	2.52
		10		17.167	13.476	0.353	128.58	2.74	20.07	203.90	3.45	32.04	53.26	1.76	14.52	244.07	2.59
		12		20.306	15.940	0.352	149.22	2.71	23.57	236.21	3.41	37.12	62.22	1.75	16.49	293.76	2.67
10	100	6	12	11.932	9.366	0.393	114.95	3.10	15.68	181.98	3.90	25.74	47.92	2.00	12.69	200.07	2.67
		7		13.796	10.830	0.393	131.86	3.09	18.10	208.97	3.89	29.55	54.74	1.99	14.26	233.54	2.71
		8		15.638	12.276	0.393	148.24	3.08	20.47	235.07	3.88	33.24	61.41	1.98	15.75	267.09	2.76
		10		19.261	15.120	0.392	179.51	3.05	25.06	284.68	3.84	40.26	74.35	1.96	18.54	334.48	2.84
		12		22.800	17.898	0.391	208.90	3.03	29.48	330.95	3.81	46.80	86.84	1.95	21.08	402.34	2.91
		14		26.256	20.611	0.391	236.53	3.00	33.73	374.06	3.77	52.90	99.00	1.94	23.44	470.75	2.99
		16		29.627	23.257	0.390	262.53	2.98	37.82	414.16	3.74	58.57	110.89	1.94	25.63	539.80	3.06
11	110	7	12	15.196	11.928	0.433	177.16	3.41	22.05	280.94	4.30	36.12	73.38	2.20	17.51	310.64	2.96
		8		17.238	13.532	0.433	199.46	3.40	24.95	316.49	4.28	40.69	82.42	2.19	19.39	355.20	3.01
		10		21.261	16.690	0.432	242.19	3.38	30.60	384.39	4.25	49.42	99.98	2.17	22.91	444.65	3.09
		12		25.200	19.782	0.431	282.55	3.35	36.05	448.17	4.22	57.62	116.93	2.15	26.15	534.60	3.16
		14		29.056	22.809	0.431	320.71	3.32	41.31	508.01	4.18	65.31	133.40	2.14	29.14	625.16	3.24
12.5	125	8	14	19.750	15.504	0.492	297.03	3.88	32.52	470.89	4.88	53.28	123.16	2.50	25.86	521.01	3.37
		10		24.373	19.133	0.491	361.67	3.85	39.97	573.89	4.85	64.93	149.46	2.48	30.62	651.93	3.45
		12		28.912	22.696	0.491	423.16	3.83	41.17	671.44	4.82	75.96	174.88	2.46	35.03	783.42	3.53
		14		33.367	26.193	0.490	481.65	3.80	54.16	763.73	4.78	86.41	199.57	2.45	39.13	915.61	3.61

续表

角钢号数	尺寸 (mm) b	d	r	截面面积 (cm²)	理论质量 (kg/m)	外表面积 (m²/m)	参 考 数 值									
							$x-x$			x_0-x_0			y_0-y_0			x_1-x_1	z_0 (cm)
							I_x (cm⁴)	i_x (cm)	W_x (cm³)	I_{x0} (cm⁴)	i_{x0} (cm)	W_{x0} (cm³)	I_{y0} (cm⁴)	i_{y0} (cm)	W_{y0} (cm³)	I_{x1} (cm⁴)	
14	140	10	14	27.373	21.488	0.551	514.65	4.34	50.58	817.27	5.46	82.56	212.04	2.78	39.20	915.11	3.82
		12		32.512	25.522	0.551	603.68	4.31	59.80	958.79	5.43	96.85	248.57	2.76	45.02	1099.28	3.90
		14		37.567	29.490	0.550	688.81	4.28	68.75	1093.56	5.40	110.47	284.06	2.75	50.45	1284.22	3.98
		16		42.539	33.393	0.549	770.24	4.26	77.46	1221.81	5.36	123.42	318.67	2.74	55.55	1470.07	4.06
16	160	10	16	31.502	24.729	0.630	779.53	4.98	66.70	1237.30	6.27	109.36	321.76	3.20	52.76	1365.33	4.31
		12		37.441	29.391	0.630	916.58	4.95	78.98	1455.68	6.24	128.67	377.49	2.18	60.74	1639.57	4.39
		14		43.296	33.987	0.629	1048.36	4.92	90.95	1665.02	6.20	147.17	431.70	3.16	68.24	1914.68	4.47
		16		49.067	38.518	0.629	1175.08	4.89	102.63	1865.57	6.17	164.89	484.59	3.14	75.31	2190.82	4.55
18	180	12	16	42.241	33.159	0.710	1321.35	5.59	100.82	2100.10	7.05	165.00	542.61	3.58	78.41	2332.80	4.89
		14		48.896	38.388	0.709	1514.48	5.56	116.25	2407.42	7.02	189.14	621.53	3.56	88.38	2723.48	4.97
		16		55.467	43.542	0.709	1700.99	5.54	131.13	2703.37	6.98	212.40	698.60	3.55	97.83	3115.29	5.05
		18		61.955	48.634	0.708	1875.12	5.50	145.64	2988.24	6.94	234.78	762.01	3.51	105.14	3502.43	5.13
20	200	14	18	54.642	42.894	0.788	2103.55	6.20	144.70	3343.26	7.82	236.40	863.83	3.98	111.82	3734.10	5.46
		16		62.013	48.680	0.788	2366.15	6.18	163.65	3760.89	7.79	265.93	971.41	3.96	123.96	4270.39	5.54
		18		69.301	54.401	0.787	2620.64	6.15	182.22	4164.54	7.75	294.48	1076.74	3.94	135.52	4808.13	5.62
		20		76.505	60.056	0.787	2867.30	6.12	200.42	4554.55	7.72	322.06	1180.04	3.93	146.55	5347.51	5.69
		24		90.661	71.168	0.785	2338.25	6.07	236.17	5294.97	7.64	374.41	1381.53	3.90	166.55	6457.16	5.87

注：截面图中的 $r_1 = \frac{1}{3}d$ 及表中 r 值的数据用于孔型设计，不作交货条件。

表 A.2 热轧不等边角钢（GB 9788—88）

符号意义：
B —— 长边宽度；
b —— 短边宽度；
d —— 边厚度；
r —— 内圆弧半径；
r_1 —— 边端内圆弧半径；
I —— 惯性矩；
i —— 惯性半径；
W —— 截面系数；
x_0 —— 重心距离；
y_0 —— 重心距离。

角钢号数	尺寸(mm) B	b	d	r	截面面积 (cm²)	理论质量 (kg/m)	外表面积 (m²/m)	$x-x$ I_x (cm⁴)	i_x (cm)	W_x (cm³)	$y-y$ I_y (cm⁴)	i_y (cm)	W_y (cm³)	x_1-x_1 I_{x_1} (cm⁴)	y_0 (cm)	y_1-y_1 I_{y_1} (cm⁴)	x_0 (cm)	$u-u$ I_u (cm⁴)	i_u (cm)	W_u (cm³)	$\tan\alpha$
2.5/1.6	25	16	3	3.5	1.162	0.912	0.080	0.70	0.78	0.43	0.22	0.44	0.19	1.56	0.86	0.43	0.42	0.14	0.34	0.16	0.392
			4		1.499	1.176	0.079	0.88	0.77	0.55	0.27	0.43	0.24	2.09	0.90	0.59	0.46	0.17	0.34	0.20	0.381
3.2/2	32	20	3	3.5	1.492	1.171	0.102	1.53	1.01	0.72	0.46	0.55	0.30	3.27	1.08	0.82	0.49	0.28	0.43	0.25	0.382
			4		1.939	1.522	0.101	1.93	1.00	0.93	0.57	0.54	0.39	4.37	1.12	1.12	0.53	0.35	0.42	0.32	0.374
4/2.5	40	25	3	4	1.890	1.484	0.127	3.08	1.28	1.15	0.93	0.70	0.49	6.39	1.32	1.59	0.59	0.56	0.54	0.40	0.386
			4		2.467	1.936	0.127	3.93	1.26	1.49	1.18	0.69	0.63	8.53	1.37	2.14	0.63	0.71	0.54	0.52	0.381
4.5/2.8	45	28	3	5	2.149	1.687	0.143	4.45	1.44	1.47	1.34	0.79	0.62	9.10	1.47	2.23	0.64	0.80	0.61	0.51	0.383
			4		2.806	2.203	0.143	5.69	1.42	1.91	1.70	0.78	0.80	12.13	1.51	3.00	0.68	1.02	0.60	0.66	0.380
5/3.2	50	32	3	5.5	2.431	1.908	0.161	6.24	1.60	1.84	2.02	0.91	0.82	12.49	1.60	3.31	0.73	1.20	0.70	0.68	0.404
			4		3.177	2.494	0.160	8.02	1.59	2.39	2.58	0.90	1.06	16.65	1.65	4.45	0.77	1.53	0.69	0.87	0.402
5.6/3.6	56	36	3	6	2.743	2.153	0.181	8.88	1.80	2.32	2.92	1.03	1.05	17.54	1.78	4.70	0.80	1.73	0.79	0.87	0.408
			4		3.590	2.818	0.180	11.45	1.79	3.03	3.76	1.02	1.37	23.39	1.82	6.33	0.85	2.23	0.79	1.13	0.408
			5		4.415	3.466	0.180	13.86	1.77	3.71	4.49	1.01	1.65	29.25	1.87	7.94	0.88	2.67	0.78	1.36	0.404

续表

角钢号数	尺寸 (mm) B	b	d	r	截面面积 (cm^2)	理论质量 (kg/m)	外表面积 (m^2/m)	参考数值														
								$x-x$			$y-y$			x_1-x_1		y_1-y_1		$u-u$				
								I_x (cm^4)	i_x (cm)	W_x (cm^3)	I_y (cm^4)	i_y (cm)	W_y (cm^3)	I_{x_1} (cm^4)	y_0 (cm)	I_{y_1} (cm^4)	x_0 (cm)	I_u (cm^4)	i_u (cm)	W_u (cm^3)	tan α
6.3/4	63	40	4	7	4.058	3.185	0.202	16.49	2.02	3.87	5.23	1.14	1.70	33.30	2.04	8.63	0.92	3.12	0.88	1.40	0.398
			5		4.993	3.920	0.202	20.02	2.00	4.74	6.31	1.12	2.71	41.63	2.08	10.86	0.95	3.76	0.87	1.71	0.396
			6		5.908	4.638	0.201	23.36	1.96	5.59	7.29	1.11	2.43	49.98	2.12	13.12	0.99	4.34	0.86	1.99	0.393
			7		6.802	5.339	0.201	26.53	1.98	6.40	8.24	1.10	2.78	58.07	2.15	15.47	1.03	4.97	0.86	2.29	0.389
7/4.5	70	45	4	7.5	4.547	3.570	0.226	23.17	2.26	4.86	7.55	1.29	2.17	45.92	2.24	12.26	1.02	4.40	0.98	1.77	0.410
			5		5.609	4.403	0.225	27.95	2.23	5.92	9.13	1.28	2.65	57.10	2.28	15.39	1.06	5.40	0.98	2.19	0.407
			6		6.647	5.218	0.225	32.54	2.21	6.95	10.62	1.26	3.12	68.35	2.32	18.58	1.09	6.35	0.98	2.59	0.404
			7		7.657	6.011	0.225	37.22	2.20	8.03	12.01	1.25	3.57	79.99	2.36	21.84	1.13	7.16	0.97	2.94	0.402
(7.5/5)	75	50	5	8	6.125	4.808	0.245	34.86	2.39	6.83	12.61	1.44	3.30	70.00	2.40	21.04	1.17	7.41	1.10	2.74	0.435
			6		7.260	5.699	0.245	41.12	2.38	8.12	14.70	1.42	3.88	84.30	2.44	25.37	1.21	8.54	1.08	3.19	0.435
			8		9.467	7.431	0.244	52.39	2.35	10.52	18.53	1.40	4.99	112.50	2.52	34.23	1.29	10.87	1.07	4.10	0.429
			10		11.590	9.098	0.244	62.71	2.33	12.79	21.96	1.38	6.04	140.80	2.60	43.43	1.36	13.10	1.06	4.99	0.423
8/5	80	50	5	8	6.375	5.005	0.255	41.96	2.56	7.78	12.82	1.42	3.32	85.21	2.60	21.06	1.14	7.66	1.10	2.74	0.388
			6		7.560	5.935	0.255	49.49	2.56	9.25	14.95	1.41	3.91	102.52	2.65	25.41	1.18	8.85	1.08	3.20	0.387
			7		8.724	6.848	0.255	56.16	2.54	10.58	16.96	1.39	4.48	119.33	2.69	29.82	1.21	10.18	1.08	3.70	0.384
			8		9.867	7.745	0.254	62.83	2.52	11.92	18.85	1.38	5.03	136.41	2.73	34.32	1.25	11.38	1.07	4.16	0.381
9/5.6	90	56	5	9	7.212	5.661	0.287	60.45	2.90	9.92	18.32	1.59	4.21	121.32	2.91	29.53	1.25	10.98	1.23	3.49	0.385
			6		8.557	6.717	0.286	71.03	2.88	11.74	21.42	1.58	4.96	145.59	2.95	35.58	1.29	12.90	1.23	4.13	0.384
			7		9.880	7.756	0.286	81.01	2.86	13.49	24.36	1.57	5.70	169.66	3.00	41.71	1.33	14.67	1.22	4.72	0.382
			8		11.183	8.779	0.286	91.03	2.85	15.27	27.15	1.56	6.41	194.17	3.04	47.93	1.36	16.34	1.21	5.29	0.380
10/6.3	100	63	6	10	9.617	7.550	0.320	99.06	3.21	14.64	30.94	1.79	6.35	199.71	3.24	50.50	1.43	18.42	1.38	5.25	0.394
			7		11.111	8.722	0.320	113.45	3.29	16.38	35.26	1.78	7.29	233.00	3.28	59.14	1.47	21.00	1.38	6.02	0.393
			8		12.584	9.878	0.319	127.37	3.18	19.08	39.39	1.77	8.21	266.32	3.32	67.88	1.50	23.50	1.37	6.78	0.391
			10		15.467	12.142	0.319	153.81	3.15	23.32	47.12	1.74	9.98	333.06	3.40	85.73	1.58	28.33	1.35	8.24	0.387
10/8	100	80	6	10	10.637	8.350	0.354	107.04	3.17	15.19	61.24	2.40	10.16	199.83	2.95	102.68	1.97	31.65	1.72	8.37	0.627
			7		12.301	9.656	0.354	122.73	3.16	17.52	70.08	2.39	11.71	233.20	3.00	119.98	2.01	36.17	1.72	9.60	0.626
			8		13.944	10.946	0.353	137.92	3.14	19.81	78.58	2.37	13.21	266.61	3.04	137.37	2.05	40.58	1.71	10.80	0.625
			10		17.167	13.476	0.353	166.87	3.12	24.24	94.65	2.35	16.12	333.63	3.12	172.48	2.13	49.10	1.69	13.12	0.622

续表

角钢号数	尺寸(mm) B	b	d	r	截面面积(cm²)	理论质量(kg/m)	外表面积(m²/m)	$x-x$ I_x(cm⁴)	i_x(cm)	W_x(cm³)	$y-y$ I_y(cm⁴)	i_y(cm)	W_y(cm³)	x_1-x_1 I_{x_1}(cm⁴)	y_0(cm)	y_1-y_1 I_{y_1}(cm⁴)	x_0(cm)	$u-u$ I_u(cm⁴)	i_u(cm)	W_u(cm³)	$\tan\alpha$
11/7	110	70	6	10	10.637	8.350	0.354	133.37	3.54	17.85	42.92	2.01	7.90	265.78	3.53	69.08	1.57	25.36	1.54	6.53	0.403
			7		12.301	9.656	0.354	153.00	3.53	20.60	49.01	2.00	9.09	310.07	3.57	80.82	1.61	28.95	1.53	7.50	0.402
			8		13.944	10.946	0.353	172.04	3.51	23.30	54.87	1.98	10.25	354.39	3.62	92.70	1.65	32.45	1.53	8.45	0.401
			10		17.167	13.476	0.353	208.39	3.48	28.54	65.88	1.96	12.48	443.13	3.70	116.83	1.72	39.20	1.51	10.29	0.397
12.5/8	125	80	7	11	14.096	11.066	0.403	277.98	4.02	26.86	74.42	2.30	12.01	454.99	4.01	120.32	1.80	43.81	1.76	9.92	0.408
			8		15.989	12.551	0.403	256.77	4.01	30.41	83.49	2.28	13.56	519.99	4.06	137.85	1.84	49.15	1.75	11.18	0.407
			10		19.712	15.474	0.402	312.04	3.98	37.33	100.67	2.26	16.56	650.09	4.14	173.40	1.92	59.45	1.74	13.64	0.404
			12		23.351	18.330	0.402	364.41	3.95	44.01	116.67	2.24	19.43	780.39	4.22	209.67	2.00	69.35	1.72	16.01	0.400
14/9	140	90	8	12	18.038	14.160	0.453	365.64	4.50	38.48	120.69	2.59	17.34	730.53	4.50	195.79	2.04	70.83	1.98	14.31	0.411
			10		22.261	17.475	0.452	445.50	4.47	47.31	146.03	2.56	21.22	913.20	4.58	245.92	2.12	85.82	1.96	17.48	0.409
			12		26.400	20.724	0.451	521.59	4.44	55.87	169.79	2.54	24.95	1096.09	4.66	296.89	2.19	100.21	1.95	20.54	0.406
			14		30.456	23.908	0.451	594.10	4.42	64.18	192.10	2.51	28.54	1279.26	4.74	348.82	2.27	114.13	1.94	23.52	0.403
16/10	160	100	10	13	25.315	19.872	0.512	668.69	5.14	62.13	205.03	2.85	26.56	1362.89	5.24	336.59	2.28	121.74	2.19	21.92	0.390
			12		30.054	23.592	0.511	784.91	5.11	73.49	239.06	2.82	31.28	1635.56	5.32	405.94	2.36	142.33	2.17	25.79	0.388
			14		34.709	27.247	0.510	896.30	5.08	84.56	271.20	2.80	35.83	1908.50	5.40	476.42	2.43	162.23	2.16	29.56	0.385
			16		39.281	30.835	0.510	1003.04	5.05	95.33	301.60	2.77	40.24	2181.79	5.48	548.22	2.51	182.57	2.16	33.44	0.382
18/11	180	110	10	14	28.373	22.273	0.571	956.25	5.80	78.96	278.11	3.13	32.49	1940.40	5.89	447.22	2.44	166.50	2.42	26.88	0.376
			12		33.712	26.464	0.571	1124.72	5.78	93.53	325.02	3.10	38.32	2328.36	5.98	538.94	2.52	194.87	2.40	31.66	0.374
			14		38.967	30.589	0.570	1286.91	5.75	107.76	369.55	3.08	43.97	2716.60	6.06	631.95	2.59	222.30	2.39	36.32	0.372
			16		44.139	34.649	0.569	1443.06	5.72	121.64	411.85	3.06	49.44	3105.15	6.14	726.46	2.67	248.94	2.38	40.87	0.369
20/12.5	200	125	12	14	37.912	29.761	0.641	1570.90	6.44	116.73	483.16	3.57	49.99	3193.85	6.54	787.74	2.83	285.79	2.74	41.23	0.392
			14		43.867	34.436	0.640	1800.97	6.41	134.65	550.83	3.54	57.44	3726.17	6.62	922.47	2.91	326.58	2.73	47.34	0.390
			16		49.739	39.045	0.639	2023.35	6.38	152.18	615.44	3.52	64.69	4258.86	6.70	1058.86	2.99	366.21	2.71	53.32	0.388
			18		55.526	43.588	0.639	2238.30	6.35	169.33	677.19	3.49	71.74	4792.00	6.78	1197.13	3.06	404.83	2.70	59.18	0.385

注：1. 括号内型号不推荐使用。2. 截面图中的 $r_1 = \frac{1}{3}d$ 及表中 r 的数据用于孔型设计，不作为交货条件。

表A.3 热轧工字钢（GB 706—88）

符号意义：
- h——高度；
- b——腿宽度；
- d——腰厚度；
- t——平均腿厚度；
- r——内圆弧半径；
- r_1——腿端圆弧半径；
- I——惯性矩；
- W——截面系数；
- i——惯性半径；
- S——半截面的静矩。

型号	尺寸 (mm)						截面面积 (cm^2)	理论质量 (kg/m)	参考数值						
									$x-x$				$y-y$		
	h	b	d	t	r	r_1			I_x (cm^4)	W_x (cm^3)	i_x (cm)	$I_x:S_x$ (cm)	I_y (cm^4)	W_y (cm^3)	i_y (cm)
10	100	68	4.5	7.6	6.5	3.3	14.3	11.2	245	49	4.14	8.59	33	9.72	1.52
12.6	126	74	5	8.4	7	3.5	18.1	14.2	488.43	77.529	5.195	10.85	46.906	12.677	1.609
14	140	80	5.5	9.1	7.5	3.8	21.5	16.9	712	102	5.76	12	64.4	16.1	1.73
16	160	88	6	9.9	8	4	26.1	20.5	1130	141	6.58	13.8	93.1	21.2	1.89
18	180	94	6.5	10.7	8.5	4.3	30.6	24.1	1660	185	7.36	15.4	122	26	2
20a	200	100	7	11.4	9	4.5	35.5	27.9	2370	237	8.15	17.2	158	31.5	2.12
20b	200	102	9	11.4	9	4.5	39.5	31.1	2500	250	7.96	16.9	169	33.1	2.06
22a	220	110	7.5	12.3	9.5	4.8	42	33	3400	309	8.99	18.9	225	40.9	2.31
22b	220	112	9.5	12.3	9.5	4.8	46.4	36.4	3570	325	8.78	18.7	239	42.7	2.27
25a	250	116	8	13	10	5	48.5	38.1	5023.54	401.88	10.18	21.58	280.046	48.283	2.403
25b	250	118	10	13	10	5	53.5	42	5283.96	422.72	9.938	21.27	309.297	52.423	2.404
28a	280	122	8.5	13.7	10.5	5.3	55.45	43.4	7114.14	508.15	11.32	24.62	345.051	56.565	2.495
28b	280	124	10.5	13.7	10.5	5.3	61.05	47.9	7480	534.29	11.08	24.24	379.496	61.209	2.493
32a	320	130	9.5	15	11.5	5.8	67.05	52.7	11075.5	692.2	12.84	27.46	459.93	70.758	2.619
32b	320	132	11.5	15	11.5	5.8	73.45	57.7	11621.4	726.33	12.58	27.09	501.53	75.989	2.614
32c	320	134	13.5	15	11.5	5.8	79.95	62.8	12167.5	760.47	12.34	26.77	543.81	81.166	2.608

续表

型号	尺寸 (mm)						截面面积 (cm^2)	理论质量 (kg/m)	参考数值						
	h	b	d	t	r	r_1			$x-x$				$y-y$		
									I_x (cm^4)	W_x (cm^3)	i_x (cm)	$I_x:S_x$ (cm)	I_y (cm^4)	W_y (cm^3)	i_y (cm)
36a	360	136	10	15.8	12	6	76.3	59.9	15760	875	14.4	30.7	552	81.2	2.69
36b	360	138	12	15.8	12	6	83.5	65.6	16530	919	14.1	30.3	582	84.3	2.64
36c	360	140	14	15.8	12	6	90.7	71.2	17310	962	13.8	29.9	612	87.4	2.6
40a	400	142	10.5	16.5	12.5	6.3	86.1	67.6	21720	1090	15.9	34.1	660	93.2	2.77
40b	400	144	12.5	16.5	12.5	6.3	94.1	73.8	22780	1140	15.6	33.6	692	96.2	2.71
40c	400	146	14.5	16.5	12.5	6.3	102	80.1	23850	1190	15.2	33.2	727	99.6	2.65
45a	450	150	11.5	18	13.5	6.8	102	80.4	32240	1430	17.7	38.6	855	114	2.89
45b	450	152	13.5	18	13.5	6.8	111	87.4	33760	1500	17.4	38	894	118	2.84
45c	450	154	15.5	18	13.5	6.8	120	94.5	35280	1570	17.1	37.6	938	122	2.79
50a	500	158	12	20	14	7	119	93.6	46470	1860	19.7	42.8	1120	142	3.07
50b	500	160	14	20	14	7	129	101	48560	1940	19.4	42.4	1170	146	3.01
50c	500	162	16	20	14	7	139	109	50640	2080	19	41.8	1220	151	2.96
56a	560	166	12.5	21	14.5	7.3	135.25	106.2	65585.6	2342.31	22.02	47.73	1370.16	165.08	3.182
56b	560	168	14.5	21	14.5	7.3	146.45	115	68512.5	2446.69	21.63	47.17	1486.75	174.25	3.162
56c	560	170	16.5	21	14.5	7.3	157.85	123.9	71439.4	2551.41	21.27	46.66	1558.39	183.34	3.158
63a	630	176	13	22	15	7.5	154.9	121.6	93916.2	2981.47	24.62	54.17	1700.55	193.24	3.314
63b	630	178	15	22	15	7.5	167.5	131.5	98083.6	3163.38	24.2	53.51	1812.07	203.6	3.289
63c	630	180	17	22	15	7.5	180.1	141	102251.1	3298.42	23.82	52.92	1924.91	213.88	3.268

注：截面图和表中标注的圆弧半径 r、r_1 的数据用于孔型设计，不作为交货条件。

表A.4 热轧槽钢（GB 707—88）

符号意义：
h —— 高度； r_1 —— 腿端圆弧半径；
b —— 腿宽度； I —— 惯性矩；
d —— 腰厚度； W —— 截面系数；
t —— 平均腿厚度； i —— 惯性半径；
r —— 内圆弧半径； z_0 —— y-y 轴与 y_1-y_1 轴间距。

型号	尺寸 (mm)						截面面积 (cm²)	理论质量 (kg/m)	参考数值								
									x-x			y-y			y_1-y_1	z_0 (cm)
	h	b	d	t	r	r_1			W_x (cm³)	I_x (cm⁴)	i_x (cm)	W_y (cm³)	I_y (cm⁴)	i_y (cm)	I_{y1} (cm⁴)	
5	50	37	4.5	7	7	3.5	6.93	5.44	10.4	26	1.94	3.55	8.3	1.1	20.9	1.35
6.3	63	40	4.8	7.5	7.5	3.75	8.444	6.63	16.123	50.786	2.453	4.50	11.872	1.185	28.38	1.36
8	80	43	5	8	8	4	10.24	8.04	25.3	101.3	3.15	5.79	16.6	1.27	37.4	1.43
10	100	48	5.3	8.5	8.5	4.25	12.74	10	39.7	198.3	3.95	7.8	25.6	1.41	54.9	1.52
12.6	126	53	5.5	9	9	4.5	15.69	12.37	62.137	391.466	4.953	10.242	37.99	1.567	77.09	1.59
14a	140	58	6	9.5	9.5	4.75	18.51	14.53	80.5	563.7	5.52	13.01	53.2	1.7	107.1	1.71
14b	140	60	8	9.5	9.5	4.75	21.31	16.73	87.1	609.4	5.35	14.12	61.1	1.69	120.6	1.67
16a	160	63	6.5	10	10	5	21.95	17.23	108.3	866.2	6.28	16.3	73.3	1.83	144.1	1.8
16b	160	65	8.5	10	10	5	25.15	19.74	116.8	934.5	6.1	17.55	83.4	1.82	160.8	1.75
18a	180	68	7	10.5	10.5	5.25	25.69	20.17	141.4	1272.7	7.04	20.03	98.6	1.96	189.7	1.88
18	180	70	9	10.5	10.5	5.25	29.29	22.99	152.2	1369.9	6.84	21.52	111	1.95	210.1	1.84
20a	200	73	7	11	11	5.5	28.83	22.63	178	1780.4	7.86	24.2	128	2.11	244	2.01
20	200	75	9	11	11	5.5	32.83	25.77	191.4	1913.7	7.64	25.88	143.6	2.09	268.4	1.95

续表

型号	尺寸 (mm)						截面面积 (cm²)	理论质量 (kg/m)	参 考 数 值							
									x−x			y−y			y_1-y_1	z_0 (cm)
	h	b	d	t	r	r_1			W_x (cm³)	I_x (cm⁴)	i_x (cm)	W_y (cm³)	I_y (cm⁴)	i_y (cm)	I_{y1} (cm⁴)	
22a	220	77	7	11.5	11.5	5.75	31.84	24.99	217.6	2393.9	8.67	28.17	157.8	2.23	298.2	2.10
22	220	79	9	11.5	11.5	5.75	36.24	28.45	233.8	2571.4	8.42	30.05	176.4	2.21	326.3	2.03
25a	250	78	7	12	12	6	34.91	27.47	269.597	3369.62	9.823	30.607	175.529	2.243	322.256	2.065
25b	250	80	9	12	12	6	39.91	31.39	282.402	3530.04	9.405	32.657	196.421	2.218	353.187	1.982
25c	250	82	11	12	12	6	44.91	35.32	295.236	3690.45	9.065	35.926	218.415	2.206	384.133	1.921
28a	280	82	7.5	12.5	12.5	6.25	40.02	31.42	340.328	4764.59	10.91	35.718	217.989	2.333	387.566	2.097
28b	280	84	9.5	12.5	12.5	6.25	45.62	35.81	366.46	5130.45	10.6	37.929	242.144	2.304	427.589	2.016
28c	280	86	11.5	12.5	12.5	6.25	51.22	40.21	392.594	5496.32	10.35	40.301	267.602	2.286	463.397	1.951
32a	320	88	8	14	14	7	48.7	38.22	474.879	7598.06	12.49	46.473	304.787	2.502	552.31	2.242
32b	320	90	10	14	14	7	55.1	43.25	509.012	8144.2	12.15	49.157	336.332	2.471	592.933	2.158
32c	320	92	12	14	14	7	61.5	48.28	543.145	8690.33	11.88	52.642	374.175	2.467	643.299	2.092
36a	360	96	9	16	16	8	60.89	47.8	659.7	11874.2	13.97	63.54	455	2.73	818.4	2.44
36b	360	98	11	16	16	8	68.09	53.45	702.9	12651.8	13.63	66.85	496.7	2.7	880.4	2.37
36c	360	100	13	16	16	8	75.29	50.1	746.1	13429.4	13.36	70.02	536.4	2.67	947.9	2.34
40a	400	100	10.5	18	18	9	75.05	58.91	878.9	17577.9	15.30	78.83	592	2.81	1067.7	2.49
40b	400	102	12.5	18	18	9	83.05	65.19	932.2	18644.5	14.98	82.52	640	2.78	1135.6	2.44
40c	400	104	14.5	18	18	9	91.05	71.47	985.6	19711.2	14.71	86.19	687.8	2.75	1220.7	2.42

注：截面图和表中标注的圆弧半径 r、r_1 的数据用于孔型设计，不作为交货条件。

附录 B 习题部分答案

第 1 章

1.1 （a）$M_O(F)=0$；（b）$M_O(F)=Fa$；（c）$M_O(F)=-Fb$；（d）$M_O(F)=Fa/2$；

（e）$M_O(F)=\sqrt{3}Fa/2$；（f）$M_O(F)=F(a+r)$

1.2 $M_x=F(h-3r)/4$，$M_y=\sqrt{3}F(h+r)/4$，$M_z=-Fr/2$

1.3 $F_{1x}=-40\text{N}$，$F_{1y}=30\text{N}$，$F_{1z}=0$，$M_x(F_1)=-15\text{N·m}$，$M_y(F_1)=-20\text{N·m}$，
$M_z(F_1)=12\text{N·m}$，
$F_{2x}=0$，$F_{2y}=51.45\text{N}$，$F_{2z}=85.75\text{N}$，$M_x(F_2)=M_y(F_2)=M_z(F_2)=0$；
$F_{3x}=43.73\text{N}$，$F_{3y}=0$，$F_{3z}=-13.1\text{N}$，$M_x(F_3)=-16.4\text{N·m}$，$M_y(F_3)=21.9\text{N·m}$，
$M_z(F_3)=-13.1\text{N·m}$

第 2 章

2.1 （1）$F_R=150\text{N}$，$M_O=-900\text{N·m}$；（2）$F_R=150\text{N}$，$d=-6\text{mm}$

2.2 $F_R=669.5\text{N}$，$\angle(F_R,i)=-34°52'$，$\angle(F_R,j)=-124°48'$

2.3 $b=213\text{mm}$

2.4 $F_R=550\text{kN}$，$M_O=225\text{kN·m}$

2.5 （a）$F_R=2ql$，合力作用线矩离 A 端为 $2l$，$M_A=-4ql^2$

（b）$F_R=ql/2$，合力作用线矩离 A 端为 $2l/3$，$M_A=-ql^2/3$

2.6 $M_A=-12\text{kN·m}$

2.7 （a）$y_c=105\text{mm}$，（b）$y_c=17.5\text{mm}$

第 3 章

3.1 （a）$F_{Ax}=0$，$F_{Ay}=0$，$M_A=M$；（b）$F_{Ax}=0$，$F_{Ay}=F+qa$，$M_A=Fa+qa^2/2$

（c）$F_{Ax}=F$，$F_{Ay}=qa/2$，$M_A=Fa+qa^2/8+M$

（d）$F_{Ax}=0$，$F_{Ay}=2.1qa+(M_1-M_2)/(5a)$，$F_{By}=0.9qa-(M_1-M_2)/(5a)$

3.2 $F_T=20.9\text{N}$，$F_{Bx}=18\text{kN}$，$F_{By}=32.25\text{kN}$

3.3 $F_{Ax}=38\text{N}$，$F_{Bx}=38\text{kN}$，$F_{By}=50\text{kN}$

3.4 $F_{Ox}=60\text{kN}$，$F_{Oy}=4000\text{kN}$，$M_O=1467\text{kN·m}$

3.5 $F_{Ax}=316.4\text{kN}$，$F_{Ay}=300\text{kN}$，$M_A=-1188\text{kN·m}$

3.6 $F_H=\dfrac{F}{2\sin^2\alpha}$

3.7 $F_{Ax}=0$,$F_{Ay}=53$kN,$F_{By}=37$kN

3.8 (a) $F_{Ax}=0$,$F_{Ay}=2qa$,$M_A=2qa^2$,$F_{Bx}=0$,$F_{By}=0$,$F_{NC}=0$

(b) $F_{Ax}=0$,$F_{Ay}=2qa$,$M_A=3.5qa^2$,$F_{Bx}=0$,$F_{By}=qa$,$F_{NC}=qa$

(c) $F_{Ax}=0$,$F_{Ay}=0$,$M_A=M$,$F_{Bx}=0$,$F_{By}=0$,$F_{NC}=0$

(d) $F_{Ax}=0$,$F_{Ay}=\dfrac{M}{2a}$,$M_A=-M$,$F_{Bx}=0$,$F_{By}=\dfrac{M}{2a}$,$F_{NC}=\dfrac{M}{2a}$

3.9 $F_{Ax}=F$,$F_{Ay}=3q_1-F/2$,$F_{NB}=3q_1+2q_2+F/2$,$F_{ND}=2q_2$

3.10 $F_{Ax}=-2qa$,$F_{Ay}=4qa$,$M_A=\dfrac{3qa^2}{2}$;$F_{Cx}=-qa$,$F_{Cy}=4qa$;$F_B=-3qa$

3.11 $F_{Ex}=-\dfrac{5\sqrt{3}}{8}F$,$F_{Ey}=\dfrac{3}{8}F$;$F_{Ax}=\dfrac{5\sqrt{3}}{8}F$,$F_{Ay}=\dfrac{13}{8}F$,$M_A=\dfrac{7}{4}Fa$

3.12 $F_E=-2.667$kN;$F_{Ax}=-8.878$kN,$F_{Ay}=-4.317$kN;
$F_{Bx}=-2.122$kN,$F_{By}=8.716$kN

3.13 $a_{\max}=\dfrac{b}{2f_s}$

3.14 $0.5<\dfrac{L_1}{L}<0.559$,$\alpha<\varphi$

3.15 $F_Q\tan(\alpha-\varphi)\leq F_P\leq F_Q\tan(\alpha+\varphi)$

3.16 $F_3=F_3'=\dfrac{F_1r_1-F_2r_2}{r_3}$

3.17 $F_{x2}=3.9$kN;$F_{Ax}=-2.18$kN,$F_{Az}=1.86$kN,$F_{Bx}=4.13$kN,$F_{Bz}=-1.34$kN

第5章

5.1 (a) $F_{N1}=-30$kN,$F_{N2}=0$,$F_{N3}=60$kN;(b) $F_{N1}=-20$kN,$F_{N2}=0$,$F_{N3}=20$kN;

(c) $F_{N1}=20$kN,$F_{N2}=-20$kN,$F_{N3}=40$kN;(d) $F_{N1}=-25$kN,$F_{N2}=0$,$F_{N3}=10$kN

5.3 (a) $F_{s1}=0$,$M_1=-2$kN•m,$F_{s2}=-5$kN,$M_2=-12$kN•m;

(b) $F_{s1}=2$kN,$M_1=6$kN•m,$F_{s2}=-3$kN,$M_2=6$kN•m;

(c) $F_{s1}=4$kN,$M_1=4$kN•m,$F_{s2}=4$kN,$M_2=-6$kN•m;

(d) $F_{s1}=-1.67$kN,$M_1=5$kN•m

第6章

6.1 (a) $\sigma_{ED}=0$,$\sigma_{DC}=6.7$MPa,$\sigma_{CB}=-13.3$MPa;

(b) $\sigma_{ED}=13.3$MPa,$\sigma_{DC}=-30$MPa,$\sigma_{CB}=-60$MPa

6.2 $d\geq 30.3$mm

6.3 $\sigma=32.7$MPa$<[\sigma]$,安全

6.4 No.36×3×4.5

6.5 (1) D=24.4mm;(2) $\sigma_{\max}=119.5$MPa$<[\sigma]$,安全

6.6　$\tau=95.54\text{MPa}<[\tau]$，$\sigma_{bc}=125\text{MPa}<[\sigma_{bc}]$，安全

6.7　$l=48\text{mm}$

6.8　$d_1=45\text{mm}$，$D_2=46\text{mm}$，$\dfrac{W_2}{W_1}=0.784$

6.9　（1）$\tau_{max}=79.6\text{MPa}$，（2）$\tau_{1-1max}=39.8\text{MPa}$，当 $\rho=15\text{mm}$，$\tau_\rho=29.8\text{MPa}$

6.10　$d\geqslant 50\text{ mm}$

6.11　$D=286\text{mm}$

6.12　$\tau_{max}=18.5\text{MPa}<[\tau]$

6.13　$\sigma_A=13.37\text{MPa}<[\sigma]$，$\sigma_B=25.53\text{MPa}<[\sigma]$，安全

6.14　$109.4\text{MPa}<[\sigma]$

6.15　$b_1\geqslant 41.7\text{mm}$，$h_1=125.1\text{mm}$，$b_2\geqslant 40\text{mm}$，$h_2=120\text{mm}$

6.16　无盖板处 $\sigma_{max}=31.9\text{MPa}$；有盖板处 $\sigma_{max}=19.6\text{MPa}$

6.17　$\sigma_{t,max}=40.9\text{MPa}$，发生在 B 截面上边缘各点；$\sigma_{c,max}=69.2\text{MPa}$，发生在 B 截面下边缘各点

6.18　（a）$I_{z_C}=1.167\times 10^6\text{ mm}^4$；（b）$I_{z_C}=4.24\times 10^6\text{ mm}^4$

6.19　$[q]=2692.6\text{ kN/m}$

6.20　No.16a 槽钢

第 7 章

7.1　$F=20\text{kN}$，$\sigma=16\text{MPa}$

7.2　（1）$A_1=200\text{mm}^2$，$A_2=50\text{mm}^2$；（2）$A_1=267\text{mm}^2$，$A_2=50\text{mm}^2$

7.3　（1）$\sigma_{上}=0.694\text{MPa}$，$\sigma_{下}=0.876\text{MPa}$；

（2）$\varepsilon_{上}=2.31\times 10^{-4}$，$\varepsilon_{下}=2.92\times 10^{-4}$；

（3）$\Delta l=-1.861\text{mm}$

7.4　$d=115\text{ mm}$

7.5　$\tau_{1,max}=28.16\text{MPa}<[\tau]$，$\tau_{2,max}=47.52\text{MPa}<[\tau]$；

　　$\theta_{1,max}=0.67°/\text{m}<[\theta]$，$\theta_{2,max}=1.70°/\text{m}<[\theta]$. 安全

7.6　（1）$d_1=85\text{mm}$，$d_2=75\text{mm}$；（2）$d=85\text{mm}$

7.7　（a）$\theta_A=-\dfrac{M_e l}{6EI}$，$\theta_B=\dfrac{M_e l}{3EI}$，$v_{\frac{l}{2}}=-\dfrac{M_e l^2}{16EI}$；

　　（b）$\theta_A=-\dfrac{3ql^3}{128EI}$，$\theta_B=\dfrac{7ql^3}{384EI}$，$v_{\frac{l}{2}}=-\dfrac{5ql^4}{768EI}$

7.8　(a) $x=0$，$v=0$，$x=l$，$v=-\dfrac{qll_1}{2EA}$；(b) $x=0$，$v=0$，$x=l$，$v=-\dfrac{ql}{2k}$

7.9　(a) $v_A=-\dfrac{Fl^3}{6EI}$，$\theta_B=-\dfrac{9Fl^2}{8EI}$；(b) $v_A=-\dfrac{Fa}{6EI}(3b^2+6ab+2a^2)$，

$\theta_B = \dfrac{Fa(2b+a)}{2EI}$; (c) $v_A = \dfrac{7ql^4}{384EI}$, $\theta_B = \dfrac{ql^3}{12EI}$; (d) $v_A = -\dfrac{5ql^4}{768EI}$, $\theta_B = \dfrac{ql^3}{384EI}$

7.10 $|v|_{\max} = 12.04\text{mm} < [v]$，安全

7.11 $|v_C|_{\max} = 3.75\times 10^{-3}\text{mm} < [v_C]$，$|\theta_A|_{\max} = 0.002°/\text{m} < [\theta]$

第 8 章

8.1 (a) $\sigma = 0.18\text{MPa}$，$\tau = -31.7\text{MPa}$；
 (b) $\sigma = 71.0\text{MPa}$，$\tau = 16.0\text{MPa}$；
 (c) $\sigma = 40.0\text{MPa}$，$\tau = 0.0\text{MPa}$

8.2 (a) $\sigma_1 = 37.0\text{MPa}$，$\sigma_3 = -27.0\text{MPa}$，$\tau_{\max} = 32.0\text{MPa}$
 (b) $\sigma_1 = 72.4\text{MPa}$，$\sigma_3 = -12.4\text{MPa}$，$\tau_{\max} = 42.4\text{MPa}$
 (c) $\sigma_1 = 40.0\text{MPa}$，$\sigma_3 = -40.0\text{MPa}$，$\tau_{\max} = 40.0\text{MPa}$

8.3 (1) $\sigma_{30} = 2.57\text{MPa}$，$\tau_{30} = 1.76\text{MPa}$
 (2) $\sigma_1 = 3.77\text{MPa}$，$\sigma_3 = -0.02\text{MPa}$，$\tau_{\max} = 1.90\text{MPa}$

8.4 $\varepsilon_x = 1.4\times 10^{-4}$，$\varepsilon_y = 5.95\times 10^{-4}$，$\varepsilon_z = -3.15\times 10^{-4}$

8.5 $\sigma_{r1} = 24.3\text{MPa}$，$\sigma_{r2} = 26.6\text{MPa}$

8.6 $\sigma_1 = -15.5\text{MPa}$，$\sigma_2 = -15.5\text{MPa}$，$\sigma_3 = -30.0\text{MPa}$，$\tau_{\max} = 7.3\text{MPa}$

8.7 $M_e = 10.84\text{kN·m}$

8.8 (a) $\sigma_{r3} = \sqrt{5}\sigma$，(b) $\sigma_{r3} = 2\sigma$，故图（a）情况危险程度较大

8.9 $\Delta r = 0.34\text{mm}$

第 9 章

9.1 No.18 号槽钢

9.2 $[F] \leqslant 45.1\text{kN}$

9.3 $b = 90\text{mm}$，$h = 180\text{mm}$

9.4 $[F] = 4.6\text{kN}$

9.5 $\delta = 2.64\text{mm}$

9.6 $W = 788\text{N}$

9.7 $D = 80\text{mm}$

9.8 $D = 102\text{mm}$

9.9 $\sigma_{r3} = 44.2\text{MPa} < [\sigma]$，轴安全

9.10 $\sigma_{r3} = 73\text{MPa} < [\sigma]$，轴安全

第 10 章

10.1 （1）48kN，（2）94.4kN，（3）55.2kN

10.2 （1）$F_{cr} = 37.8\text{kN}$，（2）$F_{cr} = 52.6\text{kN}$，（3）$F_{cr} = 459\text{kN}$

10.3 $a = 44\text{mm}$，$F_{cr} = 444\text{kN}$

10.4 （a）F_{cr}=15.79kN，（b）F_{cr}=49.7kN，（c）F_{cr}=56.4kN

10.5 （a）F_{cr}=375kN，（b）F_{cr}=644kN，（c）F_{cr}=635kN，（d）F_{cr}=752kN

10.6 （1）F_{cr}=116.6kN，（2）b/h=1/2

10.7 $[F]$=13.09kN

10.8 l=860mm

第 11 章

11.1 σ_d=7.9MPa

11.2 $\sigma_{d,\max}$=137MPa

11.3 $\sigma_{d,\max}$=134MPa

11.4 $\sigma_{d,\max}$=81.3MPa

11.5 （1）$\sigma_{d,\max}$=15.4MPa，（2）$\sigma_{d,\max}$=3.69MPa，24%

参 考 文 献

[1] 范钦珊. 工程力学. 北京：清华大学出版社，2005.
[2] 北京科技大学，东北大学. 工程力学. 北京：高等教育出版社，1999.
[3] 李欣业，梁建术，郝淑英. 材料力学. 北京：中国铁道出版社，2006.
[4] 冯维明. 工程力学. 北京：国防工业出版社，2003.
[5] 吴健生. 工程力学. 北京：机械工业出版社，2003.